The Emperor Wears
No Clothes

大麻草と文明

【著】ジャック・ヘラー
【訳】J・エリック・イングリング

築地書館

THE EMPEROR WEARS NO CLOTHES
The Authoritative Historical Record of Cannabis and the Conspiracy Against Marijuana
By JACK HERER
©2010 by Jack Herer.
Japanese translation rights arranged
with Mark I. Herer
through Tuttle-Mori Agency, Inc., Tokyo
Japanese translation by J.Eric Yingling
Published in Japan by Tsukiji Shokan Publishing Co., Ltd., Tokyo

Cover photograph: © Alex Carr - Fotolia.com / © Kesu - Fotolia.com / © Aleksandr Ugorenkov - Fotolia.com / © JGade - Fotolia.com /
© samantha grandy - Fotolia.com / © msk.nina - Fotolia.com / © Paco Ayala - Fotolia.com / © Alvov - Fotolia.com / © jurgajurga - Fotolia.com
Title page photograph: © dani76it - Fotolia.com / Contents photograph: © Kesu - Fotolia.com

——目次

[第1章]	大麻草の歴史	5
[第2章]	大麻草の実用性	11
[第3章]	利益を生み出す植物	31
[第4章]	合法大麻草の終焉	41
[第5章]	猛威をふるう大麻取締法	57
[第6章]	医療大麻とは	64
[第7章]	治療薬としての可能性	77
[第8章]	大麻草の種子（麻の実）が栄養源に	88
[第9章]	経済：エネルギー、環境と産業	93
[第10章]	神話、魔術、医療	121
[第11章]	大麻草を巡る戦争	137
[第12章]	19世紀の画期的な発見	147
[第13章]	偏見と憎悪	153
[第14章]	70年におよぶ抑圧	163
[第15章]	ゆがめられた事実	183
[第16章]	大麻草の未来	203
	◉ エピローグ	218
	◉ 訳者あとがき	230

20世紀の初頭、農民が大麻草を収穫する様子

　何千年もの間、世界中で農民たちが家族総出で、開花中の大麻草を収穫してきた。農民たちは、この植物を全世界から根絶やしにしようとするアメリカ政府の計画を知る由もなかった。

　過去70年の間、アメリカ政府は大麻草の有効利用を妨げたばかりでなく、この植物の撲滅に精力的に取り組んだ。植物種を故意に、もしくは偶然に絶滅させる行為は、これまでなかった。このような考え方は、地球の再生可能な主要資源となりうる大麻草の可能性を反故にするものである。

　大麻草には何千もの用途があり、温室効果（地球温暖化）の軽減、化石燃料の採掘や森林の伐採などの抑制、石油化学製品に取って代わることができる。

─ 第 **1** 章

大麻草の歴史

> **本書の読み方**
> 　本書の説明文や資料のうち、※を付したものは段落の終わりに注釈を加えた。本文を簡潔にするため、多くの情報や逸話、歴史、研究などについては、文中にて注釈を加えた。脚注（★印）は番号つきで各章の終わりに掲載した。重要な情報源については文中にて触れた。
> 　本書で言及している事柄については、150年にわたって、大麻草をふんだんに使った紙で印刷されているブリタニカ百科事典にて確認ができる。また、ブリタニカ以外のどんなに古い百科事典や辞書でも、事実確認ができる。

カンナビス・サティヴァ・エル

　全く同じ植物でも、大麻草には様々な呼び名がある。ヘンプ、カンナビス・ヘンプ、インド・ヘンプ、トゥルー・ヘンプ、マグルス、ウィード、ポット、スピネッチ、リーファー、グラス、ガンジャ、バング、ザ・カインド、ダハ、ハーブなど。

大麻草栽培が盛んに行われていた地域

アメリカの地名と大麻草

　ニューヨーク州ロングアイランドのヘンプステッド（訳注：大麻草の生える場所の意）、アーカンソー州のヘンプステッド郡、テキサス州のヘンプステッド、ノース・キャロライナ州のヘンプヒル（訳注：大麻草の丘の意）、ペンシルバニア州のヘンプフィールド（訳注：大麻草の田畑の意）などの地名は、かつて大麻草を植えていた地域や、栽培していた人々の名字からきている。

アメリカにおける大麻草の歴史

　1619年にアメリカで最初の大麻法が、ヴァージニアのジェームスタウン植民地にて成立した。この法令は、すべての農民にインド大麻草を（実験的に）栽培させるべく、発令された。その後、強制的に大麻草の栽培を義務付けた法令が、マサチューセッツ（1631年）やコネチカット（1632年）、そして1700年代の半ばにはチェサピーク植民地で施行された。

　イギリスでも王族の発令によって、人気の高いイギリス国籍を取得する条件として、

外国人による大麻草の栽培が奨励され、それに従わない者は罰金を徴収されることもあった。

アメリカでは1631年から1800年代前半まで、より農民に大麻草を栽培させるために、大麻草は貨幣と同等の扱いがされていた[*1]。また、200年にわたって、大麻草で税金を支払うこともできた[*2]。物資不足の折には、1763年から1767年のヴァージニアなどでは大麻草を植えないと投獄される事態も発生した。

(GM・ヘレンドン『ヴァージニア植民地における大麻草』、1963年／『チェサピーク植民地』、1954年／『ロサンゼルス・タイムス』、1981年8月12日／その他)

ベンジャミン・フランクリンは、大麻草を原料にした製紙工場をアメリカで初めて創設した。これにより、書籍や紙をイギリス本国に依存する必要がなくなり、植民地で自由な報道が可能となった。

ジョージ・ワシントンとトーマス・ジェファーソンは自らの農園で大麻草を育てていた。ジェファーソン[*3]は特使としてフランスを訪れた際、自分や密偵の身に危険が及ぶのも省みず、中国産の最良の大麻草の種子をトルコへ密輸した。当時の中国の支配者たちは、大麻草の種子を価値ある特産品として高く評価しており、海外へ輸出した者は死罪としていた。

1850年のアメリカの国勢調査では、約800ヘクタール以上の大麻農園[※]、8,327カ所が記録され、大麻草は布地やキャンバス（帆布）に加工され、綿花を梱包するために使われた。これらの農園は、そのほとんどが南部の州や国境地帯に位置しており、重労働を伴う大麻産業を1865年まで支えていたのは、安い労働力の奴隷たちだった。

中国の漢字の「麻（マー）」は大麻草の語源としては一番古く、10世紀には「麻」は黄麻やラミーなどといった繊維や織物の総称とされるようになった。ちょうどこの頃、「麻」は「大きな麻」を意味する「大麻（ターマもしくはダーマ）」と呼ばれるようになった。

(アメリカ国勢調査、1850年／J・L・アレン『法の支配、あるケンタッキーの大麻畑の物語』、1900年、マクミラン出版／R・ロフマン博士『医薬品としてのマリファナ』、1982年、メンドロン・ブックス出版)

※一この数字は、当時何千何万とあった小規模大麻農園を含まない。また、何百万、何千万世帯とあった個人の大麻栽培家の数も除外している。更に、アメリカは今世紀に至るまでの200年の間、大麻草の需要の約80%をロシアやハンガリー、チェコとスロヴァキア、ポーランドなどからの輸入で賄ってきた。

ベンジャミン・フランクリンは、大麻草を原料にした製紙工場をアメリカで初めて創設した。これにより、書籍や紙をイギリス本国に依存する必要がなくなり、植民地で自由な報道が可能となった。

更に付け加えると、様々なマリファナやハシシ（大麻樹脂）抽出液は1842年から1890年代までの間、全米で一、二を争う処方薬となった。大麻の人体への医療利用は1930年代まで合法とされ、アメリカ以外の各国では獣医学の分野でも活用されていた。

大麻草の抽出薬は、イーライ・リリー社、パーク・デイヴィス社、ティルデンス社、ブラザーズ・スミス社（スミス・ブラザーズ社）、スクイブ社などといった欧米の企業や製薬会社が製造していた。この時期、これらの薬による死亡例はひとつも確認されていない。また、この抽出薬に関しては乱用やそれに伴う精神疾患の類も報告されておらず、ただ初めて使用する患者が服用後に時々混乱し、過剰に考えを内向させることがあった。

(T・ミクリヤ医学博士『医療大麻白書』、1973年、メディコンプ出版／S・コーヘン&R・スティルマン『マリファナ治療の可能性』、1976年、プレナム出版)

世界史の中の大麻草

「世界最古の織物は大麻草でできていた。それは紀元前8000年頃から7000年頃に始まった」──（『コロンビア世界史』、1981年度版、54頁）

大麻草に関する文献（考古学、人類学、言語学、経済学、歴史学の分野など）では、少なくとも下記のような認識で一致している。

キリストの誕生の一千年も前から紀元後の1883年まで、大麻草、つまりマリファナは地球上でもっとも重要な農作物であり産業で、何千もの産物や事業がこれから生まれた。あらゆる繊維、布、火付け油、食物油、紙、線香や医薬品としても重宝されてきた。また、人間にとってはもちろん、動物にとっても欠かせないたんぱく源であり栄養源だった。

世界中の人類学者や研究機関の報告に

第1章　大麻草の歴史

冬から初春にかけて、大麻草の打ち付けは手作業で行なった。日が暮れると、大麻草は様々な処理を施すために貯蔵され、労働者は生産量を計り、日当を受け取る。(中略)上記の18世紀の銅版画は、当時の手作業による労働の過酷さを如実に現している。大麻草を漉く工程に従事している者も描かれている。

よると、大麻草は古今東西のありとあらゆる宗教やカルトでも利用されてきた。宗教儀式が行われる際には、トランス状態になるために、意識の変容や、痛みの緩和、高揚感をもたらす大麻草が使用されてきた。

　ほぼ例外なく、大麻草による神聖な体験(ドラッグ体験)は迷信や魔除け、護符、宗教、祈り、隠語などにも少なからぬ影響を与えた(第10章参照)。
(R・G・ワッソン『神聖なるソーマ、不老不死のキノコ』／J・M・アレグロ『神聖なるキノコと十字架』、1969年、ダブルデイ出版／プリニウスの著作／ヨセフスの著作／ヘロドトスの著作／『死海文書』／『グノーシス福音書』／『聖書』／パラケルスス『ギンズバーグ神話カバラー』、1860年／英国博物館／バッジの著作／ブリタニカ百科事典／『カルトの薬理学』／シュルツ＆ワッソン『神々の植物』／R・E・シュルテスの研究、ハーバード大学植物学科／W・エンボーデンの研究、カリフォルニア州立大学ノースリッジ／その他)

大麻草をめぐる大戦

　例えば1812年の戦争(アメリカ対英国)は、主にロシアからの大麻草のルートを確保するために起こった。1812年にアメリカと同盟を結んでいたナポレオンが、イギリスの大陸封鎖令によりロシアに侵攻したのもそのためだった(第11章参照)。
　1942年には、日本軍がフィリピンに侵攻してマニラ(アバカ)麻が手に入らなくなると、アメリカ連邦政府は約180,000キロの大麻草の種子を、ウィスコンシン州とケンタッキー州の農民に与え、1945年に戦争が終わるまでに、年間42,000トンの大麻草繊

維を生産した。

大麻草が歴史的に重要な訳

　大麻草は、地球上でもっとも強度が高く、長持ちしてかつ柔らかい天然資源である。葉や花穂（マリファナ）は文化の差こそあれ、20世紀に入るまで約3000年にわたって、世界の3分の2の地域で医薬品として珍重されてきた。

　大麻草は植物学的にも非常に優れた特性を持っている。大麻は雌雄異株植物で（時々両性花になる）、木質の一年草で、ハーブ（薬草）にもなる。さらに、地球上の他の植物と比べて、太陽光を効率よく受けるので、短い期間で約3.7メートルから約6メートルくらいまですくすくと成長する。また、ありとあらゆる土壌や天候に適応し、厳しい環境でも育つことができる。

　大麻草は、確実に、地球上でもっとも優れた再生可能な天然資源なのだ。

　　　　　　　　　　　　　　『法の支配、あるケンタッキーの大麻畑の物語』より
　　　　　　　　　　　　　　（なお、同書は1900年にベストセラーとなった）

●―脚注：
★1―V・S・クラーク『合衆国における製造業の歴史』、1929年、マグロー・ヒル出版、34頁
★2―同上。
★3―ジョージ・ワシントンの日記／ジョージ・ワシントンによるJ・アンダーソンへの手紙より抜粋、1794年5月26日付、第33巻、433頁（アメリカ連邦政府による1931年度の出版）／ジョージ・ワシントンの介護人（ウイリアム・ピアス氏）への手紙、1795年から1796年／トーマス・ジェファーソン『ジェファーソンの農園本』／E・アベル『マリファナ〜最初の1万2000年』、1980年、プレナム出版／M・アルドリッチ博士／その他

「オールド・アイアンサイズ」の愛称で知られる、フリゲート艦のUSSコンスティテューション号は少なくとも60トンの大麻草を積み込んでいた。帆や荒縄、槙肌(まいはだ)(水漏れ防止に使用された)、ペナント、国旗、地図、航海録、聖書、衣服、制服、そして紙などはすべて大麻草由来のものであった。

The U.S.S. CONSTITUTION
"Old Ironsides"

Partial list of rigging (rope) required for the 1927 restoration of the U. S. S. Constitution from "The Frigate Constitution" by F.Alexander Magoun, S.B., S.M.The Southwest Press. ©1928 by The Marine Research Society, Boston, Massachusetts. Pgs. 96, 97. Each mast (fore, mizen, main, etc.) required lifts, braces, reefs, jiggers, tackles, etc. The Constitution carried well over four miles of hemp rope.

STANDING RIGGING, HARD LAID HEMP

Item	Circumference
Mainstay	12 inches
Forestay	12 in
Pendants	9.5 in
Fore and main shrouds	9.5 in
Mizen shrouds	7 in
Topmast backstays	9 in
Topmast stays	8 in
Topgallant backstays	5 in
Topgallant stays	4 in
Royal stays	2.5 in

RUNNING RIGGING, SOFT LAID HEMP

Item	Circumference	Gross Length
Truss tackles	2.5 in	260 Feet
Jeer fall	4.5 in	350 ft

Pendant tackles	3.25 in	1200 ft
Lifts	3.5 in	470 ft
Braces	4 in	608 ft
Tacks	4 in	400 ft
Sheets	4.5 in	400 ft
Clew garnets 3in	400 ft	
Main Bowline	3.25 in	120 ft
Reef tackles	3.25 in	350 ft
Buntlines	2.5 in	530 ft
Leechlines	2.5 in	432 ft
Clew jiggers	2 in	520 ft
Top burtons	3 in	1060 ft
Topsail tye holliards	3.25 in	1440 ft
Topsail lifts	4.25 in	360 ft
Topsail braces	3.25 in	600 ft
Best bower anchor cable	22.5 in	720 ft
Messenger	14 in	600 ft
Gun breeching (each)	7 in	24 ft
Out-haul tackles (each)	2.5 in	60 ft

Continental Soldier

第2章

大麻草の実用性

　もし、化石燃料やそれらから派生した燃料、更に紙の原料や建築資材としての木材が、地球を破滅から救うために使用を禁止されたとしたら……、温室効果（地球温暖化）や森林破壊をも回避するためには、代用品となるものは1年に1回収穫できる天然資源で、世界中で使われる紙や織物の原料になり得るものでなければならない。また、この資源はあらゆる交通機関や産業、家庭内のエネルギー供給に取って代わり得るものでなければならないし、同時に公害の改善、土壌の改良、空気汚染の解消に役立つものでなければならない。
　この天然資源とはズバリ、一昔前にも大活躍した大麻草、つまりマリファナの事である！

船と船員

　古代フェニキア人が繁栄する以前の紀元前5世紀頃から、蒸気船の発明とその商業的発展を促した19世紀中頃から19世紀後期にかけてまで、船の帆の90%※は大麻草から作られていた。（左頁を参照）

※一大麻草由来でない10%の帆は亜麻やラミー、サイザル麻、ジュート、アバカ麻由来だった。

(E・アベル『マリファナ〜最初の1万2000年』、1980年、プレナム出版／ヘロドトス『歴史』、紀元前5世紀／J・フレイジャー『マリファナ農家』、1972年／アメリカ農業報告、1916から1982年／アメリカ農務省映画『勝利のための大麻草』)

「キャンバス」[★1]はギリシャ語の「カンナビス（KANNABIS）」※を語源とし、オランダ語風の発音に変化したものである。ちなみに、この言葉は二度にわたってフランス語やラテン語から外されている。

※一「カンナビス」は（ギリシャ主義時代の）地中海における内湾のギリシャ語から来ているものの、その語源は更に古く、ペルシャ語や北部のセム語（ヘブライ民族）のクワヌーバ（QWANUBA）、カナボスム（KANABOSM）、カナ（CANA?）、カナー（KANAH?）などから来ているのが最近の研究でわかっている。約6000年前のインド・セム語、ヨーロッパの言語などと同属で、シュメール人やアカディア人にまでさかのぼると言われている。初期のシュメールやバビロニアの言葉、カナバ：K (a) N (a) B (a)、Q (a) N (a) B (a) は語源としては最も古い言葉のひとつである。[★1]（KNは茎を意味し、Bは二つを意味し、二つのアシ（葦）、二つの性という意味もある）。

　キャンバス生地の帆の他にも、マストや帆を支えるロープや碇をつなぐ縄、荷物を支

11

える網類、漁に使う投網、旗、シュラウド（マストの先から左右の舷側に張る）、槙肌（古い麻綱をほぐしたもので、甲板などのすきまに詰めて漏水を防ぐ）はすべて大麻草の茎から作られていた。

　船員たちの服、それらの縫製、靴底やキャンバス・シューズも大麻草で出来ていた。また、16世紀から19世紀までの貨物船、快走帆船、捕鯨船、海軍船は索具（マストや帆を支えるロープやチェーン類一式）として、50トンから100トンの大麻草を積んでいた。塩害のため、帆や投網は1、2年に1回は取りかえられていた（米国海軍アカデミーに問い合わせれば上記の情報は確認できる。USSコンスティテューション号〈米国海軍船〉のボストン港での造船記録〈OLD IRONSIDES〉も参照）。
（E・アベル『マリファナ～最初の1万2000年』、1980年、プレナム出版／ブリタニカ百科事典／A・マグーン『フリゲート艦の憲法』、1928年／アメリカ農務省映画『勝利のための大麻草』、1942年）

　15世紀のコロンブスの時代から1900年代の初頭まで、西ヨーロッパやアメリカ大陸では海図、地図、航海日誌、聖書などに大麻草を含んだ紙が使われていた。西暦1世紀頃、中国ではすでに大麻草を含んだ紙が利用されていた。大麻草で出来た紙はパピルスの50倍から100倍の強度を誇り、しかも100分の1の労力と経費で出来上がるので、重宝された。

　驚くことに、当時、帆船を作る時のコストは大麻製の帆や荒縄の方が、木製の部品より高くついた。

　そして大麻草は海上でだけ利用されてきたのではなかった。

　アメリカでは1880年代まで、そして世界各地では20世紀に至るまで、おむつや下着などの洋服、シーツ、キルト、タオル、絨毯、カーテン、テントなど、織物の80％は大麻草の繊維で出来ていた。また、アメリカの国旗（OLD GLORY）も、大麻草の繊維で出来ていた。

　1830年代頃までの何百年、いや、何千年もの間、アイルランドでは一級品の亜麻布を、そしてイタリアでは最高級の洋服用の布を、大麻草の繊維で作っていた。ブリタニカ百科事典の1893年から1910年度版、1938年発行の『ポピュラー・メカニックス』という雑誌によると、リネンと呼ばれる製品の少なくとも半分は大麻草由来で、残りは亜麻由来だった。ヘロドトス（紀元前450年頃）に言わせると、古代トラキア人が当時作っていた大麻草由来の服は、亜麻由来のそれとは優劣がつけ難く、「よほどの経験者でない限り、大麻由来と亜麻由来の違いを見極めることは出来ない」そうである。

　もうすでに忘れ去られている節があるが、先人たちは綿に比べ、大麻草が遥かに柔らかくて暖かく、吸水性も良く、そして3倍の張力を持っていることを知っていた。

一般家庭で機織りされた布の類は、ほとんどの場合、自家栽培の大麻草から作られたものであった。

アメリカ建国の1776年には、母親たちからなる愛国者グループ「アメリカ革命の娘たち（ボストン、ニューイングランド地方）」がジョージ・ワシントン率いる兵士のために軍服を縫製し、その原料にも大麻草の繊維が使われていた。もし、この事実が忘れ去られず、もしくは検閲されることもなかったら、歴史から学ぶところは大きい。現在忌み嫌われている大麻草がなければ、兵士たちはペンシルバニアのバリー・フォージュで凍死していたに違いない。

アメリカで大麻草の経済効果が一般的に認められるようになったのは、1790年代、当時の財務長官アレキサンダー・ハミルトンが書き記したところによると、「亜麻と大麻草：この二つの繊維の製造は密接な関係にあり、類似点も多く、両種がブレンドされることも多々ある。船の帆には10％の税金をかけ……」とある。
（G・M・ヘレンドン『ヴァージニア植民地における大麻草』、1963年／『アメリカ革命の娘たち』の歴史／E・アベル『マリファナ～最初の1万2000年』、1980年、プレナム出版／アル・パチーノ主演の映画『レヴォリューション』、1985年）

アメリカ西部（ケンタッキー州、インディアナ州、イリノイ州、オレゴン州、カリフォルニア州※）に向けて東部や南部から移動する荷馬車の幌は大麻草のキャンバスで出来ていた。当時、キャンバスにはタールで防水加工を施していた。また、★2 サンフランシスコに向かう船にも大麻草のロープや帆が大量に使われていた。

※―非常に丈夫なことで有名なリーヴァイス・ジーンズは、カリフォルニアの金の採掘労働者（49ersとも呼ばれた）のために、古くなった大麻草の帆と鉄のリベット（鋲）で作られていた。これにより、採掘した金がポケットからこぼれ落ちることがなくなった。★3

家庭栽培の大麻草を利用した機織りの伝統も世界中で古くからあり、アメリカではこの伝統は初期（1620年代）の入植者によって培われ、1930年代の大麻草弾圧まで継承された。※

※―1930年代に米国麻薬取締局が米国下院議会に報告したところによると、多くのポーランド系移民たちが、冬用の肌着や作業服を作るために大麻草を植えていて、それを取り締まる警察官をショットガンで迎え撃つという事件が多発した。

産業用の大麻草繊維の品質は、栽培密度によって変わってくる。もし、大麻農家が柔

第2章　大麻草の実用性

らかいリネンの品質を求めるなら、栽培密度を高く設定する。一般的に、医療や嗜好目的で使われる大麻草は、約4平方メートルにつき、種を1粒植える。種子の採取が目的の場合には、約140センチの間隔で植える。
(1943年3月発行の、ケンタッキー大学農学部のチラシより)

> マリファナという物資がなければ、
> 北アメリカ大陸の兵士たちは、
> バリー・フォージュの戦地で
> 凍死していたに違いない。

荒縄や粗目の織物用には、約0.9平方メートルに120から180粒の種を植える。最高級品のリネンやレース用は、約0.9平方メートルにつき400株ほどが植えられ、80日から100日で収穫ができる。
(L・カステリーニによる、米国農務省国際部「農業、穀物に関するレポート(1961年から1962年)」からの要約)

イーライ・ホイットニーが1793年に発明した手動の綿繰り機は、1820年代の終わり頃ヨーロッパ製の機械に取って代わられた。当時はヨーロッパの方が技術が進んでいた。軽い木綿服の登場によって、手動の紡績機械や初期の多軸紡績機で必要だった大麻草の繊維の採取、大麻草の茎を水に浸けて繊維を分離するという一連の手作業がなくなった。
★4

しかし、その強度、柔軟性、暖かさ、そして長持ちするという特性から、大麻草は1930年代までは世界でも2番目によく使われる天然繊維※だった。

※―それでは、ここであなたの質問にお答えしよう。実は、大麻草の繊維にはTHC(訳注:テトラヒドロカナビノール――大麻草の酩酊成分の一つ)は含まれず、したがって「ハイ」になる特質はない。そう、あなたのシャツを喫煙することはできないのだ！ 更に言えば、大麻草を含む、あらゆる繊維や生地を煙草にして吸うことはあなたの命にかかわる、非常に危険な行為なのだ！

1937年のマリファナ課税法の施行により、デュポン社の新製品である「合成繊維(プラスチック繊維)」が、1936年以降ドイツのI.G.ファーベン社からの許諾を得て(合成繊維の専売権は、ドイツがアメリカに支払った第一次世界大戦の賠償金の一部だった)、天然の大麻草製繊維に取って代わった。ヒトラー政権下、I.G.ファーベン社の資本の30%は、アメリカのデュポン社のものだった。他にもデュポン社は1935年に発明されたナイロンを、同社が特許を取得した1938年に市場に投入した。
(J・コルビー『デュポン王朝』、L・スチュワート、1984年)

特筆すべきなのは、今日のアメリカの農業における農薬の50%は綿の栽培に使用されているという事実である。大麻草の栽培に農薬は不要で、雑草や昆虫といった天敵の類もほとんどいない。
(J・カベンダー植物学教授『権威が大麻草を検証する』、1989年11月16日付、『アテナ新聞』)

今日のアメリカでは、農薬の50%が綿の栽培に使用されている。
大麻草の栽培には農薬は必要ではなく、害虫や天敵もほとんどいない
（米国連邦政府や米国麻薬取締局を除いて……）。

繊維とパルプ紙

　1883年までは、世界中の紙の75〜90%は大麻草を原料とし、本、聖書、地図、紙幣、株や債券、新聞、その他に利用された。15世紀のグーテンベルグ聖書、16世紀のラブレーのパンタグリュエルと薬草パンタグリュエリオンの話、17世紀のジェームズ王欽定訳聖書、18世紀のトーマス・ペインのパンフレットの数々（『人間の権利』、『常識（コモン・センス）』、『理性の時代』）、19世紀のフィッツ・ヒュー・ラドロー、マーク・トゥエイン、ヴィクトル・ユーゴー、アレキサンドル・デュマ等の作品、ルイス・キャロルの『不思議の国のアリス』、そして他のほとんどの書物が大麻草由来の紙に印刷されていた。

　1776年6月28日のアメリカ独立宣言の草案は、オランダ産の大麻草由来の紙に書かれた。1776年7月2日のアメリカ独立宣言再案にも、大麻草製の紙が使われた。本再案は同日に採用されることが決定し、7月4日に公な発表があった。7月19日、議会は正式な書式で書かれた独立宣言の写しを、羊皮紙（動物由来の紙）で作るよう命じ、同年の8月2日に本宣言は署名されるに至った。

大麻草由来の紙は
パピルスの50倍から100倍の強度を誇り、
100分の1の労力と経費で作ることができた。

　独立以前の英国植民地時代のアメリカと、全世界で使われていた紙は、捨て去られた船の帆や麻縄の類の再利用によって賄われていた。大麻草や亜麻由来の古着やシーツ、オムツ、カーテンや雑巾（ラグ）※なども紙の原料として再利用業者で取引された。

※—「ラグ・ペーパー」（上質紙の一種）という言葉はここから来ている。

　私たちのつましい祖先たちはゴミをなるべく出さないよう、1880年代まで色々な廃物や洋服などを混ぜ合わせ、紙にして再利用してきた。ラグ・ペーパーは、大麻草の繊維を含んだ世界一高品質で、最も長持ちする紙である。濡れている時には破ることができるが、乾けば元の強度に戻る。極限状態に置かれなければ、ラグ・ペーパーは何世紀ももつ。すり切れることもない。法令により、アメリカ政府の公式文書の多くは、1920年代まで大麻草由来のラグ・ペーパーだった。[★5]

　学者たちの一般的な見解によると、中国の大麻草の製紙技術と芸術性は西暦1年頃より培われ、1400年もの間、知識や科学において東洋文明が西洋文明以上に発展した理由だとされている（なんと、中国はイスラム教徒よりも800年、欧州よりも1200年か

ら1400年も早く製紙技術を極めた）。長期保存に耐えうる、芸術的な大麻草由来の製紙技術は、東洋人が蓄積してきた知識を次の世代に引き渡すための媒体であり、それは歴史を経て精査され、洗練され、何世代にもわたって蓄積された知恵となった。つまり、広範囲に及ぶ知識の積み重ねなのである。

東洋が西洋に1400年もの間、知識や科学において優位性を示した背景には、ヨーロッパではローマ・カトリック教会がほぼ全ての人民に読み書きを禁止したという事実がある。更に、ローマ・カトリック教会は内外の書物（聖書を含む！）の発刊を全て禁止し、1200年以上もの間、出版者を追跡したり、本を燃やしたり、従わない者には死罪も辞さない大弾圧を繰り広げた。このため、多くの学者たちはこの時代を「暗黒時代（紀元476年から紀元1000年頃、或いはルネッサンスまで）」と呼んでいる（第10章参照）。

縄と糸と索具

古今東西のありとあらゆる都市で、大麻草由来の縄を作る産業が発展した。★6 その中で、世界一の品質と供給量を誇る大麻草の一大産地はロシアだった。ロシアは1640年から1940年まで、西洋で使われる大麻草の80%を供給していた。

トーマス・ペインはその著作『常識（コモン・センス）』（1776年）で、新生アメリカに必要な物資として、「索具、鉄、木材、タール」をあげている。

これらの必要物資のうち、最重要だったのは索具に使われる大麻草だった。トーマスは、次のように書き記している。「大麻草はぐんぐんと猛成長し、我々は索具に関しては原料に困ることはない」。続けて英国海軍との戦争に必要な物資についても列挙している。曰く、大砲、火薬、その他。

1937年まで、縄と糸と索具の70%から90%は大麻草由来だった。それ以降は、大麻草由来の繊維は石油化学繊維（ドイツのI.G.ファーベン社の特許により、デュポン社が製造）に取って代わられた。また、1898年の米西戦争の賠償としてアメリカがスペインから得たフィリピン占領地のマニラ（アバカ）麻を、鋼鉄と縒り合わせて強度を高めて使用した。

美術用のキャンバス

大麻草は歴史や文化を記録するのに完璧な媒体である。★7

ゴッホやゲインズボロー、レンブラントなどは、他の画家と同様に大麻草由来のキャンバスで作品を仕上げた。

光沢があり丈夫な繊維を持つ大麻草は、熱やうどんこ病や害虫にも強く、光によっても傷まない。大麻草や亜麻由来のキャンバスに描かれた油絵は、何世紀にもわたって良好な状態を保つ。

何千年もの間、ほとんどすべての良質な絵具や天然ワニスには大麻草の種子を絞った油か、亜麻の種子を絞った油が使われた。

絵具と塗装料

1935年には、アメリカだけで58000トン※の大麻草種子が絵具と塗装料(ワニスなど)のために使われた。大麻草乾性油事業は、主にデュポン社の石油化学製品に取って代わられた。★8

※—1937年の議会において、全米脂肪種子製品協会はマリファナ譲渡課税法に対して、上記の通り証言した。アメリカ麻薬取締局(DEA)を含むアメリカのありとあらゆる州警察や市警察、司法機関などは、1996年度、アメリカ製の大麻草を700トン以上押収したと発表している。これは種子、大麻草、根、そして根に付着した土などを含む数字である。DEAも認める所によると、1960年代から全米で押収され、焼却処分にされた大麻草の94%から97%は野生化していた大麻草で、これには精神作用はなくマリファナとして喫煙することもできない。

議会と米国財務省担当主席顧問のハーマン・オリファントは、1935年から1937年の間、デュポン社に非公開の陳述をする機会を与え、同社は大麻草種子由来の油は、デュポン社製造の合成の石油化学製品で代用できると保証し、そのように証言した。

オリファントは、マリファナ課税法を議会に提出した張本人であり、責任者だった★9(第4章参照)。

1800年代頃まで、大麻草の種子の油は、アメリカや全世界で最も需要の多いランプ油だった。それ以降1870年代までは、唯一、鯨油が大麻草の種子の油よりも重宝された。

ランプ油

伝説によると、アラジンのランプや、予言者アブラヒムのランプでは大麻草の種子を絞った油が使われ、現実世界では、エイブラハム・リンカーン大統領のランプに明かりを灯した。

大麻草由来の油は、最も明るいランプ・オイルだが、1859年ペンシルバニアで石油が発見され、1870年、ジョン・D・ロックフェラーが国家への石油供給に熱心になると、石油や灯油に取って代わられた(第9章参照)。また、著名な植物学者のルーサー・バーバンクによると、「大麻草の種子は、その油の採取のため、他の国では重宝され、それをないがしろにする国家政策は、我々の天然資源を無駄にするものである」(ルーサー・バーバンク『植物は如何にして人間のために有効利用できるか』、『有用な植物』、P・F・コリアー&サンズ出版、第6巻、48頁)。

バイオマス・エネルギー

1900年代の初頭、ヘンリー・フォードや有機志向のエンジニアリングの天才たち(近代のインテリや科学者にも引き継がれている考えを持っていた)は、世界中で消費されている化石燃料の90%(石炭、油、天然ガスなど)は、とっくの昔にトウモロコシの茎や大麻草、古紙などのバイオマスに置き換えられるべきだったとの見解を示した。

バイオマスは、メタン、メタノール、ガソリンなどに精製することができ、石油や石炭を使う火力発電や原子力発電よりも遥かに安価である。とり

わけ、環境保護的な側面から言えば、国家奨励によるバイオマス利用は、酸性雨や、硫黄由来の公害（スモッグ）、温室効果（地球の温暖化）とそれに伴う無駄遣いを削減し、今すぐにこれらの危機を食い止めることが可能なのである！　政府や石油会社、石炭会社等は、バイオマスが化石燃料と同等の公害をもたらすと主張しているが、これは真っ赤な嘘である。

なぜならバイオマスは化石燃料と違い、生きた植物（絶滅種ではない）由来で、これらの植物は成長の過程で光合成を行い、大気圏から二酸化炭素を除去する。しかも、バイオマス燃料は硫黄を含まない。

大麻草がバイオマス・エネルギーのために栽培されるようになれば、熱分解（炭化）や生化学的堆肥化を推し進め、化石由来の燃料や資源と取り替えることが可能となる。驚くべきことに、地球規模での気候や土壌環境において、大麻草は他のバイオマス・エネルギー源（トウモロコシの茎、サトウキビ、ケナフ、樹木等）に比べて4倍も（あるいはそれ以上に）有用で、永続的で再生可能なバイオマス／繊維素なのである。
（『ソーラー・ガス』、1980年／『オムニ・マガジン』、1983年／コーネル大学、『サイエンス・ダイジェスト』、1983年／その他）（第9章参照）

　　熱分解の所産物の一つであるメタノールは、現在でもほとんどのカーレースで燃料として利用されている。1920年代から1930年代までは石油／メタノールの両方で運転可能な自動車や農業機械が売られ、そして1940年代、第二次世界大戦の終わりまで何千何万の自動車や農業機械、軍用車を走行させるために使われた。

メタノールは、ジョージア工科大学とモービル・オイル社の提携により開発された触媒作用によって、ハイオクタンの無鉛ガソリンに転換することができる。

1842年から1890年代まで、アメリカでは非常に強烈なマリファナ抽出液やハシシ抽出液、大麻草チンキが特効薬として老若男女（出生直後から幼少期、老年期まで）を問わず、幅広く使用されてきた。獣医学の分野でも、1920年代以降まで使用された（第6章、第12章参照）。

ヴィクトリア女王は大麻樹脂（ハシシ）を
生理痛や月経前症候群（PMS）を緩和するために利用し、
女王の在位中（1837年から1901年まで）、
英語圏でインド大麻草による治療が爆発的に広まった。

先にも述べた通り、少なくとも3000年もの間、1842年まで、大麻草の花穂や葉、根等を配合したものが万病に効く治療薬として、世界中で処方され、珍重されて

きた。

　しかしながら、西ヨーロッパではローマ・カトリック教会が大麻草の医療目的の使用を禁じ、その一方で1200年以上にわたって、様々な疾病の治療をアルコールや瀉血に頼っていた（第10章参照）。

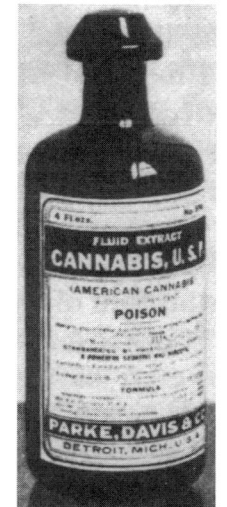

　アメリカの薬局方は、大麻草が次の疾患の治療に有効であると指摘した。疲労、咳、リウマチ、喘息、振戦譫妄（アルコールの離脱症状の一つ）、偏頭痛、そして生理痛や月経に伴ううつ状態。
（ウイリアム・エムボーデン麻酔性植物学教授、カリフォルニア州立大学ノースリッジ校）

　ヴィクトリア女王は大麻樹脂（ハシシ）を生理痛や月経前症候群（PMS）を緩和するために利用し、女王の在位中（1837年から1901年まで）、英語圏でインド大麻草による治療が爆発的に広まった。
　20世紀に入ると大麻草の研究が更に深まり、その治療効果と安全性が確認され、次の疾患等に絶大なる威力を発揮することが明らかになった。喘息、緑内障、吐き気、腫瘍、てんかん、化膿、ストレス、偏頭痛、拒食症、うつ病、リウマチ、関節炎、アルツハイマー病、ヘルペス、その他（第7章参照）。

　大麻草の種子は、今世紀に至るまで、世界中のあらゆる所で食材として粥やスープやオートミールなどに入れられてきた。キリスト教の修道士たちは1日に3回、このような麻の実料理を食べることが要求されていた。また、彼らは大麻草の繊維で自らの僧衣を織り合わせ、大麻草からできた紙で聖書を作成していた。
（ヴェラ・ルービン博士『人類を研究するための機関』／東方正教会／コーヘン＆スティルマン『マリファナの治療効果の可能性』、1976年、プレナム出版／アーネスト・アベル『マリファナ〜最初の1万2000年』、1980年、プレナム出版／ブリタニカ百科事典）

　大麻草の種子は圧搾することにより、高純度で栄養価の極めて高い植物油が採れる。植物界の食材では最大量の（健康維持に必要な）脂肪酸を含有している。この人間にとって重要な油は免疫反応に作用し、血管中のコレステロールや汚れを除去する。
　油を採った後の種子を使って、上質のタンパク質をふんだんに含むシード・ケーキが出来上がる。また、それを発芽させてモルトにしたり、石臼等で挽いて粉にしてからケーキやパン、グラタンなどの中に焼き込んで食べることもできる。大麻草の種のタンパク質は、人間にとって最良にして、摂取が容易な植物性タンパク源の一つで、大麻草の種

子は、人間の健康には欠かせない完璧な食料品なのである（第8章参照）。

　大麻草の種子は、1937年の大麻取締法の制定までは、野生やペットの鳥類の餌として世界一、利用されてきた。鳥類にとって、大麻草の種子は地球上で最も美味しい餌だった。1937年にはアメリカ国内だけで約180万キロの種が鳴き鳥のために消費された。※ 混ぜ合わせの餌を鳥に与えると、必ず大麻草の種子から食べ始める。種子を食べる野生の鳥は、長生きするばかりでなく、子孫も繁栄し、種子の油は健康な羽の維持にも役に立つ（第8章参照）。

※―1937年の下院議会への証言：「鳴き鳥はそれ無しでは鳴きません」――鳥類の餌を売る企業は嘆願した。その結果、熱処理された発芽不能な種子が、イタリアや中国などの諸外国から輸入されているのが現状である。

　大麻草の種子は人間や鳥を「ハイ」にさせることはないし、種子には、ごく微量のTHC（訳注：大麻草の酩酊成分）しか含まれていない。ヨーロッパでは大麻草の種子は大人気の釣り餌だ。釣り師たちは店で種子を買い、それを鷲掴みにして川や池に撒く。すると、沢山の魚が水面にあがってくるので、それを釣りあげる。大麻草の種子ほど効率の良い撒き餌もなく、またそれは人間や鳥や魚にとって、実に理想的な栄養源でもある（ジャック・ヘラーのヨーロッパにおける独自の調査）。
（ジャック・フレイジャー『マリファナ農家』、1972年、ソーラー・エイジ出版）

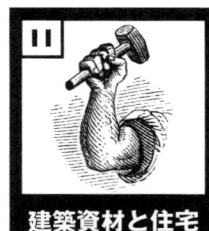
建築資材と住宅

　0.4ヘクタールの大麻草栽培で、1.7ヘクタールの樹木と同じだけのセルロース繊維パルプが生産でき※、大麻草は圧縮木質ボードやパーティクル・ボード（木材の小片を接着剤と混合し、熱圧成型した木質ボードの一種）などの建築資材や、コンクリート施工用の型枠の代用品となり得る。

※―デューイー＆メリル、アメリカ農務省告示404号、1916年

　実用的で低価格で耐火性があり、また断熱や音響効果の高い大麻草は、その繊維に熱を加えた後に圧縮することによって、乾式工法の壁やベニヤ板の代わりになり、強度のある建築資材となる。オレゴン州ユージーン市近郊のコンデ・レッドウッド木材社のウィリアム・B・コンデ氏は、ワシントン州立大学との連携（1991年から1993年まで）により、大麻草繊維混合の建築資材を木繊維混合のそれと比較して、大麻草繊維混合の建築資材の優位性を、強度、柔軟性、価格の面から検証し、またこのような資材は建物の梁にも使えることが判明した。

　近年になってその価値が再評価されつつある、大麻草繊維を石灰と混ぜたイソシャンブレと呼ばれるフランスの建築資材があり、それはミネラル分が固まる性質があるので、何世紀にもわたって強度を保つ。考古学者たちが南フランスでメロビング王朝（紀元500年から紀元751年まで）の橋を発見したのだが、それはこの工法でできていた。

大麻草は歴史的に、絨毯の裏張りにも利用されてきた。強度があって腐敗しない絨毯を作り出す可能性を秘めており、同時に火災時（住宅やビル等）に有毒な物質を放出せず、新しく開発された合成繊維によるアレルギー反応をも回避することができる。

　配管や水道設備に利用される塩化ビニール管（PVCパイプ）に再生可能な大麻草セルロースを使用すれば、再生不可能な石炭や石油由来の化学材料の代用品となり得る。

　未来の家々はその建築から水道設備、塗料や家具に至るまで、世界一再生可能な資源として、大麻草で建てられることだろう。

大麻草に命を救われたジョージ・H・W・ブッシュ元大統領

　大麻草の重要性について特筆すべき事柄:1937年に大麻草が禁止された5年後の1942年、第二次世界大戦を支えるために、再び大麻草が資源として導入された。

　若き日に飛行士だったジョージ・ブッシュ元大統領は太平洋の上空で撃ち落とされ、パラシュートで命からがら脱出した。その時、彼は次の事実を知らずにいた。

・彼の飛行機のエンジンは大麻草由来の潤滑油を利用していた。
・彼の命を救ったパラシュートの革ひもは、100％アメリカ国産の大麻草で出来ていた。
・彼を救出した船の索具装置やロープはほとんどが大麻草で出来ていた。
・船の火消し用のホース（そして彼が学校で使い方を習ったもの）は、大麻草を編んで作られていた。
・最後に、若き日のジョージ・ブッシュ元大統領や他の兵士たちが安全に甲板に立つためにデザインされた、丈夫な靴の縫製は大麻草の繊維で出来ており、この技術は現在の高級靴や軍靴にまで連綿と引き継がれている。

　にもかかわらず、ブッシュ元大統領は自身のキャリアの大部分を大麻草の撲滅に捧げ、（自分を含む）全ての人に正しい情報が行き渡らないようにし、法律の執行を積極的に行なった。

（米国農務省映画『勝利のための大麻草』、1942年／ケンタッキー州立大学農学部のチラシ、1943年／ガルブレイス、ゲートウッド『ケンタッキーの大麻草の可能性の研究』、1977年）

アメリカ独立宣言は、「奪うことの出来ない権利」として「生存権、自由権、幸福追求権」をあげている。その後、裁判所の判断により、プライバシーの遵守やこれらの権利条項がアメリカの憲法や修正案に反映された。

数多くの芸術家や作家は創造力を刺激するために大麻草を摂取し、愛好家は世界の有名宗教画家から、皮肉たっぷりの風刺作家にまで及ぶ。作家のルイス・キャロルもその一人で、『不思議の国のアリス』では芋虫に水ギセル（フーカー）を吸わせている。ヴィクトル・ユーゴーやアレクサンドル・デュマも例外ではなかった。ジャズの巨匠である、ルイ・アームストロング、キャブ・キャロウェイ、デューク・エリントンやジーン・クルーパも大麻草を使用した。そしてこのような傾向は現代の芸術家、作家や音楽家まで続き、ビートルズ、ローリング・ストーンズ、イーグルス、ドゥービー・ブラザーズ、ボブ・マーリー、ジェファーソン・エアプレイン、ウィリー・ネルソン、バディ・リッチ、カントリー・ジョー＆ザ・フィッシュ、ジョー・ウォルシュ、デヴィッド・ボウイ、イギー・ポップ、ローラ・ファラナ、ハンター・S・トンプソン、ピーター・トッシュ、グレイトフル・デッド、サイプラス・ヒル、シネード・オコナー、ブラック・クロウズ、スヌープ・ドッグ、ロス・マリファノスも大麻草を使用した。

もちろん、マリファナの喫煙は全ての人の創造力を高める訳ではなく、マリファナがそのような作用を及ぼさない人もいることを明記しておく。

歴史的に見れば、我々をリラックスさせる嗜好品には禁止法の施行がつきもので、それを推し進める「節度ある団体」によって、アルコールやタバコと同様に大麻草も規制されてきた。

1840年の12月、エイブラハム・リンカーン大統領は、このような抑圧的な政策に対し、「禁酒法は道理の範疇を逸脱するもので、人間の欲望を法律で縛ることによって犯罪でないものを犯罪にしてしまう。あらゆる禁止法は、そもそも我々の政府が設立された趣旨に反する」と語った。

競争原理の働く市場では、大麻草の全ての事実が明らかになったならば、人々はこの長持ちのする、生物分解性で無農薬の植物から作られた洋服を選び、それを買いに殺到することだろう。

そろそろ資本主義の原理に則り、自由に、真の需要と供給に任せた、「地球の緑化を目標としたエコロジカルな意識」が地球の未来を決定づける時だ。

1776年には綿のシャツが約1〜2万円の値段で売られ、大麻草のシャツは約50円から100円で買えた。1830年代になると、涼しく軽い綿のシャツと、暖かく重みのある大麻草のシャツが互いの魅力でしのぎを削ることになった。

昔の人々は、衣服を選ぶ時、それに使われる繊維の品質にまでこだわることができた。

現代ではそのような選択肢はない。

　大麻草を含む天然繊維は、自由競争（個人の選択）と需要と供給の原理に任されるべきなのだが、様々な禁止法や関税、連邦政府から支払われる助成金などが、天然繊維を合成繊維に置き換えるために利用されている。

　80年に及ぶ政府による禁止政策と情報隠蔽によって、大麻草に関する公的な情報や知識はアメリカ国民に拡散されず、従って驚異的な大麻草の繊維としての特性や、他の可能性について知らない人がほとんどである。

　大麻草100％の繊維や、オーガニック・コットンとブレンドしたシャツやズボンや他の衣類は、孫の代まで使い続けることができる。賢明なやりくりによって、石油由来の化学繊維（ナイロン、ポリエステルなど）を、より丈夫で安く、吸水性と通気性のある天然繊維に置き換えることができる。

　現代の中国やイタリア、東欧のハンガリー、ルーマニア、チェコとスロバキア、ポーランドやロシアは数億円にも相当する丈夫な大麻草や大麻草／コットン由来の織物を生産し、年間1021億円以上もの収益をあげる産業である事実は否定できない。

カンナビス・サティヴァ・L

1　成熟した雄の大麻草の最上部
2　成熟した雌の大麻草の最上部
3　実生の大麻草
4　大きな若葉
5　成熟した雄ずい
6　雌の花（柱頭）
7　表皮に包まれた種子
8　種子
9　種子（横から）
10　大麻草に発生する多細胞性の腺
11　多細胞性でない腺
12　鐘乳体を含有する腺

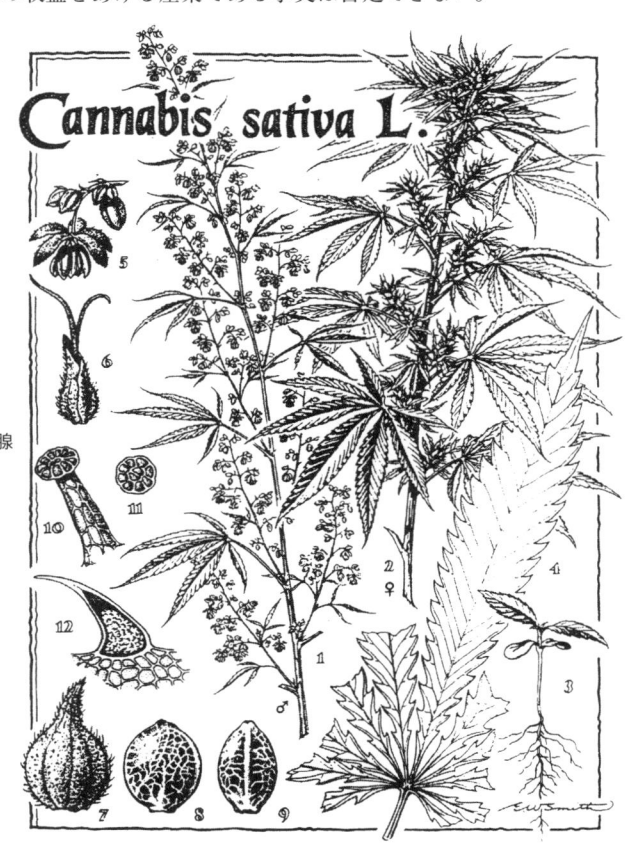

第2章　大麻草の実用性

これらの国々が伝統に則った農業や機織りを実践する一方で、アメリカ政府は破壊的な合成テクノロジーの利権を追求し、この植物の撲滅を目論んでいる。
　大麻草とコットンのブレンドの織物でさえ、アメリカでは国内で直接販売することは1991年まで禁じられていた。中国は、アメリカ市場での強い暗黙の了解のもと品質の劣るラミー繊維とコットンのブレンド品を売ることを余儀なくされた。
(筆者と上海テキスタイル輸出入業者との個人的な対話より、1983年4月と5月)

　本書の1990年度版が印刷された時、中国やハンガリーから少なくとも55%の大麻草を含む衣類がアメリカ本土に到着した。そして1992年に再び印刷がされた頃、様々な品質の100%大麻草生地が中国やハンガリーから直接輸入された。今日では、大麻草由来の生地は世界中で爆発的に需要が伸び、ルーマニア、ポーランド、イタリア、ドイツなどが主な輸出国となっている。大麻草の生地は1990年代に大流行し、次の雑誌や新聞で取り上げられた。『ローリング・ストーン』、『タイム』、『ニューズウィーク』、『ペーパー』、『ディトゥア』、『ディーテールス』、『マドモアゼル』、『ニューヨーク・タイムス』、『ロサンゼルス・タイムス』、『デア・シュピーゲル』、他多数。これらの印刷物のどれもが、産業大麻草と栄養学的見地からの大麻草についての記事を大々的に掲載した。
　更に付け加えると、バイオマスのために栽培される大麻草は、年間100兆円産業のエネルギー源を供給し、過疎地やその周辺の地域にも豊かさを分け与え、企業に独占された利益を社会に還元することができる。地球上のありとあらゆる植物の中で、大麻草が最も永続的な環境と経済を約束する。

●─脚注：
★1─オックスフォード英語辞書／ブリタニカ百科事典11版、1910年／アメリカ農務省映画『勝利のための大麻草』
★2─同上
★3─リーヴァイ・ストラウス＆カンパニー、カリフォルニア州サンフランシスコ市での筆者とジーン・マックレインとの対話、1985年
★4─初期の多軸紡績機や紡車は次の順位で繊維を作っていた。大麻草、亜麻、羊毛（毛糸）、綿、その他
★5─ジャック・フレイジャー『マリファナ農家』、1974年、ソーラーエイジ出版／アメリカ議会図書館／アメリカ国立公文書記録管理局／アメリカ造幣局／その他
★6─ジェームス・T・アダムス編集『アメリカ史概観』、116頁、1944年、チャールズ・スクリブナーズ・サンズ出版
★7─ジャック・フレイジャー『マリファナ農家』、1972年、ソーラー・エイジ出版／アメリカ議会図書館／アメリカ国立公文書記録管理局
★8─ラリー・スローマン『リーファー・マッドネス』、1979年、グローヴ出版、72頁
★9─リチャード・ボニーとチャールズ・ホワイトブレッド『マリファナ有罪判決』、1974年、ヴァージニア州立大学出版

アメリカ農務省告示404号の戦い──その背景

E・W・スクリプス

ミルトン・マクレイ

　1917年、世界は第一次世界大戦を繰り広げていた。アメリカでは、製造業に携わる人たちは最低賃金を得るのがやっとで、所得税も高率になり、彼らにとって事態は深刻化した。アメリカが世界一の産業国を目指すなか、進歩主義的な思想は忘れ去られていた。このような背景から20世紀最初の大麻草を巡るドラマは幕を開けた。

関係者たち

　この物語は1916年、アメリカ農務省告示404号（40ページを参照）が発表された直後に始まる。カリフォルニア州のサンディエゴ近郊で、50歳のドイツ系移民のジョージ・シュリヒテンは単純かつ画期的な発明品を仕上げていた。シュリヒテンは、剥皮機（あらゆる植物から繊維を分離し、パルプを残す）の新発明に18年と約4000万円を費やした。剥皮機を発明するにあたって、彼は繊維や製紙技術についての知識を百科事典なみに積み上げた。彼の目指すところは、紙の原料としての森林破壊を食い止めることにあり、彼はそれを犯罪行為とみなしていた。出身地のドイツでは林業が進み、彼は森林の破壊が川の流域にまで悪影響を及ぼすことを熟知していた。

　1917年の2月、裕福な実業家にして転軸受（訳注：ローラーベアリング）の発明者、ヘンリー・ティムケンはシュリヒテンの発明品の噂を聞きつけ、早速、会いに行った。ティムケンは剥皮機が革命的な新発明であり、人類の発展に貢献するアイデアだと思った。ティムケンはシュリヒテンにその発明品を試すよう、自分の0.4平方キロメートルのインペリアル・ヴァレー（サンディエゴのすぐ東）の肥沃な牧場地で大麻草を栽培しないか、と持ちかけた。

　その後すぐ、ティムケンは新聞王のE・W・スクリプスと、その長年の知人であるミルトン・マクレイに、サンディエゴの邸宅で面会した。当時63歳だったスクリプスは、アメリカで最大規模の新聞社を経営していた。ティムケンの主な目的は、スクリプスに大麻草やその屑由来の新聞紙を作らせることにあった。

　新世紀の新聞王たちは、膨大な部数の新聞を印刷するため、大量の紙を必要としていた。1909年には、全米で生産された400万トンの紙のうち、約30%が新聞に割り当てられた。1914年までには、新聞の総発行部数は1909年を17%も上回り、2800万部[*1]を売り上げた。1917年までに新聞用紙は急騰し、1904年[*2]から製紙工場の設立を目論んでいたマクレイはこれに関心を示した。

第2章　大麻草の実用性

種を蒔く

　その年の5月、ティムケンとの打ち合わせを行った後、スクリプスはマクレイに剥皮機の新聞用製紙機としての可能性の調査を依頼した。

　マクレイはすぐにこの計画に飛びついた。彼は剥皮機に関して「素晴らしい発明であり（中略）この国に有益な貢献をすることになるばかりでなく、高い収益が見込まれる（中略）そして現在の苦境をひっくり返すことになるだろう」と語った。大麻草の収穫期も近づいた8月3日、シュリヒテンとマクレイ、そして新聞社の理事のエド・チェイスとの間で、会談が開かれた。

　シュリヒテンの知識には到底及ばないマクレイは、3時間にわたる会談の内容を秘書に速記してもらった。その速記書類は、シュリヒテンの膨大な知識を披露するもので、唯一現在まで残っている文書である。

　シュリヒテンは紙の原料となる、様々な植物を研究した。その中には、トウモロコシや綿、糸蘭（ユッカ）、スペイン・イチイ材なども含まれた。なかでも大麻草がシュリヒテンの最もお気に入りのようで、「大麻草の屑は、紙の原料として実用的で、通常の新聞紙よりも優れた品質になる」と語った。彼の主張によると、その製紙技術はアメリカ農務省告示404号が印刷された紙の品質を上回る、なぜなら剥皮機は、大麻草を水に浸ける手間を省き、残された短い繊維を互いにくっ付け、紙にする天然糊のような作用があるからだ。1917年の段階で、シュリヒテンは大麻草の生産により、年間5万トンの紙を1トンにつき約2500円で卸す予測をした。それは当時出回っていた新聞紙のなんと半額以下だった！　そしてシュリヒテンは次のように付け加えた。「0.4ヘクタールの大麻草が紙の原料となる時、2ヘクタールの森林が救われる」

　マクレイはシュリヒテンの主張に深く感銘を受けた。業界の大物たちと食事を共にする立場にいたマクレイは、ティムケンに次のような手紙を書いた。「言葉を濁すことなく、私はシュリヒテン氏を絶賛し、彼の能力と知性に深い感銘を覚えたことを報告する。そして私の判断する限り、彼は素晴らしい機械を発明した」。マクレイはチェ

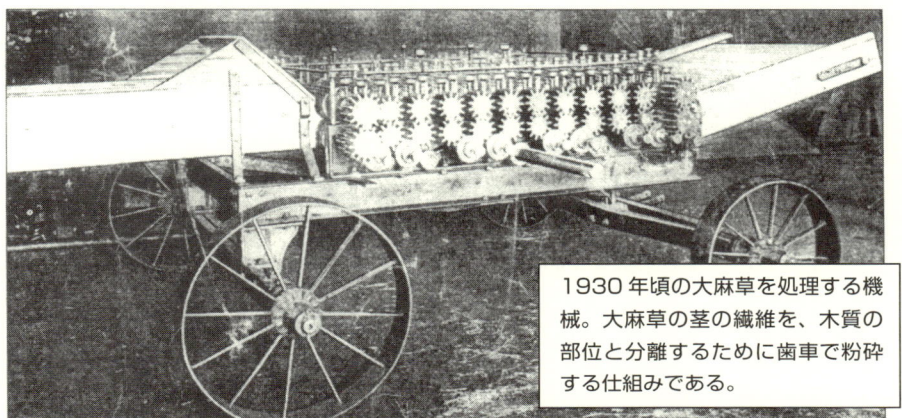

1930年頃の大麻草を処理する機械。大麻草の茎の繊維を、木質の部位と分離するために歯車で粉砕する仕組みである。

イスにシュリヒテンとできるだけ時間を過ごしてもらい、報告書を作成するよう命じた。

収穫期

　8月までのたった3ヶ月の期間で、ティムケンの大麻草は背丈約4.3メートルにまで成長した！　そして彼は自分の将来への見通しに楽観的だった。彼はカリフォルニアへ旅行して、作物が剥皮機で分離される作業を見学したいと思いついた。自分が労働者の労働時間を減らし、彼らに「精神面で成長する時間」を与えた慈善家であるようなつもりだった。ところが、一方でスクリプスは事態を重く見ていた。彼は戦争で経済的破綻を来しそうなアメリカ政府に失望し、収益の40％を所得税として納めていた。

　8月14日にスクリプスは姉のエレンに手紙を書き、こう述べている。「マクレイ氏が新聞用の白い紙の値段が上昇する旨を報告したが、私はこのような事態を楽観視するほどの阿呆だ」。紙の値段は50％も高くなり、これは彼の会社の年間の売上高、約1億1250万円を上回るものだった。新たな技術を開発するより、スクリプスは楽な方法を選んだ。ペニー・プレス（タブロイド判新聞王）は安易な問題解決方法として、これまで約1円だった安新聞を倍額の約2円で販売する計画を立てた。

終焉の時

　8月28日に、エド・チェイスは、スクリプスとマクレイに報告書を提出した。この若者もこの工程に魅せられたようだった。「私は素晴らしく、かつ単純な発明品を見た。私はこの発明品を信じている。これは、人類にとって革命的なまでに、食料の供給や、衣類の需要、その他諸々の人間の望みを叶える製品である」

　チェイスは、剥皮機が2日で7トンの大麻草の屑を生産するのを目の当たりにした。本格的な生産体制に入れば、シュリヒテンは1日で剥皮機1台につき、大麻草の屑5

トンの生産を見込むことができた。チェイスは、この大麻草で西海岸中の新聞を供給出来るだけでなく、その工程の副産物であるパルプで副業が出来るとふんだ。彼は新聞用紙の生産コストを1トンにつき約2500円から約3500円と見積もり、試しに東海岸の製紙会社に委託することを提案した。

マクレイはしかし、自身のボスがもはや大麻草由来の紙に興味を失ったことを知った。彼のチェイスへの対応は注意深く、「実用性と生産コストと運搬費用等を考慮に入れなければならず、更なる調査が必要だ」と返答した。理想と開発に伴う現実を目の当たりにし、そろそろ引退を考えていたマクレイは、この事業から撤退した。

9月までには、ティムケンの農作物は約0.4ヘクタール（4047平方メートル）につき、1トンの繊維と4トンの大麻草の屑を生産した。ティムケンはスクリプスの関心を、サンディエゴの製紙工場設立に向けようとした。マクレイとチェイスは、クリーヴランド市（オハイオ州）のティムケンに会いに行き、大麻草の屑は他の紙には向いているものの、新聞紙にするには経費がかかりすぎる旨、報告した。東海岸の製紙工場での実験結果が思わしくなかったに違いなかった。なぜなら、それは木材パルプの製紙工場だったのだ。

この頃には、ティムケンも戦争に伴う不景気に悩まされていた。54%という高率の所得税を払わされていた彼は、約2億円を10%の金利で借り入れようとしていた。これは軍需産業に関連する工業機械を仕入れるのに必要な資金だった。数週間前までは、カリフォルニア州に行きたくてしょうがなかった彼は、その年の冬は西へ旅することを諦めていた。彼はマクレイに、「私はこの国のこの場所でビジネスのために猛烈に忙しくなることだろう」と語った。

剥皮機は1930年代に再発見される運びとなり、大麻草が10億ドル産業として、『メカニカル・エンジニアリング』や『ポピュラー・メカニックス』での記事で大々的に取り上げられた（本書の1993年度版が出版されるまで、剥皮機は新発明だと見られていた）。ところが、1937年のマリファナ課税法により、またもや、急成長を遂げようとしていた大麻草産業は衰退した。

—エレン・コンプ

●—脚注：
★1—世界年鑑、1914年、225頁
★2—ミルトン・マクレイ『新聞業界の40年』、1924年、ブレンターノ出版

大麻草を活用して温室効果（地球温暖化）に対抗し、地球を破滅から救おう！

　1989年の初頭、筆者とマリア・ファローは米国農務省の最高責任者であるスティーブ・ローリングス（温室効果担当）と、メリーランド州のアメリカ農務省の研究施設で初対面を遂げた。

　我々は、地球の緑化を目指すグリーン党の機関新聞の執筆者として自己紹介した。そして我々はローリングスに、「もしどんな選択肢もあり得るならば、温室効果を止める、最良の方法は何ですか？」と尋ねた。

　ローリングスは「木を伐採するのを止め、化石燃料の使用にも終止符を打つべきです」と応えた。

「ならば、そうしようではありませんか！」

「現在の所、紙の原料としての木材や化石燃料に代わるものがないのです」

「それなら、一年草を収穫して、それを紙や、燃料になるバイオマスにするのが得策では？」

「それは理想的です」とローリングスは同調した。「しかしながら、このような資源になり得るものは存在しません」

「それでは、もし木材パルプ紙の代用品となって、化石燃料や天然繊維を作り出す。またダイナマイトからプラスチックまであらゆる工業品、産業品を作ることが出来る資源がある。それは全米50州で栽培可能で、どんな荒地でも育ち、0.4ヘクタールの生産で2ヘクタール分の森林を救うことになる。アメリカ国土のたった6％で、年間数千兆のBTU（英熱量）となり得る燃料を生産する作物があるとしたら、それは地球を破滅から救うことが可能ですか？」

「それは理想的ですが、そんな植物は存在しません」

「私たちは、それが存在すると信じています」

「そうですか。それはなんでしょうか？」

「大麻草です」

「大麻草！」彼は一瞬の間、沈思黙考した。「それは思いもよりませんでした！　あなた方は正しいと思います。大麻草ならそれが可能です。素晴らしいアイデアです！」

　私たちは、大麻草に関する情報と、繊維や燃料、食物や塗料としての特性を活かし、地球の環境システムや大気圏中の酸素のバランスを取り、近代のアメリカ人としての文化生活を営み続ける上で必要不可欠なこの植物の話に夢中になった。

　本質的には、ローリングスは我々の情報が正しく多くの可能性を秘めていることに合意した。

　けれども、彼はこう言った。「それは素晴らしいアイデアで、沢山の可能性があります。しかし、その資源は使えません」

「冗談でしょう！　なぜですか？」
「それが、ヘラーさん、大麻草とはマリファナであることをご存知ですか？」
「もちろんです。私は過去17年間のうち、週40時間をこのテーマに費やしてきました」
「それならば、マリファナが非合法だということをご存知でしょう。それは使ってはならないものなのです」
「たとえそれが地球を救い得るとしても？」
「駄目です。非合法ですから」と彼は厳しく言った。「非合法なものは使えません」
「地球を救うという大義があっても？」
「地球を救うという名目であっても駄目です。それは非合法で使用してはならないものです。以上です」
「勘違いしてもらいたくないのですが、これは素晴らしいアイデアです」と彼は続けた。「しかし、（アメリカ農務省は）絶対に許可しないでしょう」
「それならば、農務省の長官に、カリフォルニア州の頭のおかしい男から大麻草に関する資料を渡されたのだが、自分の直感ではこれは地球を救い得るとお伝え下さい。それに対して彼はなんと言うでしょうか？」
「そんな事をすれば、私の立場は微妙なものになります。私は現職を首になるでしょう。私は所詮、一人の役人に過ぎないのです」
「それなら、自身のコンピュータで米国農務省の情報を確認しては如何ですか？　私たちも、そこから情報を得ました」
「私は自分で情報確認が出来ない立場にあります」
「なぜですか？　私たちは情報を得られましたよ」
「ヘラーさん、あなたは一般市民です。どんな情報でも確認出来ます。しかし、私は農務省の役人です。私がそのような情報を探れば、何事かと怪しむ人が出てくるに違いありません。そうなれば、私は左遷されるに決まっています」

　最後に、我々は農務省図書館から得た情報を直接送付する旨告げ、それに目を通してくれるように嘆願した。
　彼はそれに合意したものの、1ヶ月後に電話連絡を取った所、彼は開封していないその箱を送り返す旨を告げた。なぜなら、政権交代により、自分は地位を追われたので情報に関して責任は持てないと言った。
　彼は同情報を新任者に引き継ぐかという質問に対し、「絶対にしません」と答えた。
　1989年の5月、我々はローリングスの同僚で、地球温暖化対策担当の米国農務省のゲーリー・エヴァンズ博士と同様の会話をした。
　最後に彼は、「本当に大麻草で地球が救いたいなら、あなたたち活動家が酩酊作用の無い大麻草の栽培法を確立すれば、使えるようになるでしょう」とつけ加えた。
　このような、恐怖心に煽られた、あるいは恐怖心を煽るアメリカ政府の政策に私たちは翻弄され続けるのだ。

第 3 章

利益を生み出す植物

1938年2月号の『ポピュラー・メカニックス』：
新しい10億ドル産業の作物
1938年2月号の『メカニカル・エンジニアリング』：
もっとも収益性が高く、需要のある栽培可能な作物

　最新技術が大麻草の生産に貢献し、それがアメリカで第1位の農作物資源となろうかという矢先の出来事だった。国内でもっとも権威ある人気定期刊行物（雑誌）の、『ポピュラー・メカニックス』と『メカニカル・エンジニアリング』は、大麻草の明るい未来について、最新の記事を掲載した。正に先見の明である。これにより何千もの新製品がアメリカ人に雇用をもたらし、大恐慌に歯止めをかけようとしていた。ところが、その代わりに、大麻草は弾圧され、非合法にされ、忘却の彼方へと押しやられた。W・R・ハーストが推し進めた、「メキシコ産の殺人草～マリファナ」というキャンペーンによって……。

　1901年から1937年まで、アメリカ農務省が幾度も類推した所によれば、もし大麻草の収穫を可能にする新技術が開発されたとしたら、そして上記の2誌の記事にも記載されている通り、剥皮機などの繊維とパルプを分離する新技術が生まれたとしたら、大麻草は産業における黎明期を迎えることになるだろう。また、大麻草は再びアメリカで第1位の農作物となり得たことであろう。この予測は、1917年のG・W・シュリヒテン剥皮機の登場によって、もう一歩の所で、的中することになった。このような予測は大手メディアやマスコミによっても再確認され、『ポピュラー・メカニックス』が1938年の2月に掲載した、「新しい10億ドル産業の作物」という記事がそれを反映している。この記事の掲載は、本書の初版の刊行によって、50年ぶりに日の目を見た。ここでは、記事の全文が1938年当時のまま掲載されている。

　印刷工程と締め切りの関係により、『ポピュラー・メカニックス』編集部は、この記事を1937年の春に用意した。その頃、大麻草は繊維、紙、ダイナマイトや油の原料として急成長産業であった。大麻草の栽培も合法であった。

　本章において、もうひとつ引用されているのは、同年同月に『メカニカル・エンジニアリング』が掲載した、大麻草にまつわる記事の抜粋である。この記事のオリジナル原稿は、（出版の1年前の）1937年の2月にニュージャージー州ニューブランズウイック市で開催された、アメリカ工業機械エンジニア協会の農業機械開発の集いで披露された。

アメリカ農務省の1930年代の報告と、1937年の議会証言によると、毎年のように大麻草の総栽培量が倍増するという現象が起き、最低の年の1930年には国内で約4,046,856万平方メートルを収穫した。また、1937年には566,559,890平方メートルの収穫を記録し、その需要と供給はこれからも倍増するであろうことは容易に推測できた。これらの記事に記述されているように、当時は大麻草に関する技術が発展途上であった。大麻草がこれからアメリカで一番の農作物となるという矢先のことだった。そして続いて開発された新技術（バイオマス・エネルギー、建築資材など）により、大麻草は、世界でもっとも重要な資源であるとともに、地球環境にとっても欠かせない存在となり、同時に世界でもっとも大きな産業となり得るはずだった。

　『ポピュラー・メカニックス』の記事はアメリカ史において、農作物について「10億ドル」という文言が初めて使われた事例である！　そして「10億ドル」は、現在の金額に換算して、以前の40倍から80倍の価値がある。

　現代の専門家は少なく見積もって、アメリカに大麻草産業が復活すれば、半兆ドルから1兆ドルの利益をもたらし、地球や文明を化石燃料やその副産物から解放するばかりでなく、なんと森林破壊をも食い止めることができると主張しているのである！

　もし、ハリー・アンスリンガー、デュポン社、ハーストや、それらの企業や人物に買収された政治家たちが大麻草を禁止にしていなかったとしたら、そして「マリファナ」という名のもと（第4章参照）に大麻草の知識や真実が学校の現場や研究者や科学者たちに隠蔽されることが無ければ、これらの記事に書かれた明るい未来は現実化していたことであろう。未来は大麻草の恩恵と新技術がもたらすのである。

　ある仕事仲間が的確に述べた所によると、「この記事はここ50年でもっとも正直な大麻草に関する記事である……」

1938年2月号の『ポピュラー・メカニックス』:
新しい10億ドル産業の作物

　6000年も昔からの大問題を解決した新機械の登場により、アメリカの農民たちは新しい換金作物として年間数億ドルを約束されるに至った。その換金作物とは大麻草の事で、これはアメリカの他の作物と競合するものではない。それよりもむしろ、輸入物の原料や製造の過程での低賃金や、最下層で搾取されている労働力に取って代わり、アメリカ国内に何千もの雇用をもたらすに違いない。これを可能にする新機械とは、大麻草の繊維質の樹皮を茎から分離し、僅かな労力で繊維を作りだすものである。大麻草は繊維の世界標準であるとも言える。大麻草は絶大なる強度と耐久力を誇る。大麻草からは5000種類もの織物製品（ロープからレース編みまで）が生産され、木質の大麻草の（繊維を採った後の）屑（トウ＝おがら）はダイナマイトからセロハンまで25000以上もの製品の原料となり、その用途は計り知れない。新しい機械が導入されたテキサス州、イリノイ州、ミネソタ州や、その他の州では、大麻草約500グラムにつき、0.5¢（約0.5円）で繊維を生産し、茎の残骸も高利潤の市場で取引されている。機械を操業する人々は高利益を得ており、低賃金労働力の産物である輸入物と競合するため、収穫された大麻草を畑から直接卸す農民には、1トンにつき$15（約1500円）を支払っている。

　農民の目から見れば、大麻草は栽培が簡単で、収穫量も

上：　大麻草由来の索具で航海をする人々。
下：　束ねるために運ばれる大麻草。粉末状の大麻草の屑は、セルロースを77%も含有している。

第3章　利益を生み出す植物

33

POPULAR MACHANIC February, 1938

　約4000平方メートルにつき3トンから6トンといった所で、トウモロコシや小麦、オートムギが育つどんな環境にも適応する。大麻草の成長期間は短く、従って他の作物を植えた後でも栽培が容易である。大麻草はアメリカの全州で栽培可能である。長く張る根は、あらゆる土壌環境に適し、翌年度の作物にとって最良の土壌改良を行う。よく繁る葉は、地上より8フィートから12フィート（約2.4メートルから約3.7メートル）にあるため、雑草にも強い。エゾキツネアザミやクアック・グラスといった雑草が繁茂した荒地でも、大麻草が2度収穫されれば土壌の改善が見られる。

　古来の方法では、大麻草は伐採されるとその干し草は畑に放置され、少々濡れて腐敗したところで、手作業で繊維を採取していた。この腐敗させる、という工程は、露や雨やバクテリアの繁殖によって、もたらされる。この工程終了後、繊維を分離するために機械が開発されたものの、コストが高くつき、繊維の損失量も多く、仕上がった品もあまり良くないものであった。新開発された剥皮機の登場で、大麻草は、作物を刈り取り束にする機械とは、少し違う方法で刈り取られるようになった。大麻草は1時間につき、2トンから3トンを処理する全自動チェーン式コンベヤーに送られる。大麻草の屑は細かく粉砕され、ホッパー（じょうご形の装置）に落ちる。そこから今度は噴出装置で、束収機やトラックや貨物列車に、原料として送られるのである。繊維は機械の反対側の束収機へと蓄積される。

　ここからは、なんでもありである。硬質繊維はより糸やロープに使用されたり、麻袋を編んだり、カーペッ

上： 大麻草由来のリネンの洋服。
下： 刈り取り結束機で大麻草を収穫する様子。テキサス州では大麻草が繁茂していた。

34

トやリノリウムの補強に使ったり、あるいは大麻草を漂白して精製し、副産物的な産業用樹脂として高値で取引される。大麻草は間違いなく、現在私たちの市場に溢れている外国製の繊維に取って代わることができる。

毎年、何千トンもの大麻草の屑が、ダイナマイトやTNT（トリニトロトルエン）を特定の企業に供給するひとつの大会社によって独占されている。また、毎年100万ドルの関税をタバコの巻き紙輸入のために支払っていた製紙会社も、現在ではアメリカ製の大麻草由来の巻き紙をミネソタ州の農家に委託している。イリノイ州の新しい工場では、大麻草でボンド紙を生産している。大麻草が含有する天然素材は、安価なパルプにより、あらゆる品質の紙に対応する。そして大麻草に含まれる大量のアルファ・セルロースが、世に何千とある、化学者たちが開発したセルロース製品の無限の原料となり得るのである。

一般的に、すべてのリネンは亜麻由来だと信じられている。しかし、リネンのほとんどは、大麻草由来である……当局の推論によると、私たちが輸入するリネンの半分以上は大麻草繊維である。もうひとつの勘違いは、バーラップ（黄麻布）が大麻草由来だという認識である。私たちの使用するバーラップは通常ジュート（黄麻）由来であり、これは1日4¢（約4円）で労働に駆り出されるインド人からの搾取によって成り立っている。バインダー紐は通常、ユカタン半島や東アフリカ原産のサイザル麻でできている。これらの商品は、現在は輸入に頼っているが、地産の大麻草ですべて賄える。投網、弓の弦、キャンバス、強いロープ、作業ズボン、ダマスク・テーブルクロス、高級リネンの洋服、タオル、シーツ、そして何千もの日用品の原料がアメリカの農家で簡単に栽培できる。外国産の布地や繊維には毎年20億ドルが使われる。1937年には最初の6ヶ月で、原繊維だけで5億ドル分を輸入している。この収入はすべてアメリカ人を潤すことに利用できる。

製紙業界に至っては、更なる可能性がある。製紙産業は売り上げが毎年100億ドルを上回る。そのうち、輸入品が80％を占めている。大麻草からはあらゆる品質の紙を作ることができ、政府の見解によると、1万エーカー（約4000ヘクタール）の大麻草が、通常のパルプ生産に使われる4万エーカー（約1万6000ヘクタール）に取って代わることができるのである。

大麻草生産の妨げとなっている原因のひとつとして、農民による新作物への不信があげられる。農家から離れた場所に置かなければならない機械設備が問題を更に複雑にしている。このような機械操業で収益を上げるためには、機械を稼働できるだけの土地をある程度持っていなければならないし、大麻草を市場で売るには、作物を処理する機械も必要となる。もうひとつの障害は、雌の大麻草の花穂にはマリファナと呼ばれる、麻薬成分が入っていることで、大麻草を花穂無しで栽培することは不可能なのである。連邦政府の新規律により、大麻草を栽培する者には登録が義務づけられ、麻薬の蔓延を阻止するためのルールは厳格となっている。

しかしながら、農作物としての大麻草と、マリファナとしての大麻草の関係は誇張されているようである。この麻薬は主に全米の州で自生している「ロコ・ウイード」のことで、空き地や線路沿いに生えていることが多々ある。もし連邦法が公共の安全を守り、かつ大麻草の文化を守るために制定されたとしたら、この新しい作物はアメリカの農業や産業に大きく寄与することになるであろう。

もっとも収益性が高く、需要のある栽培可能な作物
『メカニカル・エンジニアリング』、1937年2月26日

> 「亜麻と大麻草：種子から機織りまで」は1938年の『メカニカル・エンジニアリング』の2月号に掲載された記事だった。オリジナル原稿は、1937年の2月26日にニュージャージー州ニューブランズウィック市で開催された、全米工業機械エンジニア協会の農業機械開発者の集まりで、加工業部門の主催で発表されたものだった。

亜麻と大麻草：
種子から機織りまで
——ジョージ・A・ロウワー

我が国は、綿以外のほとんど全ての繊維を輸入に頼っている。ホイットニー発明の機織り技術は、この国の綿をリネンよりも遥かに安価に製造したため、国内でのリネンの製造が休止となった。私たちは世界の農民のように安く繊維を作ることができない。人件費が高いという問題もあるが、私たちは大規模な繊維の栽培体制を確立してこなかった。例えば、ヨーロッパの地域別での繊維の栽培量が最大のユーゴスラヴィアは、最近農家では883ポンド（約401キロ）の平均収穫を得た。似たような数字に、アルゼンチン749ポンド（約340キロ）、エジプト616ポンド（約279キロ）、そしてインド393ポンド（約178キロ）というのがあり、アメリカの平均収穫量は383ポンド（約174キロ）である。

世界との競争で利益を上げるには、大麻草畑から機織りまでの分野で飛躍を遂げなければならない。

亜麻は根から引っこ抜き、溜め池などで腐敗させ、天日に当てて乾燥させ、繊維が分離するまで剥皮され、紡いだものを最後に木の灰由来の灰汁や、あるいは石灰や焦がした海草類派生の炭酸カリウムで漂白する。耕耘技術や植物を育てる技術は、大規模農園にとっては有意義な面もあり、小規模農園もその恩恵を（多少）被った。しかしながら、作物から糸作りをするプロセスは雑で無駄が多く、環境にとっても有害だった。植物性繊維でもっとも高い強度を誇る大麻草は、1エーカー（約0.4ヘクタール）に対して最大限の収穫量を約束する作物であり、成長期の手入れが最低限ですむというメリットもある。草取りも必要なく、また雑草などを駆逐するので、次年度の土壌環境を最良の状態に改善するのである。この事実が、大麻草の利益率だけでなく、理想的な作物としての特性であると言えるだろう。気候と耕作に関して言えば、大麻草は亜麻と似ており、亜麻と同様に花穂が熟成する前に収穫すべきである。茎の最下部の葉がしおれ、花粉が舞う頃に収

刈り取り結束機の登場で、大麻草収穫に伴う労働力を大幅に削減することが可能となった。

種期である。

　亜麻と同様に、大麻草の繊維は、葉柄と茎の接点からは採れず、茎に含まれるペクトーゼ樹脂によって薄板状に接着される。亜麻のように化学処理が行われた場合、大麻草は、美しい繊維を生産し、亜麻とあまりに酷似しているので、その違いを見極めるには、高性能の顕微鏡が必要となる……そして、時として大麻草繊維の先端が縦に裂けることがある。亜麻と大麻草の繊維を水に濡らし、宙づりにして比較すると、乾燥の際、亜麻は右回り（時計回り）に大麻草は左回りに回転する。

　第一次世界大戦の前、ロシアは40万トンの大麻草を生産し、それは手作業で剥離され、手で打って仕上げられた。現在では、ロシアの大麻草の総生産量は半減し、ほとんどがロシア国内で消費される。イタリアも同様で、かつてはアメリカへの輸出を大々的に行っていたが、生産量は半減した。

　アメリカでは、1エーカー（0.4ヘクタール）につき1ブッシェル（穀類をはかる単位）の大麻草を植えると、約3トンの乾燥麻藁が生産できる。そのうち、15%から20%が繊維となり、80%から85%が木質の材料となる。プラスチックの原料としてのセルロースや削り花（大麻草を薄く削って花の形にしたもの）の市場が高騰すればするほど、これまで繊維産業の副産物であり、捨てられてきたはずの大麻草の屑（トウ）が、年間50万トンを輸入に依存してきた、この植物の利益性を高め、硬質繊維の生産コストを著しく下げるのである。

　あらゆる硬質繊維のうち、大麻草はその2倍から3倍の強度を誇り、同じ面積ですこぶる軽量な硬質繊維の生産ができる。例えば、サイザル麻製の40ポンド（約18キロ）のバインダー紐はその張力において、1ポンド（454グラム）につき450フィート（約137メートル）である。大麻草製のバインダー紐は、1ポンドにつき、その張力は1280フィート（390メートル）に及ぶ。熱帯産の繊維よりも、大麻草の繊維の方が劣化せず、また淡水や塩水に浸かっていても、長持ちするのである。

　麻藁は花粉が舞う頃に収穫すべきだという考え方が過去にはあったが、ミネソタ州で最高品質の大麻草繊維を生産している農家では、大麻草にたくさんの種子を実らせた。この方法論の妥当性はそのうちに証明されるであろうが、花粉の舞う頃に4分の1の大麻草を収穫し、そしてそれから一週間から10日あけて、更に4分の1ずつ2回に分けて収穫し、最後に種子が完全に熟してから残りを収穫する。これら大麻草栽培用地は4つに分断する事が理想的で、麻打ち機などの処理も別々に行うことによって、繊維や種子の品質を管理することができる。

　アメリカでは、大麻草の収穫には、数種類の機械が入手可能である。このうちのひとつは、数年前にインターナショナル・ハーヴェスター・カンパニー社によって紹介されたものである。最近では、中西部の大麻草農家は、通常の穀物バインダー機を改造することによって、収穫している。このような改造費は決して高いものではなく、この種類の改造機械は農家にとって満足のいく成果を約束するものである。

　大麻草の脱ガム（脱樹脂）工程は、亜麻のそれと酷似している。大麻草の樹脂破片は蒸解に対して抵抗を示す。その一方で、大麻草は、蒸解プロセスの完了によって、急激に生物分解する。

アイオワ州のメイソン市で、大麻草農家が作物を朝露で腐敗させるため、横並びに積んでいる様子。

よって、最高品質の繊維を大麻草からも採取することが可能なのである。大麻草繊維は、綿や毛糸や梳毛糸用の機械で、リネンに勝るとも劣らない、吸水性と着心地の良さが得られる。

大麻草の茎に使用される数種類の麻打ち機も、市場で売られている。かつてイリノイ州やウィスコンシン州の麻打ち工場では、8組の縦溝彫りのローラーを導入したシステムが、乾燥した麻の藁が木質部分を打つために利用された。そこからは、大麻草の屑が付着した繊維が、機械運転者のチェーン・コンベヤーによって無限に運ばれた。繊維が運ばれる先は、二つの回転式ドラムの直立式機械で、これらは鋭利な刃が茎を打つようにできており、大麻草の屑や、茎の全長に満たない繊維を分離した。紐用繊維と、短くもつれた繊維の生産比率は50％ずつである。短くもつれた繊維は、振動する機械へと運ばれ、大麻草の屑と分離される。ミネソタ州とイリノイ州では違う機械での試みが実施された。この機械は、まず原料を供給するテーブルに、茎を水平に並べる。コンベヤー・チェーンが締め金で茎を運び、それを機械の後方の半分の所まで運ぶのである。この機械は、二組の交差反転式の芝刈り機のような撹拌機で大麻草の茎を45度の角度で鋼鉄のプレートに打ちつけ、麻藁の木質の部分を機械で打つことによって、繊維と屑を分離するのが目的である。同機械の反対側、つまり芝刈り機の先に撹拌機が90度の角度で設置されており、大麻草の屑（トウ）を生産する。

最初の締め金チェーンが大麻草の茎を運び、打って仕上げることによって繊維を採る。残念ながら、この種類の麻打ち機は、いわゆるウィスコンシン州タイプのものよりも、多くのもつれた繊維を生産する。このような繊維は再びきれいに処理するのが難しい。なぜなら、大麻草の屑が細長い小片に分離され、繊維にくっつくからである。

もうひとつのタイプは、茎を連続して少しずつ縦溝彫りのローラーを通過させる。このプロセスにより、木質の部分を約1.9センチほどの大きさの屑にし、繊維は往復運動するプレートと静止したプレートの間を通過する。

繊維にくっついた大麻草の屑は、コンベヤーから圧縮プレスへと運ばれる。繊維を打ち付けることを省いたこの工程では、紐用繊維しか採れない。ここからは、亜麻と同じように処理される。

塗料やラッカー（樹脂ワニス）の製造業者は、大麻草の種子を圧搾した油の、乾燥剤としての特性に着目している。市場が大麻草産業の副産物として捨てられる種子や屑を商品化する事に成功すれば、農家や一般人にも、大麻草がもっとも利益率が高く、可能性のある作物として、アメリカに新産業と、輸入品からの解放をもたらすことを証明することであろう。昨今の洪水や砂塵嵐が森林破壊に警鐘を鳴らしている。これまで亜麻や大麻草の不要副産物（産業廃棄物）であったこれらの資源が、とりわけ急成長を遂げつつあるプラスチック産業に新たな需要を生み出すことだろう。

多岐にわたる大麻草の使い道

地球でもっとも利用価値の高い、多用途の天然資源

油と食物のための種子

大麻草の種子は圧搾して料理用の油として、または潤滑油、燃料、その他に利用できる。大麻草の種子にはコレステロールを下げる効果があり、タンパク質が豊富な栄養源である。大麻草の花穂や葉も食用になる。

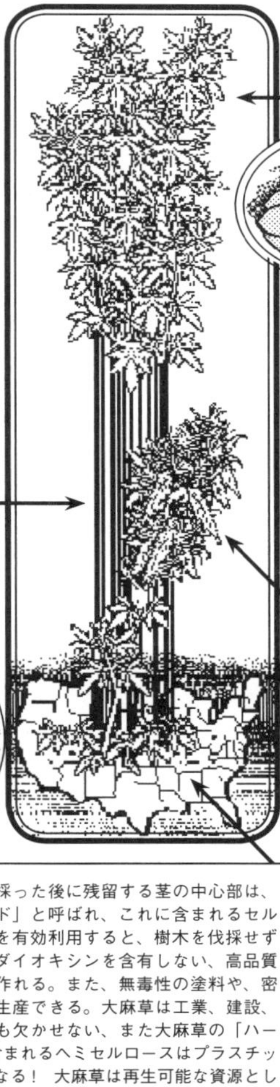

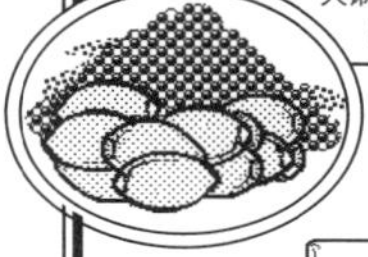

茎は織物や燃料、紙などになり、様々な商業的利用も可能である

大麻草は乾燥の後、二つの部位に分割される。糸のような繊維と、「ハード」とも呼ばれる、パルプの小片である。これらの部位は、それぞれに重要な役割を担う。

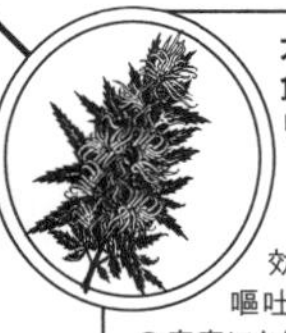

大麻草の花穂は医療用、食用にもなり、そしてリラックスをもたらす

大麻草には痛みの緩和やストレスの解消を促す効果があり、緑内障や癌、嘔吐、エイズの治療や数々の疾病にも絶大なる威力を発揮する。多くの場合、これらの患者は、大麻草の花穂や葉の部分を喫煙したり食したりする。大麻草は多くの宗教儀式にも使われる。

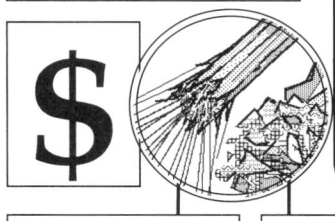

細長い、樹皮から採れる繊維は洗浄され、紡績される。繊維は糸になったり、ロープのための単糸になったり、耐久性のある種々多様な高品質の衣類になったり、キャンバスになったりする。

繊維を採った後に残留する茎の中心部は、「ハード」と呼ばれ、これに含まれるセルロースを有効利用すると、樹木を伐採せずして、ダイオキシンを含有しない、高品質の紙が作れる。また、無毒性の塗料や、密封剤も生産できる。大麻草は工業、建設、建築にも欠かせない。また大麻草の「ハード」に含まれるヘミセルロースはプラスチックにもなる！ 大麻草は再生可能な資源として植物パルプを調達するのに必要不可欠な原料で、これにより、バイオマス燃料を使って、木炭やガス、メタノール、ガソリンや電気をも作り出すことができる。

自然に根ざす

大麻草の根も重大な役目を果たす。大麻草の根は土壌の固着と、土中における空気の循環を促し、浸食や地滑りを回避する。大麻草は小規模農園を活性化させ、雇用を生み、酸性雨や化学物質による公害を減少させ、地球を温暖化などの破滅から救う。

Presented as a public service by the

BUSINESS ALLIANCE FOR COMMERCE IN HEMP
P.O. Box 71093, L.A. CA 90071

Recommended Reading: ***The Emperor Wears No Clothes*** by Jack Herer
Hemp, Lifeline to the Future by Chris Conrad
Please freely photocopy this page for distribution and posting in public places.

第3章 利益を生み出す植物

アメリカ農務省が1916年に発表した告示404号には、大麻草繊維由来の紙ではなく、大麻草由来のパルプ紙が利用された。これはパルプ紙の高品質性を示すためと、大麻草の茎の中心部から採れる屑（トウ）の紙の原料としての優位性をアピールするためだった。アメリカ農務省は、樹木を伐採せず、また硫酸化合物を使用せずにパルプ紙が作れることを公示した。同時に、告示404号は、農民に大麻草の栽培と収穫、そして様々な加工法を広く知らせるために、大麻草の屑などの利用法を細大漏らさず報告した。

およそ20年間で、紙の原料となる0.4ヘクタールの大麻草（一年草）の総量は、1.7ヘクタールの森林の伐採による紙の生産量に匹敵する。

第4章

合法大麻草の終焉

　大量生産に見合った収穫技術や剥皮技術の欠如により、19世紀の産業革命は世界の大麻草産業に衰退をもたらした。しかし、この天然資源はあまりに多くの可能性を秘めており、いつまでも歴史の裏側に追いやられていた訳ではない。

　1916年までにアメリカ農務省告示404号が報告した所によると、大麻草の剥皮機と収穫機の発明は目前に迫っており、大麻草が再びアメリカの主要農作物、そして最大の産業になると予測した。1938年には『ポピュラー・メカニックス』や『メカニカル・エンジニアリング』といった人気雑誌が、この産業の新世代の資本参入者に剥皮機の登場を告げた。これにより、新時代の幕が切って落とされた。この新たな機械の登場により、両誌は近い将来、大麻草がアメリカ一番の換金作物になると指摘した。

製紙業界における技術革新

　もし大麻草が合法的に、20世紀の技術で栽培されたとしたら、アメリカだけでなく、全世界で最も主要な農作物として活躍するに違いない。
(『ポピュラー・メカニックス』、1938年2月／『メカニカル・エンジニアリング』、1938年2月／1903年、1910年、1913年のアメリカ農務省の報告)

　事実、この二つの記事が提示された1937年までは、大麻草の栽培は合法だった。そして当時のこの新しい「10億ドル産業」を見据えていた人々は、大麻草の医薬品や燃料、食物としての特性には気付いておらず、それは更に年間1兆ドル以上の産業として見込まれることを知らなかった。大麻草は「自然重視」な経済においては、合成の、環境破壊を伴う産業に取って代わることができる。この産業において、リラックスをもたらすためのマリファナ喫煙は、比較的僅かな利益しか生まなかった。

　1938年に二つの雑誌記事が「10億ドル産

もし大麻草由来の新パルプ紙技術（1916年段階）が現在でも合法であれば、それは70%の木質パルプ紙に取って代わることができ、また、プリンター用紙や段ボール箱、紙袋などの代用品となり得る。

業」を予測した背景は、繊維紙やラグ・ペーパーに取って代わる、大麻草のパルプ紙としての特性に注目したことに端を発する。

　他の理由としてあげられるのは、大麻草の繊維や種子の採取、パルプとしての産業利用である。もし 1916 年の製紙技術が現代に引き継がれていたとしたら、段ボール箱やプリンター用紙や紙袋のパルプ紙の 40%から 70%は大麻草由来のもので代用できる。この真新しい、大麻草由来のパルプ紙技術は、1916 年にアメリカ農務省の主任科学者たち、植物学者のライスター・デューイーと、化学者のジェイソン・メリルによって開発された。この新技術は、1917 年に G・W・シュリヒテンが特許を取得した剥皮機の発明と共に、大麻草を紙の原料として、樹木由来のパルプ紙の半分のコストで生産する事を可能にした。新収穫機械は、シュリヒテンの新発明品と同様、大麻草を処理する速度［1 エーカー（約 0.4 ヘクタール）あたり 200 時間から 300 時間の実務労働］を、僅か 2 時間から 3 時間に短縮した。20 年後には、新鋭の技術力と道路整備（インフラストラクチャー）が大麻草の価値を更に高めた。ところが残念なことに、その頃までには、反対勢力が大麻草栽培を禁止するために意気込み、素早く動き出した。

森林破壊を食い止めるための計画

　大麻草は品種によっては、栽培シーズン中、樹木のように 6 メートル以上の高さに成長するものがある。新しい製紙技術は、大麻草の屑（大麻草の茎の総重量の 77%）を利用する。それはこれまで繊維を採るための不要副産物として捨てられる筈のものであった。

　1916 年のアメリカ農務省告示 404 号が明記した所によると、1 エーカー（約 0.4 ヘクタール）分の大麻草を 20 年の間毎年収穫したら、それは同じ 20 年間に 4.1 エーカー（約 1.7 ヘクタール）の樹木を伐採して作られるパルプ紙に相当する。また、繊維やパルプの製造時に派生する、糊のような役割を果たすリグニン（木質素）を分解する工程において、7 分の 1 から 4 分の 1 の有害な硫黄由来の酸性の化学物質しか排出せず、またソーダ灰（炭酸ソーダ）を使えば、こうした物質を全く排出せずに繊維やパルプが製造できる。パルプを作るためにはリグニンを全部分解せねばならない。大麻草パルプのリグニンが 4%から 10%であるのに対し、樹木類のリグニンは 18%から 30%である。大麻草による製紙技術は、川や流域へのダイオキシン流出といった

汚染を食い止め、樹木パルプに使用されるような塩素系漂白剤を一切使わず、代わりにより安全な過酸化水素を漂白に使用する。従って、大麻草からは樹木の4倍のパルプを、環境への負荷を4分の1から7分の1に減らして作ることができるのである。

　大麻草由来のパルプ紙製造技術は、新たなる発明品やエンジニアリングの進歩によってもたらされた。これにより、木材の需要を減らし、住宅供給のコストを下げ、地球の酸素を再生する。60％から100％大麻草の屑（トウ）由来のパルプ紙は、木質パルプ紙よりも強度や柔軟性がある。樹木パルプを紙の原料にすることは、環境を破壊することに他ならない。一方、大麻草由来の製紙技術は環境を破壊しないのである。

（デューイ＆メリル、アメリカ農務省告示404号、1916年／『ニュー・サイエンティスト』、1980年／キンバリー・クラーク社の、フランスにおける大規模大麻草繊維会社の子会社デ・モーデュイの記録、1937年から1984年）

環境保護と公害の改善

　石油化学製品の製造過程により派生する公害の改善は、再生可能資源による製造コストの削減と共に、環境保護団体などによって、主張されている。公害の元凶が冷蔵庫やスプレー、コンピュータ用のCFC（フロンガス）であろうと、軍事目的の三重水素（トリチウム）やプルトニウムであろうと、紙の生産時に派生する硫酸であろうと、このような公害を削減するのが私たちの目的である。

　あなたがスーパーマーケットなどで紙袋を使用するかプラスチック製の袋を利用するかの選択を迫られた時、あなたは環境保護的見地からの大問題に直面する。森林を破壊して作られた紙袋か、化石燃料や化学薬品より作られたプラスチック製の袋か、の二者択一を迫られるのである。第三の選択肢として、大麻草の屑（トウ）由来の紙さえ選ぶことができるならば、生物分解性の、耐久力のある、一年草にして再生可能な資源……つまり大麻草がそれらに取って代わることができるのである。

　毎年この一年草を収穫することは環境に有益である……森林を根こそぎ伐採する必要がないのだ！　また、公害の削減方法として、あるいはこれまでの製紙技術や化石燃料の代案として、大麻草には無限の可能性がある。

自由な競合を殲滅させるための陰謀

　1930年代の半ば、大麻草繊維やパルプを生産する新機械や、大麻草由来のセルロースを有効利用する技術がピークに達し、需要やコストに応えられるようになると、膨大な土地と森林を持つキンバリー・クラーク社、ハースト製紙部、セイント・レジス社や、他の森林からほとんどの原料を確保していた製紙会社や新聞社の多くは10億ドル以上の損失をこうむったり、もしくは破産しそうになったりした。偶然にも、1937年にデュポン社は石油や石炭からプラスチックを作る新技術を開発し、特許を取得した。硫酸塩

化と亜硫酸塩化による樹木パルプ由来の製紙技術も同時に開発し、特許を取得した。デュポン社の記録文書や歴史家たちが伝える所によると、これらの処理を施されたものが、次の60年もの間、1990年代に至るまで、同社の列車の積み荷の80％を占めていた[※]。

※―著者によるデュポン社への取材、独自の調査

　もし大麻草が非合法とされなければ、デュポン社の80％の収益は叶わず、アメリカ北西部や南東部の流域を汚染する公害は発生しなかったことだろう。開かれた市場であれば、大麻草は多くの家族農業経営者を救済し、恐らくはその数を増やし、1930年代の大恐慌の頃でも栄えたことだろう。しかしながら、環境保護的見地から優れている大麻草による製紙技術や、天然プラスチック製造技術は、ハースト家やデュポン社、そしてデュポン社の主要資金提供者で、ペンシルバニア州ピッツバーグ市のメロン銀行頭取のアンドリュー・メロン氏などに有利なビジネスにとっては都合が悪く、大打撃を与えかねなかったのである。

有毒な人工繊維（化学繊維）が自然素材の安全繊維の代用品に

　1920年代の終わりから1930年代にかけて、少数の大企業が、鋼鉄や石油、化学（軍需品）産業を独占するようになった。アメリカ連邦政府は、織物の国内生産を軍需産業の最大手、デュポン社に委託した。硝酸塩に変質するセルロースを爆発物にする工程は、セルロースを化学繊維やプラスチックにする技術に酷似している。最初の合成繊維であるレイヨンとは、安定した綿火薬、もしくは硝酸塩に変質した布地のことで、19世紀では一般的な火薬だった。

　「合成プラスチックは幅広い製品を製造するのにもってこいであるばかりでなく、これまでの天然製品に取って代わるものだ」とラモー・デュポンは語った。（1939年6月号、『ポピュラー・メカニックス』）

　「私たちの天然資源について考えてみよう」とデュポン社の社長は語り、「化学者たちが天然資源を守るために、合成の製品でそれを補足し、あるいは完全に天然資源と置き換えることに成功したのである」

　デュポン社の化学者たちは世界随一の研究者で、セルロースの硝酸塩化の第一人者的立場にあり、この時代のセルロースの最大の製造業者だった。1938年2月号の『ポピュラー・メカニックス』の記事によると、「何千トンもの大麻草の屑が、毎年、ある火薬会社によって、ダイナマイトやTNTの製造に使われている」

　歴史が示す通り、1800年代の終わり頃、デュポン社は爆発物の市場を、他の中小の爆発物製造企業を買収したり吸収合併することによって独占した。1902年までには、デュポン社は市場の生産力の3分の2を担っていた。デュポン社は世界一大きい火薬会社となり、第一次世界大戦の連合国に40％の軍需品を供給する大企業となった。セルロースや繊維の研究者として、デュポン社の化学者たちは大麻草の有用性を誰よりも承知していた。大麻草の価値はロープの生産に限定されるものではなかった。大麻草はリネンやキャンバス、投網や索類に利用されてきたものの、これらの長い繊維は、大麻草の茎の20％の重量にしか値しなかった。大麻草の茎の80％には、77％のセルロース屑が含まれ、これは世界でもっとも豊富でクリーンな、紙やプラスチックやレイヨンのためのセルロース（繊維）資源である。

　本書にて証明されているように、アメリカ連邦政府は1937年のマリファナ課税法により、この軍需産業の大手企業が国内の合成繊維産業を独占する陰謀に加担した。企業や支配層による、この陰謀の成功は次の通り、証明された。1997年段階では、デュポン社は未だ人工繊維の最大手企業である。第二次世界大戦中を除いて、70年もの間、アメリカ人によって、アメリカの国土で1エーカー（0.4ヘクタール）たりとも

織物品質の大麻草が合法的に栽培され、収穫されることはなかった。1937年にデュポン社がナイロンや、公害のもとになる硫化物で処理された樹木由来の製紙技術などの特許を取得したので、アメリカの農家が天然の繊維やセルロースをほとんど無制限に生産し、供給するという計画はなくなった。そして大麻草の可能性は完全に断たれたようであった。

1900年代のプラスチックは硝酸塩化したセルロースから作られ、これはデュポン社の軍需産業から直接派生した技術だった。セルロイド、酢酸塩、レイヨンなどが当時普及したプラスチック製造技術であるのに対し、大麻草はセルロース研究者の間では、新産業に欠かせない資源として期待されていた。世界的にも、プラスチックやレイヨンや紙の原料として、大麻草の茎の屑が注目を浴びていた。

ナイロン繊維は1926年から1937年の間に、ハーバード大学の著名化学者、ウォーレス・カロサーズにより、ドイツの特許をもとに開発された。これらの合成繊維製造用のポリアミドは、天然由来の長い繊維を模倣していた。カロサーズは、デュポン社からの無制限の資金提供で広範囲に天然セルロース繊維を研究していた。彼は実験室で天然繊維とそっくりなポリマイド――化学的工程で出来る長い繊維――を開発した。不思議なことに、ウォーレス・カロサーズは、1937年の4月(下院歳入委員会が大麻草について審理した1週間後、大麻取締法案が制定される直前)に服毒自殺した。

コールタールや石油由来の化学薬品が色々な分野で利用され、様々な新機械(紡糸口金など)や化学的工程が特許を取得した。新タイプの織物、ナイロンは原料の石炭から、最終的な製品が仕上がるまで管理され、処理された。つまりは特許取得済みの新化学製品のでき上がりである。化学薬品会社は、この新しい「奇跡の繊維」の生産と収益を独占した。ナイロンの登場と、大麻草の長い繊維を屑から分離する重機械が登場したのは同じ時期で、大麻草の「マリファナ」としての取締法ができたのもちょうどこの頃のことだった。

新しい人工の繊維(MMF)は、戦争の成果とでも呼ぶべきものである。この新技術は、大工場やその煙突、冷却剤や他の有害な化学物質を生み、豊富な天然の繊維と対をなすものである。爆発物や軍需品製造の歴史から出てきた古き「化学染料工場」は、現在では靴下、偽リネン、偽キャンバス、ラテックス塗料や合成カーペットなどを生産している。これらの工場が公害を垂れ流し、擬革、室内装飾用品、木材の表面などを生産し続ける一方で、より重要で再生可能な天然資源が非合法となっているのが現状である。

歴史上、繊維の世界的基準として栄えた、アメリカの伝統ある農作物、大麻草は、私たちの織物や紙やセルロースの原料としての需要を賄える。一方、軍需産業の重鎮であるデュポン社、アライド・ケミカル社、モンサント社などは大麻取締法により、その利益が守られている。つまり、これらの企業は、自然な循環型社会と、一般農民に宣戦布告したのである。

――シャン・クラーク

●―出典：

ウイリアム・C・リーガル『テキスタイル百科事典第3版』、アメリカン・ファイバー & ファッション・マガジン編、プレンティス・ホール出版、1980年／『1870年以降のアメリカにおける産業戦略と経済発展』、ピーター・ジョージ大学／E・I・デュポン・デ・ネムール『デュポン社の企業伝』(デュポン社の定期刊行物)／E・I・デュポン・デ・ネムール『爆薬手引書』、1938年2月号／『メカニカル・エンジニアリング・マガジン』1938年2月号／『ポピュラー・メカニックス』、1938年2月号／『ポリマー応用化学ジャーナル』、1984年、47号／『ポリアミド、長鎖分子の化学』(作者不詳)／W・H・カロサーズ、アメリカ特許#2071250号(1937年2月16日)／ジェリー・コルビー『デュポン王朝』／『アメリカ国民百科事典』、1953年、スポンサー出版

1930年代半ば頃から、ハリー・アンスリンガーはアメリカ全土を巡り、マリファナの悪徳について、裁判官や警察官、そして様々な組合組織に説いて回った。丸で括っている文章がマリファナに関する彼のナイーヴな見解を如実に現している。「あのおぞましいフランケンシュタインが現代に生きていたとしたら、マリファナという怪物に出くわして卒倒して即死してしまったことだろう」

1920s-30s newspaper collage reprinted from "The DOPE CHRONICLES." © 1979 by Gary Silver and Michael Aldrich

石油化学製品と社会的再編成

　秘密会議が連続して開かれた。1931年、アンドリュー・メロン氏は、フーバー大統領率いる政権の財務省の長官として、未来の甥っ子である、ハリー・J・アンスリンガーを新しく組織されたアメリカ連邦麻薬取締局局長（FBN：1931年当時）に就任させた。アンスリンガーはこのポストを31年間勤め上げた。これら政財界の巨人たちは、1930年代に現れた大麻草を刈り取り、束ねる新機械技術と、更に剥皮機の登場、大麻草由来の製紙技術、プラスチック製造技術によって、危機にさらされた。そう、大麻草には消えてもらわねばならなかったのである。

　デュポン社の1937年度の株主への報告書によると、同社はまだ社会的に容認されていない、新しい石油化学製品の開発に力を入れると説明した。デュポン社は、「過激な改革」を予測し、「政府による財源の確保の変化と、社会の再編成に伴う、新しい産業アイデアの容認」を見通した。[※]

ウイリアム・ランドルフ・ハーストは「マリファナ」というメキシコの俗語を度々繰り返すことによって、この言葉の悪のイメージを英語に浸透させた。

Illustration of W. R. by Lesline Cabarga

[※]―デュポン社、1937年度の年次報告、強調は著者による

『マリファナ有罪判決』（ヴァージニア州立大学出版、1974年）において、著者であるリチャード・ボニーとチャールス・ホワイトヘッド二世の両氏は、この見通しを次のように述べた。

「1936年の秋頃までには、ハーマン・オリファント（財務省の法務担当責任者）は、連邦政府による高課税率を有効利用し、新法案（マリファナ課税法）を施行することを決定したが、それは連邦火器法（NFA）をたたき台とし、1914年のハリソン麻薬規制法とは関係のないものだった。オリファント自身がこの新法案を成立させた。アンスリンガーは腹心を使って、ワシントンDCへの働きかけ（反大麻草キャンペーン）を実施した」

「ハリソン麻薬規制法による陰謀、つまり大麻草に著しく課税する法案は、禁止法に基づく法案に他ならない。ハリソン麻薬規制法は、医療目的以外で麻薬の類を売買し、所持することを禁じた。法案は連邦最高裁判所でも有利な判決を勝ち取り、同法案に反対するものには、議会の目的は財政よりも、人間の行動を制限することに主眼がおかれているように思われた。連邦火器法はマシンガンの流通を制限するために制定され、議会はマシンガンの購入を許可する一方で、それに200ドルの譲渡税をかけ[※]、書面にて記録が残るように法を再整備した」

第4章　合法大麻草の終焉

『マリファナ～地獄に根ざした雑草』などの扇動的な低予算映画がハーストの反マリファナ新聞記事に便乗して、興行収入を伸ばした。他の映画、例えば有名な『リーファー・マッドネス』などは、禁酒法のあと、再び合法化された、酒造会社などが資金援助した。大麻草の普及を恐れたためである。

Movie ad collage reprinted "The DOPE CHRONICLES." © 1979 by Gary Silver and Michael Aldrich

「1934年に制定された連邦火器法は、議会の真の目的、つまりあらゆる禁止法の発布への伏線を隠蔽するべく発令された。1937年の3月29日に連邦最高裁判所は、全員一致で、反マシンガン法案を支持した。オリファントは、最高裁の判決の時機を見計らい、財務省はその2週間後にマリファナ課税法案を提案した」

従って、デュポン社※※による、「政府による財源の確保の変化と、社会の再編成に伴う、新しい産業アイデアの容認」も納得がいくのである。

※一　1998年当時で、約$5000（約50万円）相当。
※※一1937年の4月29日、マリファナ課税法案の提案から2週間後に、世界随一の有機化学者にしてデュポン社の主要化学者のウォーレス・ヒューム・カロサーズ（デュポン社のためにナイロンを発明した）は、青酸カリを服用して自殺した。カロサーズは41才の若さだった……。

課税法案の真の目的

デュポン社の計画については、1937年の上院意見聴取でレンス・ヘンプ・カンパニー社のマット・レンスが遠回しに言及した。

証言者レンス：このような課税は弱小大麻草生産者を抑圧するものであり、そしてこのような生産者の数は少なくありません……。本法案の真の目的は課税以外にあるのではないですか？

上院議員ブラウン：私たちは、本法案の提案に従うつもりです。

証言者レンス：それには100万ドルはかかるでしょう。

上院議員ブラウン：ありがとうございました（証言者退出）。

ハースト氏の憎悪と嘘の数々

大麻草の喫煙習慣への懸念が、既に二大研究論文として発表されていた。イギリスのインド統治者による、1893年から1894年のインド大麻草麻薬委員会は、インドにおける、バング（インド大麻草）大量喫煙者に関する報告書をまとめた。そして1930年には、アメリカ連邦政府はサイラー委員会による、パナマ駐留の非番アメリカ兵の間で広がる大麻草喫煙習慣の研究を支援した。両報告書は、マリファナ喫煙はさしたる問題ではなく、よってその使用に伴い、罰則を科す必要はないと結論付けた。1937年初頭、アメリカ公衆衛生総局の副長官のウォルター・トレッドウェイは、国際連盟の大麻草諮問副委員会に対して、「社会的、精神的な弊害が出るまでには相当の時間がかかる。そしてマリファナには習慣性がある──砂糖やコーヒーと同じ程度に」と語った。しかし、他の勢力も黙ってはいなかった。アメリカで大いに盛り上がった1898年の米西戦争では、

ウィリアム・ランドルフ・ハーストの「黄色いジャーナリズム」※と呼ばれる、全国規模の新聞社チェーンの扇動的な記事が、アメリカの政治に影響を与え、戦争の勢いに更に拍車をかけた。

※──ウェブスター辞書は「黄色いジャーナリズム」を、次のように解説している。より多くの読者を獲得するために、安っぽく、扇動的で、無節操な記事を掲載する新聞や他のメディア。

1920年代から1930年代にかけて、ハーストの新聞社は大麻草を禁止するために、「黄色いジャーナリズム」で煽ることによって、アメリカに新しい脅威を捏造した。例えば、自動車事故の現場に「大麻草シガレット」が落ちていたことを何週にもわたって大見出しで記事にする一方で、アルコールを原因とする事故(マリファナによる事故の1万倍)は小さく紙面の隅に追いやられた。1930年代、このようなテーマ(マリファナの喫煙による自動車事故など)は、繰り返しアメリカ人の意識に刷り込まれ、それは映画『リーファー・マッドネス』や映画『マリファナ〜若者の暗殺者』などにも反映されている。

あからさまな差別主義

1898年の米西戦争をきっかけに、ハーストの新聞社はスペイン人やメキシコ系アメリカ人やラテン系の人々を迫害し、悪口を浴びせた。ハーストがメキシコで所有していた80万エーカー(約32ヘクタール)の森林地を、マリファナを喫煙するパンチョ・ヴィーヤ※率いる兵士たちが制圧するに至って、このような罵詈雑言は更に熾烈を極めるようになった。

※──メキシコ民謡の「ラ・カクラチャ(ごきぶり)」は、ヴィーヤの兵士たちが「マリファナにありつくために」大麻草を探す、という物語である。

それからの30年の間、ハーストはメキシコ人が怠け者のマリファナ喫煙者である、という狡猾な偏見をアメリカ人に植え付けようとした。同時進行でハーストは、似たような差別主義でもって中国人を「黄色い危険人物たち」と断定した。1910年から1920年までの間、ハーストの新聞社は、黒人男性が白人女性を強姦したとされる事件の大多数は、コカイン使用に直接結びつけられると独断した。このような報道が10年間ほど続いた後、ハーストは「コカインに溺れた黒人」ではなく、「マリファナに溺れた黒人」が白人女性をレイプしていると考えを改めた。ハーストや他のセンセーショナルなタブロイド判新聞では、ヒステリックな見出しで「黒ん坊」や「メキシカン」が乱舞し、マリファナの影響下で、反白人音楽(ブードゥー・悪魔教音楽＝ジャズ)の演奏に興じるとして、黒人やメキシコ人に対して無礼千万な記事を載せ、新聞読者層の主流である白人にこのような差別思想を訴えかけた。マリファナに狂乱した挙げ句の犯罪としてあげられたものには、(黒人が)白人の影を踏むことや、3秒以上白人の目を見つめること、白人女性を凝視すること、白人を笑いものにすることなどがあった。これらの「犯罪行為」により、何千万もの黒人やメキシコ人が累計100万年以上もの刑期を、留置場、拘

置所、刑務所やチェーン・ギャング（訳注：囚人が一本の鎖で繋がれた、刑務所労働作業）で務めさせられた。このような残虐な人種差別政策は1950年代や1960年代まで引き継がれた。ハーストは、メキシコの古い俗語である「マリファナ」という言葉を度々繰り返すことによって、アメリカ人の意識に悪いイメージを浸透させることに成功した。そうしているうちに、「ヘンプ（大麻草）」という言葉は捨て去られ、大麻草の学術用語である「カンナビス」は無視され、忘却された。スペイン語の正しい大麻草の呼び名は「カニャーモ」である。メキシコ独自の口語的表現である「マリファナ」と、大麻草という言葉を呼びかえることによって、それが歴史的に自然医学や産業で使われてきたことが、多くの人に隠蔽されたのである。★1

禁止措置としての大麻税

1935年から1937年の間に開かれた財務省の秘密会議で、大麻草の禁止政策としての税法が起草され、策略が張り巡らされた。「マリファナ」は即座には禁止にはならなかった。新法案は「マリファナ」の売人に職業的な「消費税」と「譲渡税」をかけることで決着した。「マリファナ」の輸入業者、製造業者、売人、卸売業者は財務省に届けを出し、職業税を支払うことが決定した。譲渡税は、「マリファナ」約30グラムにつき1ドルが課税された。無届けの売人には約30グラムにつき100ドルの譲渡税（罰金）がかけられた。この新しい課税法案は合法「マリファナ」の値段の高騰を促した。その当時、「マリファナ」は約30グラムが1ドルで売られていた。★2 時は1937年。ニューヨーク州には麻薬取締官がひとりしかいなかった。※

※─現在のニューヨーク州では、数千人の麻薬取締官、工作員、スパイや（金銭と引き換えの）情報提供者が一大ネットワークを構築しており、1937年当時の20倍の刑務所収容施設などがありながら、州の人口はたったの2倍にしか増えていない。

1937年の3月29日に連邦最高裁判所がマシンガンの事実上の禁止令を課税の仕組みによって発布した後、ハーマン・オリファントは次の動きに出た。オリファントは大麻草に課税する新法案の発布を、下院歳入委員会に直接働きかけ、他の下院議会における支出の決定権を持つ、食料、医療、農業、テキスタイル、商業などを統括する委員会には報告を怠った。その理由として、歳入委員会は下院議会に直接法案を提出することができ、他の委員会による批判を受けずにすんだからである。歳入委員会の議長であり、デュポン社の盟友でもあるロバート・L・ドートン※は、早急に財務省の新法案にゴム印を押し、財務省の秘密の法案を下院議会から大統領へと送付した。

※─ジェリー・コルビー、ライル・スチュワート、『デュポン王朝』、1984年

黙殺された全米医師会

しかし、このように操作された歳入委員会の意見聴取では、多数の専門家が証言台に

立ち、これらの尋常ならざる課税法に対して陳述した。例えば、ウイリアム・C・ウッドワード博士（全米医師会の医師であり、同団体の法律顧問だった）は全米医師会の立場から証言した。ウッドワード博士は、連邦政府側による証言は、根も葉もないタブロイド版センセーショナリズムに過ぎない、と喝破した！　実際には（連邦政府に対して）真実の証言がなされることはなかった！　本法案は、無知による政策であり、とりわけ医療業界が大麻草の有効成分をある程度特定するに至り、世界の医療業界の大麻草をめぐる明るい未来に終止符を打つ可能性があった。ウッドワード博士は委員会に対して、これまで全米医師会がマリファナ課税法に対する批判をしてこなかったのは、大麻草について20年もの間、新聞などマスコミが「メキシコ産の殺人草」という記事をしきりに書き立てたからである、と証言した。これらの1937年の審理中、全米医師会はあることに気付いた。それは、下院議会が違法にしようとしている植物はここ100年の間、安全性と治療効果が認められ、医療利用されてきたカンナビス（大麻草の学術用語）を指していることだった。

「議長、私たちには到底理解できない」とウッドワード博士は抗議した。「なぜこの法案が2年もかけて秘密裏に用意され、医師たちにも公表されることがなかったのだろうか？」

　博士と全米医師会[※]の陳述は、アンスリンガーと議会の満場一致によって却下され、彼等はすみやかに退場させられた。[★3]

※―全米医師会とルーズベルト政権は、1937年には激しく対立していた。

　マリファナ課税法案が、下院議会での口頭での報告を受け、議論と投票がなされた際、適切な質問がひとつだけ発せられた。「誰か全米医師会の意見を伺いましたか？」下院議員のヴィンソンは歳入委員会を代表して返答した。「はい。私は全米医師会の意見を聴取しました。ウォートン博士（ウッドワード博士の間違いだろうか？）という人と全米医師会は、（本法案に関して）完全に合意に達しています！」

　上記の記憶に残るような大嘘により、マリファナ課税法案は可決され、1937年の12月に施行された。連邦警察機関や州警察機関が組織編成され、10万人あまりのアメリカ人が刑務所などに収容され、合計1600万年の無駄な年月を送る羽目になり……更に悪質なことには、収監による死者も出た。これはすべて、毒性の強い、公害を発生させる産業と、刑務官組合による、白人支配層や白人政治家の人種差別主義から派生した政治的事実である。
（トッド・ミクリヤ医師『医療大麻白書』、1972年／ラリー・スローマン『リーファー・マッドネス』、グローヴ出版、1979年／アルフレッド・リンドスミス『麻薬中毒者と法律』、インディアナ州立大学出版／ボニー＆ホワイトヘッド『マリファナ有罪判決』、ヴァージニア州立大学出版／アメリカ下院議会の記録及びその他）

声をあげる人々

　マリファナ課税法に敵対し、精力的にロビー活動を続けていた全米脂肪種子学会は、高品質の機械潤滑油産業や、塗装会社などのために声をあげた。1937年には議会の歳入委員会に対し、全米脂肪種子学会の議長のラルフ・ロジエが、これから非合法となるであろう大麻草の種子由来の油のために、次の通り、能弁に証言した。

「信頼できる権威ある専門家たちの意見によると、東洋では少なくとも2億人がこの大麻草を使用しています。そして100年、いや1000年単位でこれだけの人々が大麻草を使ってきました。アジア諸国や東洋の至る所、つまり貧困にあえぎ、自然が与えてくれた植物と共生する地方では、この2億人のうち、誰一人として、人類の文明史上、大麻草の種子や油を麻薬として摂取することはありませんでした」

「もし大麻草の種子や油に害毒（酩酊作用）があるとすれば、論理的に類推して、これら貧困層の東洋人は、それを発見し、使用していたことでしょう」

「大麻草の種子、あるいはカンナビス・サティヴァ・Lの種子は東洋のすべての国や、ロシアの一部地域などで食料品となっています。それは野原に植えられ、何世代にもわたって食されてきたばかりでなく、飢饉を乗り越えるためにも利用されてきました。私の訴えたい点はここにあります……本法案は包括的に過ぎるのです。そして本法案は全世界に影響を与えかねません。本法案の施行は、官庁が大産業を破壊することになります……つまり政府による抑圧を意味します。去年、アメリカに輸入された大麻草の種子は6281万3000ポンドに及びます。1935年には、11億6000万ポンドの大麻草種子が輸入されました……」

利権を守るために

　全米医師会のウッドワード博士が述べたように、1937年の政府による議会への証言は、実の所、そのほとんどがハースト発行の新聞の煽動記事やあからさまな人種差別をむきだしにしたもので、他の新聞記事などもアメリカ連邦麻薬取締局（FBN：現在のDEAアメリカ麻薬取締局の前身）のハリー・J・アンスリンガー[※]によって、口頭で読みあげられた。

[※]―ハリー・J・アンスリンガーは1931年にアメリカ連邦麻薬取締局（FBN）が新設されてから31年間局長を務めたものの、1962年にジョン・F・ケネディ大統領の命によって、引退を余儀なくされた。なぜなら、アンスリンガーがアルフレッド・リンドスミス教授の出版物（『麻薬中毒者と法律』、1961年、ワシントン・ポスト）や出版社を検閲しようと企み、教授の雇用主であったインディアナ州立大学を脅迫し、しつこく悩ませたからである。

　1934年段階で既にアンスリンガーは自分が人種差別主義者であることを露呈し、ペンシルバニア州の上院議員のジョセフ・ガフィーが指摘した所によると、アメリカ連邦

麻薬取締局（FBN）の部局長たち宛ての書類に、「生姜色のニガーたち」という表現を使った。

1931年までは、アンスリンガーはアメリカ連邦禁酒法委員会の副理事をしていた。アンドリュー・メロンは1937年当時アメリカで6番目に大きい銀行（ペンシルバニア州ピッツバーグ市のメロン銀行）の頭取兼筆頭株主で、1928年より現在に至るまで、同銀行はデュポン社※が取引する二つの銀行のうちのひとつである。

※―デュポン社は190年の歴史において、2度だけ銀行から借り入れをし、そのうちの1度は、1920年にジェネラル・モータース社を買収した際のことだった。金融業界にとっては、デュポン社の銀行取引には多大な実益がある。

1937年には、アンスリンガーは、「マリファナは人類史上、もっとも凶暴性をもたらす麻薬である」と下院議会に報告した。この事実と、アンスリンガーのとんでもない差別主義思想や文言は、南部出身の議会議員で占められた委員会に報告され、今になって全文を読むと非常に恥ずかしい内容となっている。例えば、アンスリンガーは、「グロ・ファイル」と呼ばれる書類を作成し、それはアンスリンガーによって選択されたハーストの新聞などの煽動記事やタブロイド判の切り抜きから成り立ち、その内容はと言えば、斧による殺人事件において、その4日前に大麻草を喫煙したという人物が関与していた、というような情報だった。アンスリンガーは下院議会に対し、50％の暴力的犯罪は、スペイン系移民、メキシコ系アメリカ人、ラテン系アメリカ人、フィリピン人、アフリカ系アメリカ人、ギリシャ人によるものだともっともらしく報告し、それがマリファナ喫煙と直接関係していると述べた。

（アンスリンガーがペンシルバニア州立大学へ寄贈した記録：リ・カータ殺人事件その他を参照）

アンスリンガーの1930年代の「グロ・ファイル」に記されている事柄は、研究熱心な学者によってことごとく否定されている。[★4]

嘘が嘘を呼ぶ

アメリカ連邦捜査局（FBI）の統計によると、全ての殺人の65％から75％は、当時も現在もアルコールに起因するという事実が判明している。アンスリンガーが調査に及びさえすれば、上記の事実は確認出来たことであろう。アンスリンガーの人種差別思想の例として、彼がアメリカの議会で（誰からの反対もなく）証言した所によると、「大きな唇を持つ」、「有色人種」は、白人女性をジャズやマリファナで誘惑しているとの作り話をでっち上げた。また、アンスリンガーは議会において、ミネソタ州立大学で二人の黒人男子学生

1937年には、アンスリンガーは、「マリファナは人類史上、もっとも凶暴性をもたらす麻薬である」と下院議会に報告した。

が白人の女子学生をマリファナとジャズで誘惑し、「挙げ句の果てに妊娠させた」という記事を読み上げた。この話を聞いた1937年の議会議員たちは、この麻薬が、白人女性を黒人を見たり触ったりする人格に変えることに驚愕し、激しく動揺した。一部の裕福な実業家たちと彼等に雇われた警察官を除けば、アメリカ中のほとんどの人が「マリファナ撲滅」というスローガンのもとに、実業家たちの事業と競合する大麻草が非合法となることを知らなかった。

　その通りである。「マリファナ」という言葉は大麻取締法の制定と、それに伴う経済の衰退をもたらすための伏線として利用されたのである。更に事態の混乱を深めたのは、「マリファナ」と「ロコ・ウイード」（朝鮮朝顔）との混同だった。報道機関がこの二つの植物の違いを明確化しなかったことから、1960年代まで誤った情報が氾濫した。

　80年代から90年代への夜明けとともに、大麻草について、もっとも突飛で馬鹿らしい報道がなされ、全米で注目を浴びた……例えば、1989年に「健康ジャーナル」※の類に掲載された記事によると、大麻喫煙者は一日に半ポンド（約0.2キロ）は太る、ということが大真面目に研究され、報告された。2007年現在では、このような研究は議論にすらならない。

※―『アメリカン・ヘルス』1989年、7月号と8月号

　一方で、大麻草に関する、健康や市民的自由や経済効果といった多面的な真面目な討議がなされたものの、このような議論は、必ずと言っていいほど、「大麻草が吸いたいから主張しているのではないか」との観点に行き着く。まるで事実を述べることが言い訳がましいかのように……。

　誰の目にも明らかなのは、大麻草を「マリファナ」と呼びかえた大手資本の戦略は、一般市民にこの有効な資源が危険であるとの感覚を植え付けるには、大成功だったということである。

●―脚注：
★1―デューイ＆メリル、アメリカ農務省告示404号、1916年／「10億ドルの農作物」、『ポピュラー・メカニック』、1938年／アメリカ農業目録、1916年から1982年／『ニュー・サイエンティスト』、1980年11月
★2―ウェルメン＆ハドックス『麻薬の乱用と法律』、1974年
★3―リチャード・ボニー＆チャールス・ホワイトブレッド『マリファナ有罪判決』、ヴァージニア州立大学出版、1974年／下院議会議事録1937年その他
★4―ラリー・スローマン『リーファー・マッドネス』、1979年／リチャード・ボニー＆チャールス・ホワイトブレッド『マリファナ有罪判決』、1974年、ヴァージニア州立大学出版

Order this 17 x 22 in. poster in full color from Ah Ha Publishing, **(888) 738-0935** *or* **(512) 927-2773**

第5章

猛威をふるう大麻取締法

「私たちは、自己の利益を追求し、急成長を遂げている、麻薬取締官や麻薬治療に関連する官僚たちを信じることができるであろうか？　彼等の給料は、麻薬事犯や麻薬治療対象者を積極的に逮捕したり、〈治療〉することにより、安定し、それによって繁栄が約束されている」

「アメリカの監獄、重罪犯刑務所、拘置所や留置場、営倉などで一日に死亡する人の数は、大麻草が原因で死んだ事例を遥かに上回る。官僚たちは誰を守っているのだろうか？　そして何から守っているのであろうか？」

—フレッド・オーザー医師、オレゴン州ポートランド市

異議をつぶす卑劣な行為

1938年から1944年のニューヨーク市で発表された「ラ・ガーディア・レポート」から「大麻草は凶暴性を引き起こさず、有益な側面もある」と反論されたハリー・J・アンスリンガーは、公然とフィオレロ・ラ・ガーディア・ニューヨーク市長を演説にて延々と非難し、本研究を実施したニューヨーク医科大学やその医師たちをも責め立てた。アンスリンガーは、研究者たちに対し、同氏の許可なくマリファナの実験を行えば、彼等を刑務所に送ることになるだろうと宣言した！　そしてアンスリンガーは連邦政府の権力を違法に行使して、ほとんどのマリファナ研究を阻止するかたわら、全米医師会（AMA）※を脅迫し、ニューヨーク医科大学とその医師たちによる研究を批判させた。

1938年から1944年の間にニューヨークで作成された『ラ・ガーディア・レポート』は大麻草が凶暴性を引き起こさないことや、大麻草に有益性があることを指摘した。

フィオレロ・ラ・ガーディア・ニューヨーク市長は、「リトル・フラワー」という愛称で親しまれ、大麻草の花穂（バッズ）を恐れることはなかった。

※一気になる疑問がここでひとつ浮上する。全米医師会は1937年のマリファナ課税法に反対の立場をとっておきながら、1944年から1945年の間、なぜアンスリンガーの野望に加担したのであろうか？　答え：アンスリンガー率いるアメリカ連邦麻薬取締局（FBN）が、（アンスリンガーの意見により）麻薬を不当に処方したとされる際、全米医師会所属の医師たちを告発する役目を担っていたからである。1939年までにはアメリカ連邦麻薬取締局は全米医師会に所属する3000人以上の医師たちを、不当に麻薬類を処方した咎で告発した。1939年に全米医師会はアンスリンガーとマリファナに関して合意に達した。結果：1939年から1949年の間、不当に麻薬を処方した咎で逮捕された医師はたったの3人だった。

1936年、ハリー・アンスリンガーが見守る中、麻薬取締官によってかまどで焼却処分にすべく梱包される「殺人草」。しかし、注意してこの写真を見ると、喫煙できそうなマリファナは一片も写っていない。後方には、連邦政府から助成金も支払われる合法麻薬（タバコ）を吸う麻薬取締官が写っている。

1934年、ワシントンD.C.のホーマー・カミングス司法長官の犯罪対策委員会で「麻薬問題」について熱弁するアンスリンガー。

LEGAL MADNESS!

Dope-crazed vigilantes, secretly sponsored by chemical, petroleum and alcohol interests, run amok, suppressing America's basic freedoms and destroying the Earth's eco-system!

1937年に警察は350万円分（現在の金額に換算すると1億5000万円相当）の大麻草を盛大に燃やした、と発表した。このような写真の多くは捏造された「ヤラセ行為」で、左ページの大麻草と同様に、嗜好品としても医薬品としても使い物にならない、繊維質の大麻草の茎らしきものしか写っていない。

第5章　猛威をふるう大麻取締法

「ラ・ガーディア・レポート」を否定するために、アンスリンガーの個人的な要請のもと、全米医師会は1944年から1945年にかけて、大麻草に関する研究を発表した。「本実験における被験者のうち、34名はニグロの軍人で、1名が白人の軍人であるが（統計操作のため）、マリファナ喫煙は人種隔離政策を取っている軍隊において、他の白人兵や上官に無礼になる」と結論付けた。

このような、結果に偏見を伴うような研究は、専門家の間では「ガター・サイエンス（似非科学）」と呼ばれている。

マリファナと反戦主義

しかしながら、1948年から1950年には、アンスリンガーはマリファナが凶暴性を引き起こす、などといった話をマスコミに流すのは止め、その頃吹き荒れていたマッカーシー時代の「赤狩り」旋風に、当然のこととして便乗した。共産主義に怯えていた一般のアメリカ人は、大麻草が当初考えられていたよりも、遥かに危険だということを知らされた。1948年には反共思想の強い下院議会に向かって、そしてその後はメディアに向かってアンスリンガーはこう訴えた。マリファナには凶暴性を引き起こす性質はない！ むしろ使用者に平和をもたらすものだ……それが反戦主義者を生む！ そして共産主義者はマリファナを利用し、アメリカの戦う男たちを骨抜きにするのである！ これはアンスリンガーが初めに主張していた、「大麻草は凶暴性を引き起こす」という考え（1937年の大麻取締法の制定に結びついた）と正反対の論理だった。しかし、それでもひるまない下院議会は、引き続き反マリファナ法案を支持することにした。制定当初の目的とは正反対の主張によってである。大変に興味深く、不条理な事実としては、アンスリンガーとその最大支持勢力である主に南部出身の下院議員たちと、彼の上院議会の友人であるウィスコンシン州出身のジョセフ・マッカーシー※が、大麻草の脅威について度々対談していることがあげられる。

何年にも及び、アンスリンガーは非合法なモルヒネをジョセフ・マッカーシー上院議員に提供していた。

ジョセフ・マッカーシーの「赤狩り」旋風は、多くの人生を破滅に追いやった。マッカーシー自身の人生も含めて……。

※―アンスリンガーの自伝的な本『殺人者たち』と、連邦麻薬取締局（FBN）の元麻薬取締官によると、アンスリンガーは何年もの間、上院議員のジョセフ・マッカーシーにモルヒネを不法に提供していた。

では、アンスリンガーは自伝の中でモルヒネの件をどのように弁明したのだろうか？ アンスリンガーは、麻薬依存癖のある、有能な上院議員が共産主義者に恐喝されないため、と書き残すことにより、事態を正当化しようとした。
（ディーン・ラティマー『血の中の花』、ハリー・アンスリンガー『殺人者たち』）

アンスリンガーは下院議会に対し、共産主義者はアメ

リカの若者の戦意を喪失させるべくマリファナを売りつけ、「無気力化した反戦主義者」をたくさん生むことになるだろうと語った。もちろん、ロシアや中国の共産主義者たちはアメリカの大麻草に関するパラノイア（偏執症）を、報道機関や国連でことあるごとに嘲笑した。しかし、残念ながら、大麻草と反戦主義の関係がそれから20年の間、世界的にマスコミの注目を浴びたので、そのうちにロシアや中国、共産主義東欧圏の国々（それぞれ大麻草の大生産国でもあった）は大麻草を禁止した。なぜなら、アメリカが大麻草を共産主義者の兵士たちに売るか与えるかして、従順なる反戦主義者を生むのではないかと恐れたからである。これは実に奇妙な現象だった。ロシア、中国、東欧などでは、大麻草を禁止するどころか、何百年、何千年にもわたって大麻草を育て、医薬品として摂取したり、リラックスするためや、仕事の疲れを癒すために、使用してきた背景があるからだ。

（1990年10月号の『J.V. ダイアログ・ソビエト・プレス・ダイジェスト』が伝えた所によると、ソビエトの法執行機関の努力にも関わらず、非合法な大麻草産業が栄えているとのことである。「キルギス共和国だけで、3000ヘクタールの大麻草が栽培されている」とも同誌は伝えている。他の場所では、ロシア人は3日もかけて旅をし、劣悪な環境のモイン・クミ砂漠で、現地ではアナーシャと呼ばれる、とりわけ高品質の、干ばつに強い品種の大麻草を採取する。）

洗脳の秘密計画

　情報公開法に基づき、40年間秘密にされた後、1983年に発表された所によると、アンスリンガーは1942年にOSS（CIA中央情報局の前身の諜報機関）の指名を受け、最高機密事項の「自白剤」の開発に携わった（『ローリング・ストーン』1983年8月号）。アンスリンガーとその仲間のスパイたちは、アメリカで最初の自白剤として、大麻草由来の「ハニー・オイル」（ほとんど無味のハシシ・オイルのようなもの）を選び、それが食べ物に混ぜられ、スパイや妨害活動家、軍の囚人などに配給された。彼等が意に逆らって口を滑らせるために利用しようとしたのである。15ヶ月後の1943年には、アンスリンガーやスパイたちは自白剤として大麻草抽出液を利用することを諦めた。大麻草抽出液が自白剤として、必ずしも効力を発揮しないからであった。自白を迫られていた人々は、時に薄笑いを浮かべ、時にヒステリックなまでに取り調べ担当者を嘲笑し、あるいはパラノイアに陥ったり、猛烈に腹を空かせたりした（マンチーズ現象だろうか？）。また、報告書に記された所によると、アメリカのOSSの諜報員や他の取り調べ担当者がスパイなどへ一服盛る代わりに、自ら「ハニー・オイル」を（非合法に）服用するに至った。アンスリンガーのOSSグループは、その最終通達において、この自白剤が「凶暴性を引き起こす」との記述はしなかった！　むしろ、その反対のことが証明された。OSSや後のCIAは、シロシビン（幻覚性キノコの成分）やベニテングタケ、LSDなど、様々な薬物を自白剤として幅広く使用した。20年もの間、CIAは秘密裏にこのような調合薬をアメリカ人の諜報員などに与え、人体実験を繰り返した。政府になんら疑いを持たなかった人々は、これらの薬剤の投与により、ビルから飛び降りたり、精神を病ん

だと思い込んだりした。アメリカ政府は 25 年にわたる否定の末、1970 年代にこのような実験を繰り返していたことをついに認めた。人体実験の承諾を得ないまま、事情を知らぬ潔白な市民（兵士や政府職員）が、国家防衛の名のもとに犠牲になった。アメリカの「防衛」機関は、このような被験者やその家族や所属団体などを脅迫し、政府による薬物使用について声を上げるものは、場合によっては刑務所に収容した。

　情報公開法の施行により、30 年間秘密にされてきた CIA によるこれらの実験が白日の下に晒された。CBS テレビの『60 ミニッツ』や、他の番組でもこの事実が明らかになった。ところが、1985 年 4 月 16 日、アメリカ連邦最高裁判所は、CIA がこの陰謀に加わった人物の氏名を公表する必要はない、との判断を示した。最高裁判所は、情報公開請求に対して、非公開にする事柄を CIA が決定できると判断し、CIA の決定を覆すことはできないとした。情報公開法の撤回は、レーガン、ブッシュ／クエール政権の主要目的のひとつだった。
（『ロサンゼルス・タイムス』、『オレゴニアン』の社説、1984 年／『オレゴニアン』、1985 年 1 月 21 日／マーティン・リー＆ブルース・シュレイン『アシッド・ドリームス』、1985 年、グローヴ出版）

犯罪まがいの職権乱用

　アンスリンガーが、1948 年に無気力な反戦主義者を生むとして大麻草を糾弾する前、同氏は、大麻草が引き起こすとされた、ジャズ音楽演奏、暴力、そして「グロ・ファイル」を反大麻草キャンペーンに利用して、色々な記者会見や会議、下院議会、講演会などで 8 年の間（1943 年から 1950 年の間）、公然と大麻草を弾劾した。現在では、私たちは大麻草を「マリファナ」と言い換えることによって権力を手中にしたアンスリンガーが、警察官僚の大嘘つきだったということを知っている。もう 70 年以上もアメリカ人はこの薬草について誤解を植え付けられてきた。大麻草が凶暴性を引き起こすことや、邪悪なる反戦思想をもたらし、やがて音楽をも堕落させるという誤解である。これらが経済的な理由を原因とするか、もしくは人種的な偏見の産物なのか、それともアップテンポの音楽の流行か、あるいはそれらの相助作用の集団ヒステリーの結果なのかは、定かではない。しかし、アメリカ連邦政府や DEA（アメリカ麻薬取締局）は、これまで大麻草に関する情報を隠蔽し、現在でも故意に情報操作を行っている。

　以降の章で証明されている通り、経験主義と膨大なる証拠資料の数々が、かつてのレーガン、ブッシュ／クエール政権時の製薬会社とのユニークな結びつきを明らかにした。彼等は恐らくは民衆を騙すために大麻草に関する陰謀を画策し、その結果、何万人もの罪なき死者をアメリカ国内で出した。そして彼等は、自分自身やその取り巻きの投下資本を守るため……つまり製薬会社や製紙会社、エネルギー産業の利権を守るために奔走したのである。彼等は、これらの有毒性の、合成物質産業の権益を理不尽なほどに後援し、天然の大麻草の禁止法でもって、大手企業による年間何 10 億ドルもの損失を

免れさせているのである！ その結果、数百万のアメリカ人が数百万年を刑務所で浪費し、数百万の人生が、ハーストやアンスリンガー、デュポン社の恥ずべき経済的な嘘の数々と、悪質な人種侮蔑と、差別的な音楽趣味で被害を被った。

ブッシュ／クエール政権とリリー製薬の関与

　今日のアメリカで、大麻草反対論者の筆頭には、元大統領夫人（1981年から1989年）のナンシー・レーガンや、ジェラルド・フォード元大統領のもとでCIA長官（1976年から1977年）を務め、レーガン元大統領のもとで「麻薬対策本部」の本部長（1981年から1988年）に任官した、ブッシュ元大統領（1989年から1993年）があげられる。1977年にCIAを離れてから、ブッシュはダン・クエール（ブッシュ政権時の副大統領）の父や家族が経営の実権を握っていた、イーライ・リリー社（大手製薬会社）の重役のポストを得た。クエールの家族は他に『インディアナポリス・スター』（新聞社）の経営にも関与していた。ダン・クエールは後に、イラン・コントラ事件で、麻薬王と武器密売人、そして政府高官への橋渡し役を担ったことが大スキャンダルになった。

　ブッシュ家はそもそもリリー社、アボット社、ブリストル社、ファイザー社などといった製薬会社の大株主だった。1979年のブッシュの資産公開で公になった所によると、ブッシュやその家族は、ファイザー社を始めとするこれらの製薬会社の株を大量に持っており、その利権を追求していた。ブッシュは副大統領として、政権の内外で非合法にロビー活動を行い、製薬会社のために、疑いを持たない発展途上国を相手に、無用な、時代遅れの、あるいはアメリカ国内では既に禁止されている医薬品を売ることを、1981年に許可した。ブッシュは副大統領時代、非合法に製薬会社の肩を持ち続け、個人的にIRS（国税庁）を訪れ、リリー社を含む、プエルトリコで医薬品の製造をする製薬会社のために、租税優遇措置の便宜を図った。1982年には、当時のブッシュ副大統領は、アメリカ連邦最高裁判所に、製薬会社のためのロビー活動を中止するように命じられた。

　ブッシュはロビー活動を中止した……しかし、相変わらず、プエルトリコで生産される、発展途上国相手の、アメリカでは禁止された危険な薬物を売る製薬会社は23％の租税優遇措置を受けている。

（ブッシュの資産公開報告書とブッシュの納税報告書、1979年度／『ニューヨーク・タイムズ』、「ブッシュ氏は税法の変革を求めたが、それを撤回した」、1982年5月19日付／種々雑多な企業の記録／クリスティック協会「ラ・ペンカ」宣誓供述書／リリー社の年次報告、1979年度）

第6章

医療大麻とは

薬物学については古代より文献が数多く残っている。

中国やインドの薬局方や、近東のくさび形文字の記録によると、今世紀（1966年から1976年の大麻草研究ルネッサンスも含む）に至るまで、約1万件に及ぶ大麻草の薬効の研究がなされてきた。これらの研究の広範囲にわたる概論は、本章における医療に関する主要論考の基礎となっている。また、多岐にわたる専門家へのインタビューも継続中である。

安価で手頃なハーブ療法

3500年以上もの間、カンナビス／ヘンプ／マリファナ、つまり大麻草は、文化や国家による差こそあれ、世界でもっとも広く利用されていた薬用植物のひとつだった。これには、中国、インド、中東、近東、アフリカや、ローマ・カトリック以前のヨーロッパ（西暦476年以前）などが含まれる。

ラファエル・メコーラム博士、NORML（大麻合法化市民団体）、『ハイ・タイムス』と『オムニ・マガジン』（1982年9月号）によると、マリファナがもし合法化されたならば、それはすぐにも医薬品の全需要の10%から20%に取って代わるとのことである（1976年までの研究に基づく）。そして、メコーラム博士が見積もった所によると、恐らくは40%から50%の医薬品（特許取得品も含む）は、大麻草の研究が更に深まれば、その抽出液を配合することになるであろう。

(コーヘン＆スティルマンの解析による、アメリカ政府後援の研究『マリファナの治療効果の可能性』、1976年／ロジャー・ロフマン『医薬品としてのマリファナ』、1980年／トッド・ミクリヤ医学博士『医療大麻白書』、1972年／ノーマン・ジンバーグ博士、アンドリュー・ワイル博士、レスター・グリーンスプーン博士の研究、アメリカ連邦政府による大統領委員会報告書、「シェーファー委員会」報告書、1969年から1972年／ラファエル・メコーラム博士、テル・アビブ、エルサレム大学、1964年から1997年／W・B・オショーネッシー学術論文、1839年／長期的ジャマイカ研究1&2、1968年から1974年／コスタリカでの研究、1982年／アメリカにおけるコプト教徒の研究、1981年／アンガーリーダー、アメリカの軍隊による研究、1950年代から1960年代）

19世紀のスーパースター

1900年頃にアスピリンが再発見される60年も昔から、マリファナはアメリカでもっ

とも人気のある鎮痛薬だった。1842年から1900年までの間、大麻草は全ての医薬品の半分を占め、それのもたらす高揚感(もしくは酩酊)を恐れる人は皆無だった。1839年のW・B・オショーネッシー博士(イギリス王立科学協会の権威ある博士)の大麻草の研究は、19世紀の学会にとって、20世紀中旬の抗生物質(ペニシリンやテラマイシン)の医学的大発見に匹敵するものであった。

事実、オハイオ州立医学会のカンナビス・インディカ(インド大麻草)委員会は、「権威ある聖書の研究者によると、はりつけ直前にキリストに献上された胆汁や酢、ミルラのワインなどは、当然のことながら、インド大麻草のことに間違いない」と結論づけた。
(オハイオ州立医学会の筆記録、1860年6月12日から6月14日、75頁から100頁)

1850年から1937年まで、アメリカ薬局方は、大麻草を100種類以上の疾病に効く主要な医薬品として記していた。この間、研究者、医師、そして製薬会社(イーライ・リリー社、パーク・デイビス社、スクイブ社など)は、1964年にメコーラム博士がTHC(訳注：テトラヒドロカンナビノール、大麻草の酩酊成分のひとつ)を発見するまで、大麻草の有効性分を特定するに至らなかった。

20世紀と21世紀の研究

これまでの各章で述べた通り、全米医師会(AMA)や製薬会社は、1937年のマリファナ課税法の施行に反対し、また議会に対して同様の証言をした。大麻草には有望な医療的可能性があり、中毒性も見られず、また致死量もないからであった。可能性として、大麻草の有効成分(例えばTHC Δ9など)が特定され、それだけを抽出し、服用量が確定されれば、それは「奇跡の新薬」として迎え入れられるだろう、というのが専門家の一致した意見であった。しかし、アメリカの科学者が再び大麻草由来の医薬品を精査するまでに29年の歳月が経過した。THC Δ9は1964年にラファエル・メコーラム博士によって、テル・アビブ大学で初めて単離された。この結果は、1930年代のプリンストン大学のテイラー教授の先進的な大麻草の研究(天然のTHC Δ9の特定)を裏付けることになった。カーン、アダムス＆ロウ社も大麻草の有効成分の構造を1944年に研究した。1964年以来、400種類以上もの化合物が、大麻草の1000種類に及ぶと思われる化合物の中から分離された。そのうち、少なくとも60種類の化合物には治療効果があるとされている。アメリカはしかし、ハリー・アンスリンガーの官僚主義的影響力によって、彼が地位を追われる1962年までこのような研究を阻止した。
(『オムニ・マガジン』、1982年9月)

広がる容認への動き

1966年までには、何百万もの若きアメリカ人が大麻草を喫煙するようになった。心配性の親や政府は、自身の子どもたちが直面している危機を知ろうとするため、数十、

数百のマリファナの保健衛生的研究を財政的に支援した。古き時代の人々の脳裏には、アンスリンガーとハーストの喧伝による、殺人や残虐行為、強姦、もしくは無気力な反戦主義が浮かんだ。連邦政府の資金提供による研究結果が、大麻草が凶暴性を引き起こしたり、無気力な反戦主義者を生まないことを明らかにしたので、次第にアメリカ市民は落ち着きを取り戻した。またこのような研究は、大麻草が無限大の薬効を秘めている可能性を示唆した。政府は引き続き大麻草の研究に資金をつぎ込んだ。やがて、多くの研究者が、大麻草には喘息、緑内障、化学療法による副作用（吐き気）、拒食症、腫瘍、てんかんに治療効果を発揮し、また抗生物質としても作用することを突き止めた。これまでの研究を統合すると、大麻草はアルツハイマー病、鎌状赤血球性貧血、パーキンソン病、拒食症、多発性硬化症、筋ジストロフィーなどにも効能があると論証されている。それに加え、臨床試験がいずれ明らかにすると思われる、何千もの患者の実体験や逸話に根ざした根拠もある。1976年以前には、大麻草の絶大なる治療効果がにわかに注目を浴び、様々な医療ジャーナルや、全米規模のメディアが毎週のように特集を組んだ。

国際会議で大麻草による治療が絶賛される

1975年の11月、アメリカのマリファナ研究の第一人者たちがカリフォルニア州のアシロマー会議所（パシフィック・グローヴ市）にて一堂に会した。「薬物乱用に関する全米学会」（NIDA）が主催した本セミナーは、大麻草の研究の初期段階から最新の科学までの概略を明らかにした。セミナー終了後、多くの科学者たちが、大麻草の治療効果の根拠を確信し、連邦政府が大麻草の研究に税金を積極的に投入すべきであると結論づけた。科学者たちは、納税者が、保健衛生上、大麻草由来の医薬品やその治療効果の大々的な研究によって得るところが大きいと判断した。全ての参加者が、この点について合意に達したようであった。メコーラム博士や大勢の研究者たちは、大麻草が1980年代の半ばまでには世界の主要な医薬品になるだろうと予測した。1997年の3月には、メコーラム博士はドイツのフランクフルトのビオファ（訳注：世界最大級のオーガニック専門の展示会）にて、大麻草が世界一優れた医薬品であることを明言した。2006年には、メコーラム博士は、大麻草でPTSD（心的外傷後ストレス障害）の治療をはじめた。

マリファナ研究の禁止令

しかし、1976年には多面的な研究がなされていた大麻草は、これから次世代の研究者を輩出しようとする時期であったにも関わらず、突然、連邦政府によって治療薬としての可能性に終止符が打たれた。この研究禁止令は、アメリカの大手製薬会社に、連邦政府が大麻草の研究を一任し、同研究の資金提供や評価を100%製薬会社に任せたことに端を発する。それまでの10年に及ぶ研究の末、天然の大麻草は、治療薬として非常に素晴らしい特性を持っていることが分かり、その可能性は企業によって独占される運びとなった……。それも公共の利益のためではなく、大麻草の医療的効能とそれにまつわる情報を隠蔽するためである。この計画は、製薬会社が請願したところによると、民

間企業である製薬会社に、特許取得可能な大麻草の分子の合成を行う時間的余裕を与え、「酩酊」をもたらさない医薬品を約束するものだった。

　1976年のフォード政権時には、「薬物乱用に関する全米学会」（NIDA）とアメリカ麻薬取締局（DEA）が、大学機関や連邦保健機関が大麻草を研究することを事実上禁止し、医薬品としての天然の大麻草由来の抽出液の類を研究することも禁じた。この禁止令には大手製薬会社の誠実さを規定する要項がなかった。つまり、製薬会社は自主規制に任され、連邦政府による規制を免れることができたのである。個人経営の製薬企業は、ある程度の「酩酊」を伴わない研究を許可されたが、それはTHC Δ9の研究に限定され、400種類に及ぶ大麻草の薬用成分（異性体）の解明は禁止された。これらの研究は大麻草が喘息、緑内障、化学療法に伴う吐き気、拒食症、腫瘍に効くことや、更に大麻草の抗生物質としての働きを証明していた。てんかん、パーキンソン病、多発性硬化症、筋ジストロフィー、偏頭痛、その他に関しては、更なる臨床研究が必要だった。

　なぜ大手製薬会社はマリファナの研究を乗っ取る陰謀を企てたのであろうか？　それは、アメリカ連邦政府による何百もの大麻草の研究（1966年から1976年）が指し示し、論証したところによると、「天然のままの大麻草」が「安全かつ最良の」、無数の疾患に有効な医薬品であることが証明されたからである。

1988年、アメリカ麻薬取締局の判事が大麻の医療効果を認める

　アメリカ麻薬取締局の保守的な行政法判事フランシス・ヤングは、15日間に及ぶ医療的証言に耳を傾け、何百ものアメリカ麻薬取締局や「薬物乱用に関する全米学会」の研究書類と大麻合法化活動家たちによる反対意見陳述を精査した後、1988年の9月に次の通り結論づけた。「マリファナは人間の知る限り、もっとも安全にして治療に有効な物質である」

　上記のような論理における優位性にも関わらず、当時のアメリカ麻薬取締局の局長であったジョン・ローンは、1989年の12月30日に、大麻草は依然として厳重に麻薬指定されており、スケジュール1（訳注：スケジュール1には他にヘロインやLSDがある）に分類され、医学的用途は皆無であると発表した。ローンの後任者であるロバート・ボナー（H・W・ブッシュ元大統領に任命され、クリントン政権にも引き継がれた）は、大麻草の医療的可能性に対して、更に過酷な措置をとった。H・W・ブッシュ元大統領、クリントン元大統領、W・ブッシュ元大統領とアメリカ麻薬取締局の行政官などは、ボ

世界保健機関（WHO）の控えめな計算
　毎年、50万人の発展途上国の人間が、アメリカで禁止されていながら、アメリカの製薬会社によって海外で売られている、医薬品や殺虫剤などの被害に遭い、死亡している。

ナーよりも更に酷い政策を是認した。そして、これらの事実が1975年から明らかになっているにも関わらず、連邦政府は一体何を待っているのであろうか？

製薬会社の利権を守る

NORML（アメリカの大麻合法化市民団体）、『ハイ・タイムス』、『オムニ・マガジン』（1982年9月号）は、もし大麻草がアメリカで合法化されれば、イーライ・リリー社、アボット・ラボ社、ファイザー社、スミスクライン＆フレンチ社やその他の企業が、年間数百万ドルから数十億ドルの損失を国内外で被ると報告した。※

※―1976年はフォード政権の最後の年で、これらの製薬会社は、しつこく激しいロビー活動を行い、連邦政府に医療大麻に関して肯定的な研究を差し止めさせることに成功した。

保健医療に群がるキツネども

製薬会社はすべての研究費を賄い、THCやCBD（大麻草に含まれる薬効成分）、CBN（同）などの合成の類似体の開発に勤しみ、一方で「酩酊状態」にならない種類の医薬品のみを市場に流すことを約束した。イーライ・リリー社はまずナビロンを、次にマリノールを、そしてTHC Δ9と縁戚関係にある合成医薬品を開発し、政府に好結果を約束した。1982年の『オムニ・マガジン』によると、開発から9年が経ったナビロンは、THCをふんだんに含んだ露地栽培の大麻草の、成熟した花穂には到底及ばず、役に立たない代物だった。そしてマリノールは、わずかに13％の患者が、それがマリファナと同等に効くと評価した。マリファナ喫煙者の間では、リリー社のナビロンやマリノールの効果はすこぶる評判が悪く、なぜなら、大麻草の花穂を一服するのと同じ効能を得るには、マリノールで3倍から4倍の「酩酊状態」にならなければならないからである。『オムニ・マガジン』が1982年に掲載した所によると、天然の大麻草に優位性があり、それで緩和される症状が沢山あるというのに、これらの製薬会社は、合成医療大麻の開発に9年間と数十万ドル、数百万ドルを費やしたにも関わらず、失敗につぐ失敗を重ねた。この事実は1999年現在においても変わらない。

『オムニ・マガジン』は更に、製薬会社に対して保健衛生的観点から、政府に大麻草の生原料を抽出した製品を認めさせるよう要望した。政府や製薬会社は未だ答えを出していない。もしくは、黙殺することによって既に答えを出したのであろうか？　しかしながら、レーガン、ブッシュ、クリントン政権は決して、大学機関などによる大麻草の研究の再開を認めず、唯一合成の医薬品研究だけは推進した。『オムニ・マガジン』、そしてNORMLも『ハイ・タイムス』も認める所によると、製薬会社やレーガン、ブッシュ、クリントン政権の糸引きで、合成のTHCのみが合法とされ、研究することが許された背景には、患者が大麻草の生原料を享受できるようになると、製薬会社がそれらの所有する特許のもとで独占的な暴利を貪ることができなくなる、という懸念があったからである。

大麻草が不公平に非難される

「これ以上、麻薬使用と関連する、個人や社会に対するダメージを回避することに完全に失敗した政策は継続する意味がなく、またそれを強化する必要はない」と副理事のフレドリック・マイヤーズ医学博士は法務長官への手紙に書き記し、その内容が長官により隠匿されたので、委員会の面々はその手紙を自費で公開することにした。これは研究諮問委員会にとっては大きな進歩で、それまで、同委員会は歴史的に医療大麻を弾圧してきた。このような変化の長期的な影響は、今後、注目されるべきである。法務長官に直接任命された研究諮問委員会理事のエドワード・P・オブライエン・Jr.は、同委員会の方針に強硬に異議を唱え、何年もの間、この団体で権力を手中にし、何を研究するか決める立場にいたので、その立場を利用して、化学療法に伴う吐き気や嘔吐を抑制する（大麻草の）研究を深めることをしなかった。オブライエンのもと、委員会は組織的に、大麻草を患者に供給するという慈悲深き目標を失った。痛みの緩和や、痙攣性の神経障害を含むすべての大麻草の医学的応用は禁止され、厳しく拒否された。昔は、大麻草は血管性頭痛や偏頭痛などの特効薬として幅を利かせていた。（オスラー、1916年／オーシャネシー、1839年）

大麻草のユニークな特性として、血液の循環において、髄膜（脳髄を保護する）を守る働きがある。大麻草喫煙者が赤い目をしているのは、この反応によるものである。他の医薬品と違い、大麻草は総体的に見て、血管組織そのものには影響を与えず、しかしながら、それを摂取すると、（その薬理効果によって）僅かに心臓の鼓動が早まるという現象が確認されている。研究諮問委員会は、大麻草の喫煙を妨げ、代わりに合成THC Δ9のカプセルを奨励したものの、アメリカ食品医薬品局（FDA）に報告された所によると、天然の大麻草の方が比較研究において遥かに人気があった。

NORML（アメリカの大麻合法化市民団体）がアメリカ麻薬取締局を告発した事件では、この事実が（宣誓証言などにおいて）司法関係者に正しく伝わらなかった。更に付け加えると、これらの自然な大麻草摂取がTHCカプセルよりも優れているという意見陳述書は、報告書の山に埋もれ……現在ではカリフォルニア州全体でも4ヶ所でしか手に入らないのである！

1989年9月30日、医療大麻プログラムは静かに失効した。その理由としては、医療大麻プログラムの存続を正当化するほど、大麻草によって治療された患者の総体数が多くなかったからであると説明されている。

——1990年、トッド・ミクリヤ医学博士、カリフォルニア州バークレー市にて

自然の生薬を衰退させる陰謀

イーライ・リリー社やファイザー社などは、利益率の高い特許取得による既得権を、ダヴロン、ツイナール、セコナール、プロザックから、他にも筋肉痛軟膏や火傷軟膏や何千もの医薬品に至るまで、独占することが出来なくなることを恐れた……そして彼等にとってもっとも大きな脅威となったのは、誰にでも簡単に栽培できる薬草……つまり大麻草だった。アメリカに4000もある「マリファナに反対する家族の会」の類の団体

が、その活動資金の約半分を製薬会社や薬剤師協会※の資本から賄っている現状を不思議に思う人は少なくないだろう。残りの半分は「アクション」という連邦政府のアメリカ貧困地区ボランティア活動機関や、フィリップ・モリス社といったタバコ会社、アンハウザー・ブッシュ社やクアーズ社などの酒造会社、そして公共の福祉という名のもとに、それらの会社を代表する広告代理店が出資している。

※―「薬物乱用に反対する薬剤師の会」など。

発展途上国に毒を盛る

　コロンビア最大手の新聞社、『ピリオデカル・エル・ティエンポ』が1983年に報道した所によると、アメリカの反マリファナ製薬会社は、「医薬品のダンピング」をコロンビア、メキシコ、パナマ、チリ、エル・サルバドル、ホンジュラスやニカラグアに対して行い、店頭取引用の（処方薬ではない）150種類もの危険な医薬品を発展途上国に大量に卸した。この記事はアメリカ連邦政府や製薬会社によっても否定されることはなく、1998年段階でもこのようなことが公然と行われている。このうちの医薬品の一部は食品医薬品局（FDA）によってアメリカ国内や欧州での販売が禁止されている。なぜなら、これらの医薬品は栄養失調、肢体の不自由、がんの原因となるからである。しかし、このような医薬品は多くの無垢で文字の読めない人々に店頭で売られているのである！世界保健機関（WHO）の控えめな計算によると、発展途上国では、毎年50万の人々が医薬品や殺虫剤が原因で死亡し、これはアメリカの企業が、国内で禁止されたものを発展途上国に売りつけているからである。※

※―『マザー・ジョーンズ・マガジン』、1979年／『壊れない輪』1989年6月／『ザ・プログレッシヴ』、1991年4月、その他。

公の記録を抹消

　これまで世界中で1万もの大麻草に関する研究がなされてきたが、そのうちの4000はアメリカでのものだった。この中で、12ほどの研究が大麻草について否定的なもので、これらの実験が繰り返し論証されることはなかった。レーガン／ブッシュ政権は、1983年の9月にアメリカの大学機関や研究者に対し、やんわりと1966年から1976年までの大麻草研究（図書館に収められた解説資料を含む）を破棄するよう、申し入れた。科学者や医師たちがこの検閲の動きに猛反発したので、この計画は反故になった……当面の間は。

　しかし、大麻草に関する情報の多くは既に消え去り、アメリカ農務省の大麻草栽培奨励映画、『勝利のための大麻草』のオリジナル・フィルムも紛失した。更に酷いことには、このフィルムに関するありとあらゆる証言はことごとく、1958年に公の記録から抹消され、再び公文書として日の目を見るまでに随分な手間がかかった。アメリカ農務省告

> **Los Angeles Times** — WEDNESDAY, APRIL 15, 1998
>
> ## Medications Kill 100,000 Annually, Study Says
>
> ■ **Health:** Adverse reactions to prescribed drugs are found to be far more common than previously thought. But some question research methods.
>
> By TERENCE MONMANEY
> TIMES MEDICAL WRITER
>
> Properly prescribed medications may kill more than 100,000 people a year, taking more lives than diabetes or pneumonia, according to a new analysis that suggests prescription medications cause more harm than previously believed.
>
> The study, appearing today in the Journal of the American Medical Assn., estimates that 76,000 to 137,000 people died in 1994 from such treatments. That would make so-called adverse drug reactions between the sixth and fourth leading cause of death in the United States.
>
> Moreover, of the 33 million hospitalized patients in 1994, some 2.2 million had a nonfatal reaction serious enough to require medical attention, the researchers say.
>
> Although some experts questioned the study's methods, the new estimates put the problem in the most dramatic light yet.
>
> The study "puts into clear perspective that adverse drug reactions are a major form of death and injury that can be prevented," said Dr. Sidney Wolfe, director of the Public Citizen Health Research Group. He said the injuries and deaths detailed in the study are nearly twice as high as estimates recently done by his consumer group.
>
> The findings should not encourage people to abandon vital medication, said the study's leader, Dr. Bruce Pomeranz of the University of Toronto, who said he was surprised by the death toll. "What's needed is more awareness of the potential problems with taking
>
> In their study, the Toronto researchers pooled and analyzed data from 39 U.S. studies on adverse drug reactions published between 1964 and 1996. They looked at two groups: Patients who underwent an adverse drug reaction while in the hospital that was at least serious enough to prolong their stay, and also outpatients who had a drug reaction bad enough to hospitalize them.
>
> While other studies have looked at those two groups separately, this was the first to combine them, leading to the "extremely high" prevalence of drug reactions, as the researchers call...
>
> Between the upper and lower fatality estimates is the midpoint 106,000 drug-induced deaths in 1994—which the researchers chose as a representative year—0.32% of patients on prescription drug, or three out of every thousand, had a fatal reaction. Their approach was "conservative," the researchers said, in that they focused only on correctly prescribed drugs. Their analysis did not consider other sources of prescription drug problems, such as patient compliance errors, intentional overdoses, narcotic abuse
>
> "The truth is we missed a lot of people," Pomeranz says, including those who "died at home."
>
> Still, other researchers questioned aspects of the study because it is a "meta-analysis," which involves statistically analyzing data pooled from other studies, rather than studying real people. It is often difficult to establish that a very sick person died from a drug reaction rather than an underlying illness, said Dr. John Burke, a medical epidemiologist at LDS Hospital in Salt Lake City, who has studied adverse...
>
> ...[adverse drug reactions] is somewhat lower" than the Toronto researchers say "... it is still high, and much higher than generally recognized."
>
> Wolfe, co-author of the book

> 合法な処方薬が死や強烈な副作用を伴うことは多いが、大麻草の摂取が直接の原因で死亡したという事例は古今東西、記録されていない。

Note: This Los Angeles Times layout has been altered to fit our page. Consult your library for an original copy.

示404号に関する公文書や記録も、相当の数が消え去った。一体、このような重要な書類がいくつ紛失したのであろうか？ 1995年の終わりから1996年の初頭、サンフランシスコ市の「カンナビス・バイヤーズ・クラブ」（医療大麻薬局）のデニス・ペロンは、大麻草を治療薬として認知させるために、カリフォルニアの有権者に医療大麻法案（提案215号）の法整備を訴えた。本法案は75万もの署名を集め、56％の過半数の賛成票にて1996年の11月に法令として施行された。1998年現在、数十万人に及ぶカリフォルニア州民が医療大麻を合法的に栽培している。それにも関わらず、連邦政府は民意に反対の立場を明確にし、ペロンの医療大麻薬局を含む、多数の大麻草購入クラブや栽培者クラブ（大麻草栽培コープなど）を閉鎖に追い込んでいる。面白いことに、1996年には、カリフォルニア州民はビル・クリントン大統領に投じた票よりも多くの票を、医療大麻法案に投じたのである。1997年の8月、提案215号（医療大麻に関する新法案）が過半数の承認を得た。同法案が施行されてから一年後の『ロサンゼルス・タイムス』の世論調査では、カリフォルニア州民の67％が医療大麻法を支持していることが判明した。これは初年度を11％も上回る結果だった。CNNによる1998年3月のインターネット世論調査では、回答者のうちの96％（およそ2万5000人）が「大麻草の医療目的使用を支持する」との結果が出た。それとは対照的に、たった4％の回答者（全体で1000人に満たない）が、重病、難病患者による医療大麻の使用に反対意見を示した。カリフォルニア州の医療大麻法案の恩恵を被ったものには、現職の警察官、検察官や市長職の人なども含まれる。かつては大麻草の撲滅に奔走し、医療目的、嗜好目的を問わず、多くのものを逮捕、勾留、起訴する立場にいた人々が、自らの病気や家族の症状を緩和するために、医療大麻を使用したり、供給することになった。そしてその数は勢い良く増大

した。1998年3月にはカリフォルニア州民の、カリーム・アブデゥール・ジャバール（バスケット・ボール選手でプロ・リーグの歴史上最高得点記録を保持している）が、カナダからアメリカに再入国しようとした際、空港での少量の大麻所持罪により、逮捕された。税関に500ドルの罰金を払ったジャバールは、マスコミに対して、カリフォルニア州の医師による医療大麻の処方箋を持っていると説明した。カリフォルニア州のプロや大学のスポーツ選手は、医療大麻の処方箋を持っていれば、理論的には、大麻草の尿検査を免れることができる。

　カリフォルニア州を代表する、何千もの医療大麻を使用する映画俳優や音楽家、作家のうち、最も著名な人物のひとりに、エイズとがんを併発していた、ピーター・マクウィリアムスがいた。彼は、「（1996年の医療大麻法案以前の）非合法な大麻草の売人の助けがなければ、私はマリファナを入手することができずに、とっくの昔に死亡していたことだろう」と語り、「マリファナは種々の副作用を伴う薬剤を服用している私にとっては、吐き気止めとして非常に有効だ。連邦政府なんてクソクラエ！　もしあなたが大麻草を本当に必要としているならば、それを使うがいいだろう！」と言い放った。マクウィリアムスは後にアメリカ麻薬取締局（DEA）に逮捕された。同氏の母親は保釈金を支払うため、家を抵当に入れた。アメリカ麻薬取締局は、マクウィリアムスが大麻草を喫煙するのを止めなければ、家を没収すると脅した。マクウィリアムスは大麻草喫煙をキッパリと止め、その後、容態が酷く悪化し、2000年の6月に永眠した。

アルツハイマー病とがんへの効用

　1983 年、当時 75 歳であった私の母親は、アルツハイマー病の初期症状を患っていた。母は、マイアミ・ビーチからカリフォルニアまで、6 週間の予定で、私や私の子どもを訪れるためにやってきた。私が車の中で待つ間、息子のバリーが母を迎えに、空港の中へと入って行った。去年も息子と会っていたにも関わらず、母は彼を認知することができず、ナンパでもされていると思い込んだ。私の姉は、これをアルツハイマー病の症状であると説明した。当時、私は大麻草の歴史を綴った本の執筆に取りかかり、当然のこととして医療大麻の歴史も盛り込むつもりであった。私は大麻草が様々な疾患に治療効果を発揮するという報告書を読み漁り、アルツハイマー病や認知症に関する文献も参考にした。報告書のひとつには、大麻草を朝、昼、晩に摂取すると、アルツハイマー病の症状が緩和されるというものがあった。アルツハイマー病を完全に抑えることはできないものの、大麻草によってその進行を食い止めることができ、あるいは症状を少しだけ逆行させることが可能とあった。しかし、私の母親に喫煙習慣はなく、タバコも生涯で 10 本ほど吸ったことがあるだけだった。母がカリフォルニア州に来た際、私はマリファナを朝、昼、晩、母に与えてそれを吸わせた。また、大麻草を加熱し、バターなどの食品に混ぜて食事の際に摂取した（経口摂取）。それまで、母は大麻草を試したことがなかった。

　それ以前には、私は母親とうまく会話することができなかった。母が、あれをするな、これをするなばかりを繰り返していたからである。しかし、大麻草を摂取してからは、私は母親と政治や家族の話をすることができるようになり、母が 60 年前、ポーランドからの移民としてアメリカにやってきた頃の話を初めて聞かされた。母と腹を割って話をするという体験は、私の人生の中でとりわけ素晴らしいものであった。私の唯一の後悔は、母が 45 歳か 55 歳の頃に、大麻草を試さなかったことである。

　6 週間後には、母のアルツハイマー病の兆候は完全に消え去っていた。しかし、そろそろ母が、私の義父の住むマイアミ・ビーチに帰る時がやってきた。私は母の出発間際にジョイント（マリファナ煙草）を 60 本渡した。私は既に月 60 本のジョイントを母のもとへ送る計画を立てていた。マイアミ・ビーチに戻った母親は、義父の前で喫煙を始めたが、彼の猛反対により、大麻草を吸うことを止めた。彼は、「マリファナを吸ってはだめだ。お前が、それが病気に効くと思っているかどうかは関係ない。それは非合法なものだ」と言い放ち、結局の所、母と義父はジョイントを全部捨て去った。その 2 年後、母の病状は悪化し、入院することになった。その更に 1 年後、もはや母は私や私の子どもたちを全く認識できなくなった。母は 1990 年に亡くなった。最後の 4 年間は、私が訪れても、私のことを全く認識できなかった。

　私が本書の第 1 版を仕上げた時、私はその中で、アルツハイマー病には大麻草を（たまにではなく）朝、昼、晩に摂取することを勧めた。私の兄弟姉妹を含む皆は、私がついに頭がおかしくなったと本気で思い込んだ。私は過去 35 年間のマリファナに関する調査を怠らなかった。私はアルツハイマー病に関する予備研究については、1980 年代の初頭より知っていた。2007 年の 5 月には、CNN や他の報道機関が、マリファナがアルツハイマー病の治療にもっとも有効であることを世界中に知らしめた。マリファナを朝、昼、晩に摂取すると、病状の悪化が食い止められる。病状が改善することもある。大麻草を 20 歳〜30 歳、

あるいは40歳代で使い始めれば、アルツハイマー病を患う可能性は低くなる。アルツハイマー病の治療には、他の治療薬よりも大麻草の方が遥かに有効であることが証明されている。しかし、マリファナはほとんどの地域で違法である。

　1974年にはヴァージニア州のリッチモンドにある、ヴァージニア医科大学が大麻草を使って、肺や肝臓、腎臓に発生する腫瘍の研究をハツカネズミやラット実験で行った。それにより、信じられないような結果が出た。なんと、がんの進行が止まり、多くのケースでは、100％事態を好転させることに成功したのである。大麻草で治療した、がんを患ったハツカネズミ（実験群）は、がんを患っていない対照群（薬効調査のために実薬の代わりに偽薬を投与されたりする被験グループ）よりも長生きすることがあると確認されたのだ！ マリファナは肺や脳やその他のがんに有効な治療薬であることが判明した。その後、マリファナの抗がん作用の研究は、ニクソン政権やフォード政権により全面的に禁止された。以来、マリファナに関する肯定的な研究は許されなくなり、否定的なものばかりが収集された。1999年にもマリファナに関する肯定的な論文が発表されたにも関わらず、1975年から現在に至るまでこの事実は変わっていない。

　朝、昼、晩に大麻草を摂取すると、2年近くは寿命が延びる。これは、大麻草に関する、これまで最も深淵な研究がなされた1968年から1974年の間に発表された事実である。本研究には600万ドルもの資金が投入された。本研究は、ジャマイカとコスタリカでヴェラ・ルーベン博士によって行われた。この研究費用を現代に置き換えると、1億5000万ドルに相当する。タバコやアルコールを摂取すると、寿命が8年から24年は短くなる。アメリカでは、タバコやアルコールを摂取しない人の平均寿命は、男性76歳、女性78歳である。もしあなたがマリファナのみを摂取し、タバコやアルコールを摂取しなければ、寿命はそれよりも約2年間延びる計算になる。本研究が発表された1974年以降、ニクソンやフォードは、この史上最大規模の医学的研究を止めさせた。大麻草の医療的有用性を証明するための研究のすべてに終止符が打たれた。2007年の7月、白血病並びにリンパ腫学会は下院議会に対して、医療大麻の必要性を嘆願した。本学会は世界で2番目に大きいがん患者のための慈善団体で、ボランティア団体としてもアメリカの国内外で最大規模のもので、医療大麻を支持する最初の医学会である。

上記の情報をあなたの知人すべてに拡散してもらいたい！
——ジャック・ヘラー

マリファナが脳細胞の成長を促す

ワニータ・キング、ザ・ミューズ（ニューファンドランド記念大学）

　セント・ジョンス、ニューファンドランド発：マリファナの支援者はついに、毎日ハッパを吸うためにもってこいの言い訳を手中にした。『臨床調査ジャーナル』の最新の研究によると、マリファナの喫煙には、脳の成長を促す可能性があることが発見された。サスカチュワン大学の研究では、多くの麻薬の類には、脳細胞の増幅を抑える作用があるのに対し、ハツカネズミに合成カンナビノイドを投与した実験では、正反対の結果が出た。麻薬が脳に及ぼす影響についての研究は、麻薬中毒者の治療には欠かせないもので、とりわけ大脳側頭葉の海馬についての究明が急がれている。大脳側頭葉の海馬は、脳内の記憶形成を司る部位である。人の生涯を通じて、新しいニューロン（神経単位）を成長させるのが、この部位の珍しい特徴である。研究者は、これらの新細胞が記憶の発達を促し、うつ病や気分の変化を伴う精神疾患と戦うと信じている。

　多くの麻薬……ヘロイン、コカインや、もっと一般的な所ではアルコールやニコチンなどには、これらの新細胞の増幅を抑える作用がある。マリファナにもこのような作用があるとこれまで考えられてきたが、最新の研究では、正反対の結果が出た。神経精神学者のジャー・ジャング博士とその研究者チームは、マリファナのように作用する麻薬成分の総称であるカンナビノイドが、脳にどのような影響を及ぼすのか、実験した。

　本チームは、非常に効能の高い、マリファナに含まれる化合物によく似た性質を持つ、合成カンナビノイドのHU-210が脳に与える影響を研究した。この合成の化合物は、世界中

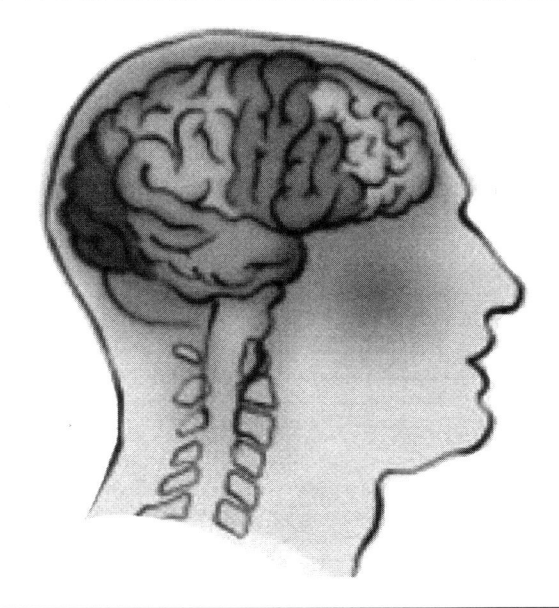

の嗜好大麻喫煙者が愛するTHC（マリファナの酩酊成分）の100倍の強さがある。研究者チームは、定期的にHU-210を摂取したラットには、神経発達が見られることを発見した……大脳側頭葉の海馬に、新しい細胞がたくさん誕生したのである。最新の仮説によると、うつ病は、大脳側頭葉の海馬が新細胞を発達させないことにより生じるとの研究報告もある。これが本当なら、HU-210はうつ病に対し、新細胞の発生を促すことにより、効力を発揮することができると見られている。この事実がすべてのカンナビノイドに当てはまるかどうかは、まだ定かではないが、HU-210はたった1種類の化合物で、本実験に使用されたのは高純度のものだった。

「だからと言って、健康な一般人による大麻草の使用が、その人にとって必ずしも有益であるとは限らない」と記念病院の心理学教授のウイリアム・マッキムは語った。「私たちは、この現象が人間の脳に当てはまるかどうかを、そしてそれが健康な人間にも当てはまるかどうかを解明しなければならない。また（天然の）THCにも効力があるかどうかも学ばなければならない」

　マッキムは、マリファナ喫煙は記憶力や認識力に悪影響をおよぼすと警告した。「これらの悪影響は、ヘビー・ユーザー（大量喫煙者）にとっては長期的になる場合がある」※と語り、「学問の分野で飛躍を遂げたいなら大量にマリファナを吸わないことだ」と締めくくった。※※

※― 「マリファナは、PTSD（心的外傷後ストレス障害）を患った兵士たちの治療にもってこいである」
　　　　　　　　　　　　　　　　　　　　　　　　　　　　　　　　　　　　――フィリップ・レベック医師
※※―ADD/ADHD（注意欠陥／多動性障害）や他の精神疾患を抱える子どもたちには、大麻草が格好の
　　治療薬である」　　　　　　　　　　　　　　――クラウディア・ジェンセン医師、トッド・ミクリヤ医学博士

「たまに軽く一服する程度であれば、それは重大な結果をもたらさないだろう。しかし、大麻草の煙には発がん性があるとも言われている」［著者注：22年間に及ぶマリファナ研究（1985年から2007年）で明らかになった所によると、マリファナ喫煙と発がんには何の関連性もない］

　しかし、大麻草の有益性は様々な研究がされるにつれて、ますますもってはっきりしてきた。マッキムによると、THCやそれに似た化合物の治療的有益性は少しも不思議でないとのことである。

「たくさんの化合物が特定された」と同氏は語り、「大麻草は、エイズに伴う食欲不振や、鎮痛、抗がん剤の副作用に伴う吐き気などに絶大なる威力を発揮する。緑内障にも効能がある」と述べた。

© ピーク出版協会、1994年から2004年

― 第 7 章 ―

治療薬としての可能性

　医薬品や治療薬草として、大麻草には 60 種類以上もの、治癒効果のある化合物が含まれている。大麻草の主要成分である THC は、この薬草の治療効果に大きな影響を及ぼし、その治療効果は THC の含有量と正比例する。最近のアメリカ麻薬取締局（DEA）の報告によると、効能の強い（よって THC 濃度の非常に高い）品種が大麻草の市場を占めているとのことで、これは医学的進歩を意味する。しかし、信じ難いことに、政府はこれらの事実をねじ曲げて、より厳格な刑罰の適用や、より多くの予算の確保を目的と〔…〕した動きに出ている。1996 年の 11 月 5 日、カリフォルニア州の住民投票によって、56％の過半数にて（慈悲深き）「医療大麻に関する新法案」が可決された。これによりカリフォルニア州民は、医療大麻で病気を治療する行為を邪魔する〔…〕政策とは決別した。1996 年の 11 月、アリゾナ州の住民投票でもなんと圧倒的多数の 65％を超える賛成票によって、麻薬分類を再規定する法案が、「医療大麻に関する新法案」を盛り込む形で制定された。この法案の後ろ盾となっていたのは、アメリカ上院議員の故バリー・ゴールドウォーターらとその有志たちであった。ところがアリゾナ州知事とアリゾナ州立法府は、それまで 90 年間も履行されることはなかった拒否権を久々に発動し、住民投票によって決定された人気の高い新法案を退けた。怒りをあらわにしたアリゾナ州民は、90 日間で約 15 万もの署名を集め、1998 年 1 月の医療大麻法案への再投票に向けて準備を進めた。もし医師と患者の関係に尊厳が復活したら、選択の自由の観点から、次の事実は自明の理となるであろう。

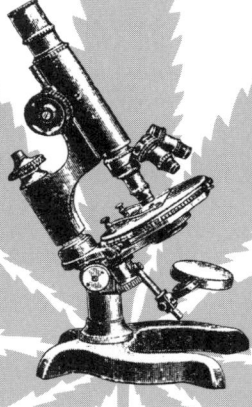

注 意 事 項：
筆者と、責任ある科学者たちと、医師たちは下記の通り忠告する

　薬理学的に、すべてに万能で無害の医薬品は、大麻草に限らず、存在しない。大麻草が好ましくない結果を招くこともある。ごく少数の人々は、大麻草の摂取によって悪い反応や、アレルギー反応を示すことがある。大麻草にはストレスを緩和する作用があり、動脈を膨張させ、拡張期血圧を下げるものの、心臓病を患っている患者には支障や弊害が出ることもある。少数の人は、心拍数の増大や不安を感じることがある。このような人には大麻草は勧められない。気管支の喘息患者にとっては、大麻草が有益な治療薬である場合があると同時に、大麻草が刺激物となるケースもある。しかし、絶対多数派の人々には、大麻草は何百もの疾病に対し、絶大なる医療効果を発揮することが証明されている。

喘息

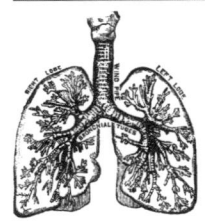

1500万人以上のアメリカ人が喘息に悩まされている。全米医師会が言う所の「天然の大麻草」による治療で、約80％の喘息患者が、合法に子どもに処方される、毒性の強いテオフィリンなどの治療を受けなくて済み、累計3000万年から6000万年も長生きすることができる。

「喘息の本格的な発作には、一服の大麻草が効力を発揮する」（1989年12月12日と1997年12月1日の、筆者とドナルド・タシキン医師との個人的なやり取りより）

大麻草と喘息治療の関係は、何千年も昔の文献にまで遡る。前世紀のアメリカの医師たちは、勢いに乗って、論文や報告書をいくつも作成し、世界中の喘息患者は「インド大麻草」によって救われる、と書き記した。1996年では、全米1600万人の喘息患者のうち、医師の推薦を受けたカリフォルニア州民のみが、合法的に大麻草を栽培し、喫煙することができる。大麻草が一般的に喘息の特効薬であるにも関わらず……。
（UCLA〈カリフォルニア大学ロサンゼルス校〉の『マリファナ喫煙における肺病の研究』、1969から1976年／同書、『喘息の研究』／コーヘン、シドニー＆スティルマン『マリファナの治療薬としての可能性』、1976年／生命保険の算出割合／『小児性喘息による生命の短縮について』、1983年）

緑内障

アメリカの視覚障害の14％は緑内障によるもので、これは徐々に視覚を失う病気である。大麻草は緑内障に対して、現在の毒性処方薬の2倍から3倍、眼圧を下げ、症状を緩和する効能があり、約250万人の緑内障患者のうち、90％の患者に有益な薬効をもたらす。大麻草には肝臓や腎臓に対する毒性はない。合法な処方薬や点眼液のように、突然死をもたらす可能性もない。

カリフォルニア州の眼科医の多くは1970年代～1990年代を通じて、あくまでも慎重に、緑内障患者に「ストリートで売られている非合法な」マリファナ喫煙を、毒性の強い処方薬を補助するものとして、あるいはその代用品として勧めた。1996年11月の医療大麻法の施行により、カリフォルニア州は医師の処方により、緑内症患者の大麻草の栽培や使用が暗黙のうちに許可されるに至り、600以上もある「医療大麻薬局」で最良の医療大麻を手に入れられるようになった。
（ハーバード大学、UCLA、ヘブラー＆フランク、1971年／ジョージア州医科大学、ノースキャロライナ州立大学医学部、1975年／コーヘン＆スティルマン、UCLA『マリファナの治療効果の可能性』、1976年／国立眼科学会；緑内障の患者で、連邦政府により月300本ものジョイント〈大麻草タバコ〉の供給を受けていた、ボブ・ランドルフとエルヴィー・ムサカの記録、ドナルド・タキシン医師〈UCLA〉、1976年から2007年）

腫瘍

腫瘍とは、増殖した体内組織を指す。ヴァージニア医科大学の研究者は、大麻草が良性、悪性の腫瘍（がん）を縮小させることを突き

止めた。アメリカ麻薬取締局（DEA）などの連邦機関は、大麻草喫煙が免疫疾患をもたらすとの不正確な情報を受け、このような腫瘍の研究を命じた。しかし、1975年には、大麻草喫煙による健康被害の代わりに、医学的新事実が発見され、腫瘍の縮小の成功が記録されたのである！　ヴァージニア医科大学による、この大麻草に関する肯定的な新発見の後、アメリカ麻薬取締局とアメリカ国立衛生研究所（NIH）は、すみやかに大麻草喫煙と腫瘍の縮小の関連性の研究と報告の資金援助をすることを止めた！　アメリカ麻薬取締局の大麻草を巡る政策によって、生きながらえたはずの何百万ものアメリカ人が、無駄死にすることになった。1996年と2006年にヴァージニア医科大学は再びアメリカ麻薬取締局に対し、大麻草研究費用の申し入れをしたが、それは却下された。

吐き気の緩和
（エイズ、抗がん剤の副作用、船酔い）

免疫系に有害とされている化学療法は、がんやエイズ治療に有効であるとされている。しかし、化学療法には様々な副作用が伴い、吐き気もそのうちのひとつである。「がんの化学療法に伴う吐き気の緩和には、大麻草が最良の治療薬である」と、1979年から1984年までカリフォルニア州の「がん患者のためのマリファナ」プログラムを指導した、トーマス・アンガーリーダー医師は語った。これはエイズ治療にも言えることで、船酔いに伴う吐き気の緩和にも大麻草は威力を発揮する。製薬会社の吐き気止めは、錠剤という形で摂取されるものの、多くの患者は、これをすぐに吐き戻してしまう。大麻草は煙として体内に摂取できるので、嘔吐が続く場合も、喫煙によって症状の緩和が見られる。がんの治療によって苦しみながら死んでいく、大勢の人たちがいるというのに、元カリフォルニア州法務長官にして元カリフォルニア州知事のジョージ・デュークメジアンは、10年に及んで「慈悲深き」医療大麻法案に対し、がん患者が事実上マリファナを処方されることを妨害した。元カリフォルニア州知事のピート・ウイルソンも、1996年の11月にカリフォルニア州の医療大麻法が施行されるまでは、同様の方針をとっていた。

てんかん、多発性硬化症、腰痛、筋肉のけいれん

大麻草は60％のてんかん患者に対して有効な治療薬である。大麻草による治療は、てんかんや、てんかんの発作に伴う諸症状に対してもっとも有益である。大麻草抽出液は、ジランチン（より一般的で副作用の激しい、抗けいれん剤）よりもてんかんに対して効能がある。1971年の医学世界ニュースの報告：「恐らくマリファナは、これまで知られていた、あらゆるてんかん治療薬の中で、もっとも効能が高いものである」（トッド・ミクリヤ医師『医療大麻白書』、1839年から1972年、xxii頁）

大麻草喫煙者のてんかん発作は、通常の（製薬会社の）医薬品を使用している人より

も比較的軽度で、発作による危険性も低い。似たような事例として、多発性硬化症の患者は、大麻草を喫煙することによって、病気による神経系統への作用や、筋肉の衰弱、振顫(ふるえ)などといった症状の緩和が見られる。中毒性の高いモルヒネに比べて、大麻草はそれを喫煙することや、薬草として摂取すること、湿布薬として貼り付けることなどによって、筋弛緩薬や、腰痛(背中の痙攣)の薬、世界随一の、鎮痙剤の代理品となり得るのだ。

1993年の9月、カリフォルニア州のサンタクルーズ郡の保安官は、てんかん持ちのヴァレリー・コラルを、医療目的で5株の大麻草を栽培した咎で刑事告発した。これは1992年11月にサンタクルーズ郡の77%の有権者が、司法関係者に対して、医療目的の大麻草栽培に関しては、患者は起訴を免れるべきであるとの判断(住民投票による)を示した後のことだった。コラルの起訴は1994年の3月に取り消された。彼女が、カリフォルニア州で初めて、裁判における「(大麻草の)医療的必然性を認める6項目」の条件を満たしていたからである。1997年には「慈悲深き」医療大麻薬局(ディスペンサリー)を営んでいたヴァレリーは、サンタクルーズの「1997年度の最高名誉市民」に選ばれた。
(コーヘン&スティルマン『マリファナ治療の可能性』、1976年/アメリカ薬局方、1937年以前/トッド・ミクリヤ医師『医療大麻白書』、1839年から1972年)

抗生物質のような働きをするCBDの消毒効果

未成熟の、花穂のついていない大麻草には、CBDエキス(カンナビジオール)が含まれている。カンナビジオールの抗生物質的な働きには様々な用途があり、淋病にも効くと言われている。1990年のフロリダ州における研究によると、ヘルペスにも効くとのことである。カンナビジオールはTHC(大麻の酩酊成分)に反比例して発生するのだが、本成分には酩酊作用が無いことから、大麻取締法支持者に受け入れられやすい医薬品である。1952年から1955年までのチェコスロバキアでの研究によって、テラマイシンよりも大麻草抽出液の方が効能が高いということが証明された。チェコ人は1997年段階においても、カンナビジオールの含有率の高い大麻草を収穫するために必要な戦略を、農務報告書という形で出版している。(訳注:現在のチェコでは大麻草の所持などが非犯罪化されている)
(コーヘン&スティルマン『マリファナ治療の可能性』、1976年/トッド・ミクリヤ医師『医療大麻白書』/ロフマン『医薬品としてのマリファナ』、1982年/国際農作物概要)

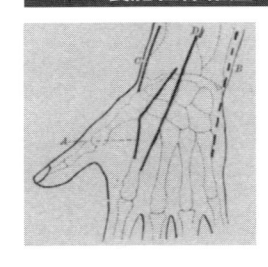

関節炎、ヘルペス、囊胞性線維症、リウマチ

大麻草は、末梢性鎮痛剤(局所性鎮痛剤)である。★1 1937年までは、ほとんどすべての、うおのめ石膏、からし軟膏、筋肉痛に塗る軟膏の類、そして線維症湿布剤は大麻草抽出液だった。

1960年代までの南アフリカでは、大麻草の葉や花穂を、水やアルコールに入れて火にかけ、患部である関節部に直接塗ることによって治療した。このような薬草(大麻草)による治療法は、現在でもメキシコの田舎や、中

央アメリカ、南アメリカ、そしてカリフォルニア州に住むラテン系の人々によって引き継がれており、リウマチや関節炎に伴う痛みの緩和にも利用されている。

南フロリダ大学（タンパ市）のジェラルド・ランス教授が1990年に行った研究と、同大学のピーター・メドヴェツキー教授が2004年に行った研究によると、ヘルペス・ウイルスは、THCとの直接的な接触によって死ぬことがあるものの、「マリファナを喫煙してもヘルペスは完治しない」と警告を発した。しかし、ヘルペスの発生後、「強力な（大麻草の）花穂」を消毒用アルコールに浸け、粉砕してペースト状にしたものを、患部に塗ることによって、患部が早く乾燥し（一時的に）ヘルペスが治まるとの実例もある。

肺の掃除役や、去痰剤としての大麻草

大麻草は天然の去痰剤として、痰の排出を促し、人間の肺からスモッグや埃や、タバコ喫煙に伴う痰をも除去する。マリファナの煙には、肺の気管や気管支を拡張させ、肺に酸素を供給する効果がある。気管支……つまり肺へつながる小さな気管を拡張させることによって、大麻草は80％の人間に効く呼吸器作用薬である（残りの20％は、時として、些細な否定的な反応を示すことがある）。
(UCLAタシキン研究、『喘息：痙攣において気管支を患う病状』、1969年から1997年まで／アメリカによるコスタリカの研究、1980年から1982年／ジャマイカの研究、1969年から1974年、1976年）

統計学的な論証によると、例外的な事実として、タバコ喫煙者は大麻草を（常識的な範囲で）併用することによって、健康維持や長生きをすることができる（ジャマイカとコスタリカの研究）。

大麻草の大人気により、多くのアメリカ人がタバコ喫煙を止め、大手タバコ会社のロビイストたちにとっては都合の悪い状況になった。20世紀末に施行された時代遅れの法律により、アメリカのタバコ法は、400種類から6000種類もの添加物を許している。それ以来、アメリカの市場に溢れている、平均的なタバコの添加物の種類や量は隠蔽され、国民に知る権利はない。多くのジョギングする人や、マラソン選手が語る所によると、マリファナ喫煙は肺を奇麗に掃除するばかりでなく、持久力にもつながる。様々な証拠が明白にするように、大麻草は、それを喫煙する「アウトロー」の寿命を平均1年から2年延ばす……にも関わらず、大麻草を喫煙することによって、諸権利や財産、子供、免許証などを失う場合がある。

睡眠とリラックス

大麻草は血圧を下げ、動脈を拡張し、体温を平均摂氏0.4度位下げ、それによってストレスを緩和する。夜型の大麻草喫煙者は、より良く眠れると報告している。睡眠薬や睡眠導入剤に比べ、大麻草は、より多くの「アルファ波」睡眠をもたらすばかりでなく、使用者をより深い眠りへと誘うのである。一般に処方される睡眠薬（いわゆる合法で安全で効果的な医薬品）の類は、往々にして危険な植物（マンダラゲ、ヒヨス、セイヨウハシ

リドコロなど）の合成の類似体である。遅くとも1991年頃まで、医師、薬剤師、そして製薬会社は、これらの危険で乱用されることの多い化合物を、禁止しようとする新政策に反対した（1991年4月2日付けのロサンゼルス・タイムス誌）。

バリアム（ジアゼパムの商品名）と違って、大麻草はアルコールと併用しても、アルコールの効力を高めない。概算によると、大麻草は、バリアム、リブリューム、ソラジン、トリフルオペラジン（そしてあらゆる「ジン」のつく処方薬）といった薬の需要の50%に取って代わることができる（訳注：「ジン」とはフェノチアジン系抗精神病薬のこと）。

けしからぬことには、ここ20年もの間、何万人もの親が、11歳から17歳までの子どもにマリファナ喫煙を止めさせるために、これらの「ジン」のつく薬を大量に与えてきた。この現象は、PDFA（アメリカの青少年向け反麻薬組織）や連邦機関、行政官や医師たち、そして（連邦政府公認の）個人経営の高利潤を追求するリハビリ・センターなどによって支えられてきた。

一般的に、これらの「ジン」のつく薬の類は、子どもにマリファナ喫煙を止めさせる。そして同時に子どもから、犬などの動物を愛する心も奪う……またこれらの薬を常用した子どものうち、約4分の1は、激しい震えなどの障害が一生続くこともある。※でも、この少年少女たちは少なくとも、「酩酊」状態ではないのである。

※—1983年11月、アメリカ疾病予防管理センターのアトランタ支局によると、20%から40%の「ジン」系の医薬品使用者には、生涯を通じて震えなどの後遺症が見られる。これらの神経毒処方薬は、化学的に、殺虫剤や軍需用サリン・ガスと親戚関係にあるのだ。

アメリカに何百もある個人経営の麻薬治療施設は、既に科学的に否定されたアメリカ麻薬取締局（DEA）や「薬物乱用に関する全米学会」（NIDA）などの古い情報（第15章参照）を度々持ち出してきてはマスコミに晒している……なぜなら、それは子どもにとって危険な「マリファナ中毒治療」が莫大な利益をもたらすからである。

つまる所、「マリファナ喫煙習慣への逆戻り」は、ただ「権威」に反発してマリファナを喫煙する行為に他ならない。いわゆる「マリファナ中毒治療」はマインド・コントロールの一種であり、個人の選択の自由を踏みにじる行為である。

肺気腫治療の可能性

医学的研究によると、軽度のマリファナ喫煙には、肺気腫を治療する可能性がある。大麻草喫煙は、この病状を抱える何百万の患者にとっては、生活の質を向上させることになり、また患者の生命の維持には欠かせない。アメリカ連邦政府とアメリカ麻薬取締局は、1976年以降、大麻草にいかなる薬効があり、余命を伸ばす効能があろうと、それが「酩酊」をもたらす以上、マリファナ喫煙を許さないという姿勢をとってきた。9000万人のアメリカ人がマリファナ喫煙経験者であり、2500万人から3000万人が自己治療やリラックス目的で、大麻草を日常的に自己責任で使用しているにも関わらず、マリファナ喫煙による直接の死亡例はたったのひとつも確認されていない……それも古今東西、現在に

至るまでである！　研究では、大麻草の酸素の血液への移行効果は、スモッグなどの公害による、胸部（肺）の痛み、指やつま先の痛み、浅い呼吸、そして頭痛に効き、一日を通じてマリファナを喫煙することによって、これらの症状が緩和されることを示唆している。

　アメリカ連邦政府御用達の、肺病とマリファナの関係性の研究の第一人者である、ドナルド・タシキン博士は、1989年12月※と2006年に、私たちに対して、マリファナ喫煙は絶対に肺気腫を引き起こさず、悪化もさせない旨、語った。

※―1969年から1997年までのタシキンの『マリファナ肺病研究』を参照。この本の監修者は、1981年からタシキンに繰り返しインタヴューし、マリファナの可能性について言及した。最後のインタヴューは2006年のことだった。

ストレスと偏頭痛の解消

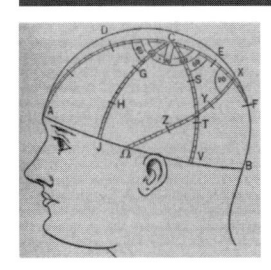

　なによりもマリファナは世界一の殺人鬼である、ストレスの発散になる。何百万ものアメリカ人にとっては、バリアム、リブリューム、アルコールやプロザックの代わりとなり得る。大麻草の酩酊感はその人の心理状態や社会環境に左右されるものの、「最も一般的な作用は、落ち着いたマイルドな多幸感が得られる。時間の感覚が遅くなり、視覚、聴覚や触覚が鋭敏になる」[★2]

　マリファナの安全かつ治療的な役割に対し、ベンゾジアゼピン系の薬（バリアムなど）の乱用は、アメリカで一番切実な麻薬問題（社会問題）であり、コカインやモルヒネ、ヘロイン乱用者を全部合わせても、ベンゾジアゼピンによって救急病院に搬送される人間の数には到底及ばない。[★3] タバコが動脈を収縮させるのに対し、大麻草はそれを拡張する。偏頭痛は、動脈の痙攣と、静脈の過剰な弛緩によって起きるので、脳を保護する髄膜の血管に影響する大麻草は多くの場合、偏頭痛の緩和をもたらす。

　大麻草喫煙後の赤い目は、脳と直接つながっている髄膜の血管の影響によるものである。しかし、他の医薬品と違って、大麻草は血管に悪影響を及ぼさず、唯一「酩酊」に伴い、心拍数が僅かに上がることがある。

食欲増進

　マリファナの喫煙者は、多くの場合（例外もあるが）、「マンチーズ現象」という食欲の増進を感じることがあり、現時点で、大麻草は地球で一番の拒食症の特効薬である。現在、何百万、何千万もの高齢のアメリカ人が、病院や老人ホームで食欲不振や拒食症を患っている。そのほとんどが大麻草によって救われる可能性がある……しかしながら、これらのアメリカ人は、健康な生活を、官僚警察に支配された国家政策によって奪われているのだ！

　この治療法は、エイズや膵臓がん（食べないと死ぬ！）の患者にも応用できる。だが、アメリカ麻薬取締局（DEA）やアメリカ連邦政府は、1976年以降、膵臓がんにおける大

第7章　治療薬としての可能性

麻草治療の研究を阻止した。これらの政府機関は、毎年、何万もの人々を見殺しにし、生存権を侵害し、アメリカ市民の健康的で生産的な命を破壊するのである。

唾液を減らす

マリファナ喫煙は、歯医者にかかる際に、口腔を乾燥する。大麻草は、有毒性のない、唾液を軽減する働きをし、これはマリファナ喫煙者の間では「コットン・マウス」（木綿状の口内）と呼ばれている。カナダ歯科医師会が1970年代に行った調査によると、大麻草は非常に危険な口腔乾燥剤、サール＆カンパニー社のプロバシン化合物の代用となり得る。この事実は、大麻草が消化器系の潰瘍にも効くということを示唆している。

追記……

エイズやうつ病、そして何百もの医学的用途

THCの効能として、精神を高揚させる、つまり「ハイ」になる効果はよく知られている所である。ジャマイカの大麻草喫煙者は、ガンジャ（大麻草）による瞑想効果、集中力、意識を高める効果を享受し、精神の幸福と、それに伴う自己実現を果たそうとする。★4 このような大麻草による「態度の調整と順応」は、食欲増進と睡眠を回復したエイズ患者やがん患者にも見られるもので、「エイズやがんで死んでいく」感覚から「エイズやがんと共に生きる」という心の変化が顕著に現れる。

大麻草喫煙は軽度な痛み、そして時には重度の痛みを緩和するもので、老人性の関節炎や不眠症、衰弱、虚弱に効力を示し、高齢者は尊厳と安心感を保ちつつ、人生を満喫し、生きる希望を持つことができる。また医学的論証が指し示す所によると、大麻草はアルツハイマーや認知症、老衰に効力を発揮し、長期的記憶の発達を含む、他の何百にも及ぶ疾病に対して有益である。

アメリカの1970年代の統計によると、タバコとアルコールの代わりに大麻草を摂取したら、人間の平均寿命は8年から24年延びるとされている。もちろん、この事実に関する新研究は、法令により禁止されている。

許容できる範囲のリスク

大麻草に関する論拠を精査した、アメリカの委員会や連邦判事の全ては、大麻草が、世界一安全な生薬であると結論づけている。大麻草の治療効果の唯一にして誇張された副作用は、それが「酩酊」をもたらすということに尽きる。アメリカ麻薬取締局は、これを容認できないという立場を取っている。よって、大麻草は相変わらず、医師と患者の権利を無視する形で、非合法とされている。私たちは、医師に安全かつ有効な治療法を求める一方で、医師の判断による最良の治療薬を処方してもらい、それが安全なものであることの確認を医師に任せている。しかし、医師たちは、連邦判事のフランシス・ヤングが「マリファナは人間の知る限り、もっとも安全にして治療に有効な物質である」と語ったにもかかわらず、この薬草を処方することを禁じられてい

る。私たちは、医師たちに暴力事犯の検挙を委任している訳ではない。警察、検察官や刑務官には、個人が保健衛生のために、自然の薬草で自己治療を選択することを妨げる権利はない。

◉─脚注：

★1─コーヘン＆スティルマン『マリファナ治療の可能性』、UCLA、1976年／トッド・ミクリヤ医学博士、『医療大麻白書』、メディ・コンプ出版、1839年から1972年／カリフォルニア州オークランド市、1973年

★2─ハーバード医科大学『精神衛生書簡』、Vol.4、No.5、1987年11月

★3─保健衛生研究市民グループ『バリアムを阻止する』、2000Pストリート、NW、ワシントンD.C.

★4─ヴェラ・ルーベン＆ランブロス・コミタス『ジャマイカにおけるガンジャ』、『マリファナ常習者の医学的、考古学的研究』、ムートン＆カンパニー社、ハーグ＆パリ、アンカー出版、1976年

大麻草由来の昨今の製品の紹介：キャンディー、化粧品、紙、文房具、飲料、食物油、洗濯石けん、コーヒーフィルターなど。

第7章 治療薬としての可能性

大麻草種子（麻の実）の栄養学

　大麻草の種子には、人間の健康な生活維持に欠かせない、すべてのアミノ酸や脂肪酸が含まれている。大麻草の種子は他の単体の植物には見られない、完璧なタンパク源であり、消化にもすこぶる良く、それを圧搾した油は、人間の健康や活力には欠かせないものである。大麻草の種子は、人間や動物に必要な脂肪酸を最も多く含む植物種子である。大麻草の種子由来の油は、飽和脂肪酸の含有量が最も少なく、油の総容積の8％に過ぎない。大麻草の種子を圧搾した油は、リノール酸を55％、リノレン酸を25％含む。亜麻仁油が最も多量のリノール酸を含むものの（58％）、大麻草由来の油には、健康には欠かせない脂肪酸が最も多く含まれており、油の総容積の80％を占める。これらの、人間にとって極めて重要な脂肪酸は、免疫反応に作用する。アメリカ移民の母国では、農民たちは大麻草バターを食した。そのおかげで農民たちは、貴族よりも病気（疫病など）に強い身体になった。当時の貴族たちには、それが貧しさの象徴であることから、大麻草を食す習慣はなかった……。（R・ハミルトン、教育学博士、学術博士、医学研究者／生化学者　UCLA名誉教授）

　リノール酸とリノレン酸は、食べ物からエネルギーを摂取し、身体の中を循環させる機能と関係している。身体に必須の脂肪酸は、成長力、活力と精神力を司る。リノール酸とリノレン酸は、肺の中の空気を酸素に還元することにより、全細胞に酸素を供給する。また、これらは酸素を細胞膜内に保存し、酸素に弱いウイルスやバクテリアの繁殖を防ぐ。脂肪酸の非線形の分子は、相互作用によって液化しない構造になっている。脂肪酸はつるつるとしている。よって、粘着性のある線形の飽和脂肪や、調理用油やショートニングに使用されるトランス脂肪酸は、その精製過程において、リノール酸やリノレン酸のような多価不飽和脂肪酸を高熱処理することで、動脈を詰まらせることがある。

リノール酸とリノレン酸は、かすかに陰性荷電的性質を帯びており、非常に薄い、表面境界層を作る特質を持っている。この特質は界面活性と呼ばれ、毒素を皮膚の表面や、腸管、膵臓や肺の表面に出現させ、浄化する。リノール酸やリノレン酸は、このような繊細な性質のため、精製に伴う高熱処理や、保管方法が悪いと、空気や光に触れて、毒素に分解されることがある。自然界は、大麻草の種子に殻を与え、このような油やビタミンを腐敗から守っている。この殻は、完璧な食物の（食すことのできる）容器である。大麻草種子は、ピーナッツバターのように粉砕して、ペースト状にできる。味はピーナッツバターよりもデリケートである。ウドー・エラスマス栄養学学術博士は、「大麻草バターは、その栄養価において、ピーナッツバターを遥かにしのぐ」と語った。粉砕された大麻草種子は、パンやケーキ、グラタンなどと一緒に焼き込むことができる。大麻草の種子はグラノーラの栄養価をも高める。

　生化学や栄養学の先駆者たちは、心血管疾患（CVD）やほとんどのがんは、脂肪変性による疾患で、飽和脂肪や精製された植物油の連続的な大量摂取に伴い、脂肪酸を発がん性物質に変換するとの結論に達した。アメリカ人の二人にひとりは、心血管疾患の影響により死亡する。アメリカ人の4人にひとりは、がんによって死亡する。研究者が信ずる所によると、がんは免疫反応の弱体化によってもたらされる。そして現在では、アメリカ人の多くは、かつてないほど免疫不全を伴う疾患に屈服している。現在新進の、信頼できる研究者が、大麻草の種子油の脂肪酸がHIV感染者の免疫系を維持することを証明しようとしている。

　大麻草の種子の完全なるタンパク質は、健康維持に必要なアミノ酸を身体に供給し、また血清アルブミンや血清グロブリンが免疫体に作用する、ガンマ・グロブリンの抗体に必要な種類や量のアミノ酸を提供するものである。

　身体が病気を食い止め、回復するためには、病気の攻撃と戦う抗体の存在が必要不可欠である。グロブリン・タンパク質の出発物質が欠乏すると、抗体の一軍が、病気の症状の発生と戦うには足りないという事態に陥る。身体に必要なだけの、アミノ酸物質によるグロブリンの生産を保証するには、グロブリン・タンパク質の豊富な食物を摂ることに限る。大麻草の種子のタンパク質は65%グロブリン・エデスチンと、アルブミン（すべての種子に含まれる）で構成されているので、血漿に含まれる、それとよく似た性質の、簡単に消化できるタンパク質が確実に得られる。大麻草の種子は、結核（栄養素を人間の身体から奪い、悪液質をもたらす病気）に伴う栄養失調の治療に利用されてきた（1955年、「チェコスロバキアにおける結核の栄養学的研究」）。

　人間の生命のエネルギー源は、一粒の種子にまるごと凝縮されている。そして麻の実料理は非常に美味しいのだ！

リン・オズボーン、『大麻草の種子の栄養学』より抜粋。アクセス・アンリミテッド出版社

第7章　治療薬としての可能性

第8章 大麻草の種子（麻の実）が栄養源に

　1937年には、全米脂肪種子学会の議長のラルフ・ロジエが、当時、大麻取締法を検討中だった下院議会の委員会に対し、「大麻草の種子（麻の実）は、東洋の全ての国や、ロシアの一部で食されてきた。それは野原に植えられ、オートミール（粥）にして食べられてきた。東洋では何百万人もの人々が、毎日麻の実を食べている。東洋人は何世代にもわたり、とりわけ飢饉が訪れた際にこれを食してきた」と述べた。

　それから70年が経つ。今日では、大麻草の種子が植物界で人間の健康にとって、もっとも重要で、多量な脂肪酸を含むことが解明されており、もしかすると、がんや心臓病にも効くのではないかとも言われている。

人類にとって最高の栄養源

　地球に生息する植物300万種のうち、単体の植物で、栄養学的に大麻草の種子に匹敵するものはない。完璧なるタンパク源として、そして人間にとって理想的な油を含有する大麻草の種子は、栄養学的に体内で完全な均衡を保つ。大豆のみが大麻草の種子よりも多くのタンパク質を含む。しかし、植物界では、大麻草の種子の栄養構成は極めて独特である。大麻草種子の65%のタンパク質はグロブリン・エデスチン[★1]である（「エデスチン」という言葉はギリシャ語の「エデストス」、つまり「食べられるもの」を語源としている）。

　エデスチンやアルブミン（あらゆる種子に含まれるグロブリン・タンパク質）の含有量が特別に高い大麻草の種子は、いつでも摂取可能なタンパク質としてアミノ酸を多量かつ理想的な割合で含み、身体に必要なタンパク源として病気と戦う抗体、免疫グロブリンを作り出す。[★2]

大麻草種子のタンパク質は、結核やその他の疾病の症状により、栄養素が行き渡らなくなった身体にも、最大の滋養物となる。※

※―コーヘン＆スティルマン『マリファナ治療の可能性』、プレナム出版、1976年／チェコにおける結核の栄養学的研究、1955年

　大麻草種子は、強い免疫系を作るために必要な脂肪酸を、植物界では最大に持っている。これらの必須油である、リノール酸やリノレン酸は、皮膚や頭髪、眼などに光沢をもたらすばかりでなく、人間の思考プロセスを司る。リノール酸やリノレン酸は、動脈を潤滑にし、免疫系には欠かせない存在である。これらの必須脂肪酸は、ジョアンナ・バドウィッグ博士（1979年より毎年ノーベル賞候補になっている）によって、末期がん、心血管疾患、胃浸食、胆石、膵臓の変性、ニキビ肌、乾燥肌、生理不順や免疫不全などの治療に利用された。このような研究に刺激を受けたUCLAのウイリアム・アイドルマン医師と、R・リー・ハミルトンUCLA名誉教授は「生命力の源泉」である大麻草について、次のように言及した。

「これらの必須油は、免疫系を維持し、ウイルスなどの外傷から防ぐ。現在、HIVウイルス感染者の免疫不全を解消するための研究が行われている。今の所、このような研究は明るい未来を約束するものである」

「これらの必須油を最も含む植物とは何であろうか？　そう、その通り。答えは、大麻草の種子である――大麻取締法は狂気の沙汰であり、植物界でもっとも有益な大麻草は、公共の福祉に貢献し、その需要に応えなければならない――人間の健康維持と、世界を飢饉から救う可能性は、これからの私たちの行動にかかっている」（1991年12月29日と、2007年4月）

　麻の実を圧搾し抽出したもので、大豆と同じく（そして遥かに安価に）、鶏肉やステーキや豚肉のように味付けすることができ、また、豆腐のようなものやマーガリンを作ることもできる。大麻草の種子を発芽させることによって、その栄養価を高めることが可能で、他の発芽した種子と同様に、サラダや料理にも使えるのである。

　発芽した大麻草の種子からは、大豆で豆乳を作るのと同じ要領で、ミルクが作れる。カリフォルニア州サンタクルーズ市のアラン・「バードシード（鳥の種）」・ブレイディと、コロラド州のアバ・ダスは、このミルクを使って美味しくて栄養価の非常に高い、コレステロール値を下げる効果のある様々な味のアイスクリームを作っている。

　大麻草の種子は粉砕され、小麦粉のように使われるか、もしくは調理され、甘く煮込まれ、ミルクと合わせて朝食のシリアルやオートミールといった栄養価の高い粥の類に

される。この種のオートミールのような粥は、「グルエル」（薄粥）として知られている（大麻草の繊維と同じく、大麻草の種子には酩酊作用はない）。

「大麻草の種子は鳥類の一番の好物で、これは大麻草の種子に含まれる、滋養分の多い油によるものである」（マーガレット・マッケニー『庭園の鳥たち』1939年、レイナル＆ヒッチコック出版）。驚くべきことに、種子の採取目的で大麻草を植えた場合、成熟した雌株の重さの半分は種子である！

イギリスやヨーロッパの漁師たちが、1995年に筆者に語った所によると、川や湖で魚を釣る際、撒き餌として大麻草の種子を水面に浮かべると、魚が種子を奪い合い、その結果、捕獲される。筆者が会話をした漁師のうち、ひとり残らず、大麻草の種子がマリファナの種と同じものであることを知らなかった。大麻草はほとんどの鳥類ばかりでなく、魚類にももっとも好まれる餌である。

栄養価の高い油を採るために大麻草の種子を圧搾した副産物として、高タンパクのシードケーキができる。今世紀に至るまで、大麻草の種子のシードケーキは世界の主要な動物の餌だった※。大麻草の種子は家で飼うような犬や猫から、飼い鳥、家畜に至るまで、動物の体重を増やすことができ、餌としても遥かに安価で済む。大麻草の種子を栄養源にすることによって、家畜に人工の成長促進剤のような、有害で食物連鎖に重大なる悪影響を及ぼすステロイド剤を投与する必然性も無くなるのである。

不思議ではないだろうか？　そして無性に腹が立たないだろうか？　ほとんどの鳥類や魚、馬、人間、そしてあらゆる動物の生命にとって欠かせない、一番自然で健康な食物がナチス／ゲシュタポみたいなアメリカ麻薬取締局と、奴らを通じてアメリカ農務省までもが禁止にしていることが……。

※―アメリカ農務省目録／ジャック・フレイジャー『マリファナ農家』、1972年、ソーラー・エイジ出版／エラスムス・ウドー『治癒効果のある脂肪、そして死をもたらす脂肪』、1996年

世界飢饉の恐ろしさ

大麻草の種子を栄養源として確保したならば、世界の至る所で、タンパク質不足で飢餓に喘ぐ子どもたちは救われることになるであろう！　発展途上国で生まれる子どもの60%（毎年1200万人から2000万人）は、栄養失調で5歳までに亡くなる。そしてこの数の何倍にも上る子どもたちが、人生を著しく短縮され、脳の破壊を余儀なくされている。★3

思い出してみよう。大麻草は、どんな荒地にでも育つ活発な植物種で、不利な栽培条件でも成長するのである。19世紀のオーストラリア人は、二度の長期にわたる飢饉を、大麻草の種子と、大麻草の葉を青野菜として食すことによって乗り越えた。★4　更に付け

加えると、最新の研究によれば、オゾン層の破壊が大豆の収穫量の減少に繋がっており、30%から最大50%の損害がオゾン層の変動によっていると言われている。大麻草は、増え続ける紫外線放射に対して強い抵抗力を持つ一方で、紫外線放射により繁茂し、それによってカンナビノイドを多量に生産し、その結果、紫外線から身を守るのである。★5

　中央、そして南アメリカの国々がアメリカを毛嫌いし、出て行けと迫るのも納得がいく。何年もの間、アメリカが戦略的に大麻草農地に除草剤（パラコート）を散布してきたからに他ならない。そしてこれらの大麻草農地は、1545年にスペインのフィリップ国王の命により、国王の領土で食物、帆、ロープ、タオル、シーツやシャツを作るために大麻草栽培を義務づけてからの伝統であり──同時に大麻草は人間に一番大事な医薬品として、熱や出産、てんかんなどの諸症状に利用され、リウマチの湿布薬としても活躍した。換言すれば、大麻草栽培は世界最古の生計の手段のひとつであり、医薬品や食料品や、リラックスをもたらす快楽物質としても大活躍した。現在の南アメリカ、中央アメリカでは、昔からの主要作物である大麻草を植えたら、土地を没収された上に投獄されることがある。これはアメリカが経済的、軍事的に支援する、南米各国の支配者や軍事政権の大麻草撲滅という大義によって、このような政策はアメリカから次年度の予算を確保するために遂行される。

食物連鎖への影響

　大麻取締法を情報操作（計画的な世論操作）により制定した政治家たちは、鳥類ばかりでなく、人間の絶滅をも、様々な方向から目論んでいるようである。多くの動物は、鳥や、鳥類の卵を食べる。野生の鳥は、食物連鎖には欠かせない。そして鳥類はその総数が年々減少傾向にあり、原因は石油化学由来の殺虫剤や除草剤の散布と、大麻草の種子の不足によるものである！　大麻草種子を食すことにより、鳥類は10%から20%も長命になり、子孫も繁栄し、長期的な飛行には欠かせない、羽に光沢のある油を供給する。

　1937年以前には、アメリカや世界の1000万エーカー（約400万ヘクタール）以上の土地で、種子を含む大麻草が自生していた。数億の鳥類が大麻草の種子を餌として食した。人間や動物の大好物で、食物連鎖や生命には欠かすことのできない大麻草に対して、政府は撲滅する政策を取り入れたのである。これらの固有の生命破壊の危険性は、地球で一番生命力をもたらす植物種を、国内外で絶滅の危機に追い込む。無知による政策が、現在においても引き継がれているのである。

　1998年5月には、アメリカは国連に対して、大麻草に関して次のような禁止政策を履行する旨、申し入れた。医薬品、紙、布、そしてありとあらゆる大麻草由来の製品を禁じようとしたのである。アメリカ連邦政府は国連に働きかけ、歴史上最大の植物種絶滅計画として、大麻草のあらゆる品種を、地球上から完全に抹殺するために動いている

WANTED

（大手アルコール業界や製紙業界、化学産業等に買収された、政治家たちによる）

2138942650　　　**2138942650**

犯人：カンナビス・サティヴァ・L

別名：「マグルス」、「メリー・ジェーン」、「ビッグ・リーファー」、
「マザー・ヘンプ」、「殺人草」、その他

事由：（大麻草が）その役割において、人類にとって有益にすぎるため。全体主義的思想から逸脱するため。地球の破滅を目論む大手産業に取って代わる、天然のエネルギー源として活躍するため。長年にわたる禁止政策に励んできた人々をことごとく笑い者にし、このような「ガター・サイエンス（似非科学）」を否定したため。

と言っても過言ではない。これは、アメリカ合衆国元下院議長のニュート・ギングリッチの提案によるもので、共和党の下院議員や、民主党の協力者が地球環境を破壊する行為である。

●―脚注：

★1―デビッド・W・ウォーカー医学博士『大麻草は地球を救い得るか？』、A・J・セント・アンジェロ、E・J・コンカートン、J・M・デカリー、A・M・アルツシュールより引用／Biochim 生物物理学決議、1968年、121巻、181頁／A・J・セント・アンジェロ、L・Y・ヤッツとA・M・アルツシュール／『生化学と生物理学』の公文書、124巻、199頁から205頁／D・M・ストックウエル、J・M・デカリーとA・M・アルツシュール、Biochim 生物物理学決議、1964年、82巻、221頁

★2―R・T・モロソン『有機化学』、1960年／キンバー、グレイ、スタックポール『解剖学と生理学教本』、1943年

★3―世界飢饉プロジェクト、「子供たちを救え」フォーラムにて

★4―ジャック・フレイジャー『マリファナ農家』、ソーラー・エイジ出版、1972年／オーストラリアの歴史書を参照

★5―アラン・テラムラ、メリーランド州立大学の研究『ディスカバー・マガジン』、1989年9月／下院議会の歳入委員会での全米脂肪種子学会のラルフ・ロジエの証言、1937年

第9章

経済：エネルギー、環境と産業

　これまで私たちは、アメリカにおける大麻草の経済効果について語ってきた。これからは、大麻草の未来の可能性について熟慮しなければならない。私たちの予測によれば、アメリカで大麻取締法が改正もしくは撤廃されたら、経済に大きな波及効果をもたらすであろう……それはアメリカの農業を再生し、様々な分野で産業の発展に寄与し、特殊技能や準特殊技能を持つたくさんのアメリカ人に新たな雇用を生むことになるだろう。また、大麻草の栽培から得られる経済効果は、地域発展に役立ち、農民や中小企業、起業家たちに繁栄をもたらすであろう。

エネルギーと経済

　『ソーラー・ガス』、『サイエンス・ダイジェスト』、『オムニ・マガジン』、『サバイバルのための協定』、ドイツのグリーン・パーティー（緑の党）、アメリカ政府などは、人間の生活費のうち、80％がエネルギー消費に充てられると計算している。それを立証するかのように、ニューヨーク証券取引所の82％の取引や世界の株式相場等は、次の独占企業に牛耳られている。

・エクソン社、シェル社、コノコ社、コン・エディソン社と、その他のエネルギー産業
・パイプライン企業、原油出荷企業、エネルギー輸送会社や運送会社
・モービル社、南カリフォルニア・エディソン社、といった精油所や石油などの小売り業者

　82％ということは、つまりあなたの実務労働40時間のうち33時間がエネルギーの供給費にまわされ、交通や冷暖房、光熱費として消費されるということになる。アメリカ人（世界人口の約5％）は「自己資本」と「生産力」の増大を目指すあまり、世界の25％から40％のエネルギーを消費している。これが環境に与える負荷は計り知れない。化石燃料による公

I GREW HEMP!

害は全体の80%を占め、地球環境を破壊している（1983年から2006年のアメリカ環境保護庁の、化石燃料の燃焼と、それによる二酸化炭素の排出と不均衡がもたらす、切迫した地球規模の大惨事に関する報告書を参照）。これらの高価で無駄の多い資源に対して、最良にして最も安価な解決方法は、風力発電やソーラー・エネルギー、原子力発電、地熱発電ではなく、太陽光を均一に受けた、植物を利用したバイオマス・エネルギーの活用である。地球規模で考えると、バイオマスを最も多く生産する植物は大麻草である。大麻草は再生可能な一年草として、すべての化石燃料に取って代わることのできる唯一の植物である。

　1920年代、初期の石油王であったスタンダード・オイル社のロックフェラー家やシェル社のロスチャイルド家その他は、ヘンリー・フォードの安価なメタノール燃料※の可能性にパラノイア的危機感を覚え、石油の原価を非常に安く設定した——1970年まで、1バレルにつき1ドルから4ドルで取引したのである。なんと、これはほぼ50年間に及んだのだ！　その後、競争相手がいなくなると、石油の価格は次の30年間で1バレルにつき60ドル以上に急上昇した。

※—ヘンリー・フォードは、アイアン・マウンテンにて、恐らくはメタノールの安価な特性を証明するために、1937年以降も広大な私有地で大麻草の栽培を行った。フォードは麦わらや大麻草、サイザル麻でプラスチック製の車両を生産した（「防御のピンチ・ヒッター」、『ポピュラーメカニックス』、1941年12月号）。1892年には、ルドルフ・ディーゼルがディーゼル・エンジンを発明し、それは「様々な燃料、とりわけ植物油や種子油」で賄われる予定であった。

　2047年までには、世界は石油資源の全てを使い果たすことになり※、石炭はそれよりも100年から300年は持つと言われている。しかし、石炭を燃やし続けることによる弊害は計り知れない。硫黄を沢山含む石炭は、酸性雨の原因となり、毎年5万人のアメリカ人と、5000人から1万人のカナダ人がこれにより死亡している。更に、酸性雨は森林や川の流域、動物の命にも被害を及ぼす（1986年、ブルックヘイヴン国立研究所）。

※—『ザ・インディペンデント』、2007年6月14日付、英国

　バイオマス・エネルギーへの転換は、地球規模での公害や、レミング的集団自殺を阻止するために急務であり、天然のエネルギー依存型社会の形成に不可欠である。

クリーンで再生可能な資源

　燃料とは必ずしも石油や石炭を指すのではない。バイオマス・エネルギーは再生可能な燃料であり、新しいクリーンな産業で何百万もの雇用を生む。大麻草バイオマス由来の燃料と油は、すべての化石燃料に取って代わることができる。成長期の大麻草は、二酸化炭素を「吸引」することによって、細胞の成長を促す。残留酸素は、大麻草によって「吐き出され」、地球の空気を補充する。高炭素のバイオマスが燃料のために消費されると、二酸化炭素は空気中に再び排出される。二酸化炭素の循環は、次年度の燃料栽

大麻草をバイオマス・エネルギー源として栽培することで環境学的均衡が成立する。そして大麻草バイオマスがエネルギー源として燃焼される際に、二酸化炭素が空気中に排出されるが、再び植物によって吸引される。

培（バイオマス栽培）により、環境学的均衡が保たれる。成長する樹木は、微生物や昆虫、植物、菌類の成長を促し、古木の10倍の二酸化炭素を地球上に保持する。樹木が古くて大きいほど、大気圏への二酸化炭素の放出量は少ない。

（バイオマス農作物のすべてが燃料に換算されるわけではない。一部の葉や、茎の刈り株、そして根は、畑の残留物となる。高炭素の有機物質は、肥沃な土壌となり、そして季節を経るごとに、空気中の二酸化炭素が土中に少しずつ浸透し、公害に汚染された大気圏から二酸化炭素を除去するのである）

バイオマスによる熱分解（有機化合物を、酸素などを介在させずに加熱する化学分解）は、石炭の代用品として、燃料を消費する際に汚染を生じない木炭を生産する。石炭の燃焼によって硫黄が発生する煙突公害は、酸性雨の主要原因のひとつである。pH指数で酸性度を計ると、ニューイングランド地方の雨は、酢やレモン汁と同じくらいである。これはすべての細胞膜にとって由々しき事態で、最も単純な生命体に多大なる悪影響を及ぼす。一方で、木炭に硫黄は含まれておらず、たとえ産業用に燃焼しても硫黄の排出は一切ない。バイオマスの分解蒸留工程は、ディーゼル油などの化石燃料の代わりとなる、硫黄を含まない燃料を生産する。そしてバイオマス由来の燃料が消費された際には、大気圏中の二酸化炭素の質量は上昇しない。バイオマス熱分解は、石油業界による化石燃料の分解蒸留の工程と同じである。木炭や燃料を大麻草から抽出した後の残留ガスは、共同発電機の運転にも使えるのだ！　このバイオマス転換工程は、木炭やメタノール、燃料油を生産し、蒸気の加工工程においては、産業に必要な次の化学製品を生産する：アセトン、酢酸エチル、タール、ピッチ（木タールなどを蒸留した後に残る黒色のかす）、クレオソート（保存防腐剤）。

自動車メーカーのフォード社は、1930年代にミシガン州のアイアン・マウンテンにてバイオマス・エネルギーの「分解蒸留」工場を設立し、樹木をセルロース燃料として利用した（環境を破壊しない地球にやさしい大麻草は、少なくとも樹木の4倍も効率的で、持続可能な世界を実現する）。
(サーカネン＆ティルマン編集『バイオマス・エネルギー転換の進歩』第1巻／リン・オズボーン『アメリカにおけるエネルギー農業』、アクセス・アンリミテッド出版)

大麻草の種子には油分が30％含まれている。この油は、高品質なディーゼル油や、

飛行機のエンジンに使われる潤滑油や機械油として利用されてきた。歴史的には、麻の実油はオイル・ランプにも使用されてきた。伝説によると、アラジンの魔法のランプにも、予言者アブラヒムのランプにも、大麻草の種子を圧搾した油が使われた。リンカーン大統領の時代には、ランプの燃料として、鯨油のみが大麻草の種子の油と同等の人気を博した。

エネルギー確保のためのバイオマス

大麻草の茎は、80%がトウと呼ばれる屑（大麻草繊維が剥離された後に残るパルプ副産物）で、大麻草の屑は77%がセルロースである……セルロースは、主要な産業原料のひとつで、化学製品やプラスチックや繊維の生産に使われる。アメリカ農務省によると、どの報告書を信じるかによって答えはまちまちだが、大麻草はトウモロコシの茎、ケナフ、サトウキビ（これらは地球上で2番目にセルロースを多く含む一年草の類である）などの40倍から50倍、あるいは100倍のセルロースを含む……。ほとんどの場所では、大麻草は年に2回収穫可能で、カリフォルニア州南部やテキサス州、フロリダ州などの温暖な地方では、一年中栽培が可能である。大麻草の成長期間は短く、他の農作物を収穫した後にも植えられる。

自治権を持ち、地方に住む、効率的で自律的な農民が、国内エネルギーの生産と、経済の中心を担うようになる可能性は否めない。

アメリカ政府は「ソイル・バンク」と呼ばれるプログラムを通じて、農民に毎年延べ9000万エーカー（約3640万ヘクタール）にも上る膨大な農地で農作物を生産させない見返りに、金を与えたり、便宜を図ったりしている。もしこのような農業禁止区域に指定された、1000万から9000万エーカー（約400万ヘクタールから約3640万ヘクタール）の土地で大麻草や他の木質の一年草のバイオマスを生産したとしたら、エネルギー界に大革命が起こり、地球を破滅から救う計画の第一歩となり得るであろう。アメリカには、更に5億エーカー（約20億ヘクタール）の農作物の植えられていない、辺境の農地がある。1エーカー（約0.4ヘクタール）の大麻草からは約4000リットルのメタノール、もしくは2000リットルのガソリンが取れる。大麻草由来の燃料は、紙の再利用技術などと組み合わせることによって、アメリカ人が石油にほとんど依存しなくてもよい生活を約束するものである。

小規模農業への移行か、それとも？

2006年にアメリカの石油資源がついに20%に縮小した時、アメリカは経済的ダメージを回避し、そして地球を環境破壊から守るという観点から、次の6つの選択を強いられることになるであろう。

1. 石炭を使い、環境を更に破壊する

2. 原子力発電に資本を注ぎ、地球を壊滅の危機にさらす
3. 森林を燃料にして、生命の源泉である生態系を破壊する
4. 引き続き他国と石油を巡って戦争する
5. 大規模な風力、太陽光、地熱、潮力発電所を建設する
6. バイオマス・エネルギーを供給するための農業を確立する

アメリカの国土のたった6%をバイオマス農作物に充てれば、国内のエネルギーの需要は満たされ、化石燃料への依存から脱却できるのである。
(スタンリー・E・マナハン『環境学的化学』第4版)

大麻草は、地球上で一番のバイオマス資源である。大麻草は、1エーカー(約0.4ヘクタール)につき4ヶ月で10トンを生産することができる。大麻草は土壌にも優しく※、栽培の間、青々と茂った枝葉を広げ、地表の水分の蒸発を防ぐ。大麻草は比較的降水量の少ない西部や、余った土地にもってこいの農作物である。

※─ケンタッキー農業協会の副理事、アダム・ビーティーは、14年間同じ土地に大麻草を植えたにもかかわらず、収穫量の低下は見られなかったと報告した。A・ビーティー『南部の農業』、C.M.サックストン＆カンパニー出版、1843年、113頁/アメリカ農務省年鑑、1913年

大麻草のみが、アメリカをエネルギー面において独立させうるバイオマス植物である。究極的には、世界は正常な環境保護学的見地から、化石燃料を諦めざるを得ない。

妨害するもの

「妨害者」は明らかである。その正体はエネルギー会社だ！ エネルギー会社は大半の石油化学製品、医薬品、アルコールやタバコ会社、そして保険会社と銀行を仕切っている。報道機関によると、現在の政治家の多くはエネルギー会社に買収され、そのアメリカの右腕はザ・カンパニー、つまりCIAのことである。H・W・ブッシュ大統領、クリントン大統領、そしてW・ブッシュ大統領は、石油、新聞、そして製薬会社と独特な関係を保ち続けた……それからCIAとも。

世界中の金を巡る攻防戦は、実はエネルギーを確保するための戦いで、なぜなら私たちは、食物、住居、交通、そして娯楽をエネルギーによって賄っているからである。このような攻防は、多くの場合、紛争へと激化する。その原因を取り除けば、これらの戦争は無くなるかもしれない。
(カール・セーガン：1983年度にアメリカ環境保護局が、世界破滅が30年から50年後にやって来るとした予測)

エネルギーの保障

　発展途上国に大麻草バイオマスの技術を伝授したら、国際支援が大幅に削減できるばかりでなく、戦争の理由もなくなり、生活の質を何倍も向上させることが可能である。新しい、無公害の産業がたくさん出現することだろう。世界経済はかつて無いほど、上向きになるだろう。そこでこそ人類は、やっと地球の破滅をもたらす化石燃料から脱却し、環境保護を考えるようになり、レミングのような自殺行為を改めることであろう。

期待される経済効果

　ヘンプステッド・カンパニー社、エコリューション社、ザ・ボディ・ショップ社、ハンフハウス社などによると、大麻取締法を廃止することによって得られる経済効果は多岐にわたり、大麻草由来の製品関連のビジネスが発展し、これらの商品が再評価されることになる。合法大麻草は農民に何十億ドルもの天然資源による収益と、アメリカの北部中央地域（穀倉地帯）に多くの雇用をもたらすことであろう。大麻草栽培農家はエネルギー源の生原料の生産者として、アメリカで一番の収益を得ることができるであろう。家族経営農家も救われる。農作物は国家の需要に応えられる。大麻草はBDF（バイオマス由来の燃料）の原料として１トンあたり30ドルで育てられる。大麻草の種子は、ペンキや塗料業界に石油化学製品に取って代わる、有機的で生命を維持する、安全な品物を提供することになるであろう。大麻草の種子油の化学構造は、亜麻仁油によく似ている。健康維持に欠かせない脂肪酸やタンパク質を豊富に含む高栄養価とあまりの美味しさに、大麻草の種子由来の食物の市場ができる。繊維用大麻草は、多国籍企業に牛耳られた製紙業界や織物業界の利益を地域社会に還元することになるであろう。

　様々な大麻草の商業組合の研究によると、大麻草には喫煙する以外に５万もの商業的用途があり、また同時に経済的にも成長産業で、市場の競争原理においても優れている。

ファッション性の高い服

　大麻草繊維の特質である、吸水性、断熱性、強度、そして柔軟性は、洋服製造業者やデザイナーが再び大麻草由来のリネンで、耐久性のある、魅力的な新しいファッションや絨毯、種々の織物の生産を可能にする。1989年に中国からアメリカに輸入された大麻草と木綿の混紡服は、激動する世界のファッション業界に大きな衝撃を与えた。そして2007年現在、ヘンプステッド社（カリフォルニア州ラグーナ市）、ヘンプコネクション社（同州ホワイトホーン市）、ツー・スター・ドッグ社（同州バークレー市）、エコリューション社（同州サンタクルーズ市）はすべて見た目に美しく、耐久性のある洋服やアクセサリーを、中国やハンガリー、ルーマニア、ポーランドなどから輸入した様々な品種の大麻草繊維で作っている。これらの国の大麻草の生産力を賞賛する一方で、私たちはアメリカ製の最高品質の大麻草由来の繊維が、ファッション・ショーのステージを飾る日を待ち望んでいる！

上着や、暖かいベッド・シーツ、柔らかいタオル（大麻草繊維は木綿の4倍も吸水性がある）、（使い捨ての、森林を伐採しなくてもよい）オムツ、室内装飾用品、壁の上塗り、天然の絨毯、そして世界一の石けん——これらは皆、100%大麻草でデザイン、生産できる——これらは最良の、安価で耐久性のある、環境に優しい商品である。大麻草の貿易障壁や大麻草繊維の輸入規制は直ちに改められるべきである。現在、織物や衣服はアメリカの輸入品の59%を担い、取引高1位となっている。1989年度には、織物はアメリカの貿易赤字の21%を占めた。外国の政府は織物業界に助成金を支給し、環境の保護や、保健衛生に関する規定を設けていない。※大麻草繊維は、木綿の生産に伴うような、甚大なる環境被害を出さない。

※—『ワシントン・スペクテーター』、1991年2月15日、17号、No.4

　アメリカは他のなによりも、多量の織物を輸入している。政府は大麻草由来の織物や衣服の輸入の禁止令を解除した。しかし、コスト面で競合国と争うには、膨らみ続ける連邦関税や運搬費用を考慮すると、大麻草繊維の栽培と生産は国内で賄う必要がある。

木材パルプからの転換

　アメリカ北西部の荒廃した環境や求人市場、そしてアメリカ中のありとあらゆる森林地域は、製紙業界による大麻草の再発見によって回復するだろう。最新の研究によると、オゾン層の破壊は、その密度の変動の程度によるものの、世界のテーダマツ材（紙の原料）の生産の30%もしくは50%を脅かしている。しかし、大麻草は紫外線放射に強いばかりでなく……なんと紫外線を浴びると、繁茂するのである。紫外線放射の増幅は、脂肪分泌腺の生産を促すことによって、大麻草の総重量をも増幅させる。
（アラン・テラムラ『ディスカバー・マガジン』、1989年9月／メリーランド州立大学の研究）

　大麻草により、製紙工場は全稼働体制に戻り、森林伐採業者は新産業に参入することになるであろう。トラックの運転手はパルプを処理工場へ運ぶ一方で、材木は建築資材として工事現場へ運ぶことになるものの、材木の値段は急降下し、農地で栽培された大麻草が、森林で伐採された材木パルプに取って代わる。
（ウイリアム・コンデ「コンデ・レッドウッド木材社」、ジム・エヴァンス『オレゴン州の大麻草』より）

　森林の再生にはまだまだ仕事が残されている。大麻草が製紙業界における木質パルプに取って代わる時、川は回復期に入り、その結果60%から80%の製紙過程で垂れ流される化学的汚染から流域が救われる。これは魚や釣り人にとっては朗報で、キャンプなどの観光にも好影響を与え、美しい自然の中の生命力溢れる新しい森林や、伐採を免れた森林地域を潤す。

プラスチックの代用品となる生分解性の素材

　セルロースは生分解性の有機重合体（ポリマー）である。ナイロンなどの合成重合体の主成分は化石由来のコールタールで、生分解性ではない。これは地球の生態環境の一部ではない。コールタールは、それが廃棄されたり、垂れ流されたりした時に、地球から生命力を奪う。高品質セルロースの原料である大麻草からは、木質パルプよりも強度があり、折り畳んだ際に耐久性のある紙ができる※。大麻草由来の厚紙や紙袋はプラスチックや木質パルプのそれより長持ちし、再利用もできる。

※デューイ＆メリル、農務省告示 404 号、1916 年

貿易副産物と税金

　大麻草からは何万もの製品——それこそ塗料からダイナマイトまで——が生産できる。それぞれの製品が新しいビジネスチャンスや雇用を生む。大麻草の貿易が進歩するに従って、金融取引が派生し、大麻草と無関係と思われる経済分野にまで影響を及ぼす。アメリカの労働者や、新鋭の起業家たちは経済的に潤い、何百万もの雇用や新製品を市場に投じることになる。労働者や起業家たちは高額な住居や自動車といった大麻草と関連のない商品を購入する……それとも住居や自動車も大麻草由来のものができるのであろうか？　このようにして、経済の波及効果は進み、レーガン元大統領の「富める者が富めば、貧者にも自然に富が浸透する」という、ブードゥー教じみた通貨浸透説を覆す。レーガン政権によるこの経済政策は、大手企業に資本が集中する仕組みになっており、アメリカの北部中央地域（穀倉地帯）を潤さなかった。農家の再生は農業機械類の購買意欲に繋がり、新たな産業は二次的な職業を生み、運搬、販売促進や必需品の分野で進歩が見込まれる。農場や銀行や投資会社は、大麻草の大きな収益性に着目し、何十億ドルにも上る大麻草の合法経済は、税収の増大、流動資本の増加に繋がり、それによって投資や消費財の動きも上向きになる。

　連邦政府、州政府、そして地方自治体などは、税率を上げることなく、数億ドルを税収として確保することができ、常軌を逸した地球の公害や汚染を回避することができる。※

※一　「もしマリファナ市場が合法であったならば、州政府や連邦政府は毎年何十億ドルもの税収を得ることができる」とイーサン・ナーデルマン（プリンストン大学政治学科の元助教授で、2007 年以降はリンドスミス基金の理事）は語り、「その代わりに、政府は何十億ドルもの助成金を組織暴力団（マフィアや麻薬カルテル）に注ぎ込んでいる」（『ロサンゼルス・タイムズ』、1989 年 11 月 20 日付、A-18）

　ジョージ・ソロス（アメリカの著名な慈善家）のリンドスミス基金は、全米で、州民の提案による、医療大麻を含む大麻草の合法化を推し進めている。そればかりでなく、リンドスミス基金はデニス・ペロンによるカリフォルニア州の住民発議の提案 215 号（医療大麻に関する新法案）を財政的に支援し、提案 215 号は 1996 年に可決し、同法令は施行された。1997 年から 1998 年の間、ソロスは「医療大麻に関する新法案」をワ

シントン州やオレゴン州、ワシントン D.C. 特別区、メイン州、コロラド州などで後援し、オレゴン州においては、1997 年の 6 月に大麻草の非合法化を支持する知事や立法府を、住民投票により阻止することに成功した。

グリーンな経済

　アメリカの農民が自国の産業を支えるために、主要農作物として大麻草を繊維、生地、燃料、食物、医薬品、プラスチックや嗜好品として、あるいはリラックスをもたらす薬草として取り入れたならば、迅速な国土と経済の緑化が見られることであろう。農業資源が産業を生み出すことにより、グリーンな経済は、種々な製品を生産する地方重視の産業を発展させる。この非中央集権でグリーンな経済は市民全員参加型の、富を分かち合うことのできる、真に民主主義的な自由市場を開拓する。真の民主主義は、全ての市民が国家の富を分かち合うことができなければ実現しない。

環境の再生と土壌改良

　土壌の改良は、大麻草栽培の経済学的、環境学的な視点からも重要な課題である。

　今世紀に至るまで、開拓者やごく普通の農民たちは、作物を植えるための農地を切り開き、寝かせてある土地を輪作で有効利用し、森林火事の後の山津波、川の流域の破壊などから守るために大麻草を植えた。大麻草の種子は、30 日間で約 25 センチから 30 センチの長さの根を張り、アメリカ連邦政府が現在使用しているライ麦や大麦の種子の約 2.5 センチの根と比較して、遥かに生命力に満ち溢れている。

　カリフォルニア州南部、ユタ州、その他の州では、1915 年頃まで大麻草を日常的に上記のように有効利用していた。大麻草は酷使された土壌を改良する。かつては植物で青々と茂った、バングラデシュやネパール、チベットといったヒマラヤ山脈地帯は現在では鉄砲水に襲われて何千トンもの表土が流され、うっすらと苔で覆われているばかりである。バングラデシュという国家の名称は、「大麻草の土地の人々」を意味する（昔は東部ベンガル地方と呼ばれ、「バング」はつまり大麻草を意味し、「ラ」は土地を意味する）。1970 年代にバングラデシュは独立国家として、アメリカと反麻薬協定を結び、大麻草を栽培しない旨、約束した。それ以来、バングラデシュでは猛烈な水害に伴う病気や飢饉などで多くの人が亡くなっている。

　大麻草の種子を浸食された土地に蒔くことによって、世界の土壌は救われる。連作によって植物の育たなくなった砂漠地帯では、毎年大麻草を栽培することによって、土壌の改善（土壌改良）が見られ、それは飢饉による大量死に歯止めをかけ、同時に戦争や暴力的な革命を回避することにもなる。

第二次世界大戦当時の大麻草栽培奨励の複製画は、アメリカ政府の矛盾した政策を如実に表している。

「戦争のために大麻草を植えよ」

Order this 17 x 22 in poster in full color from Ah Ha Publishing, (888)738-0935 or (512) 927-2773

自然の伏兵

　州兵（国民防衛軍）の代わりに、自然防衛軍を設立してはいかがなものであろうか……。その役目とは、自然の最前線で人類存続のために環境を守ることにある。樹木を植えたり、（大麻草などの）バイオマスを収穫したり、耕作に適さない農地で活動してはいかがなものか？　電気や配管などの技術者そして労働者が自然を守る伏兵となり、アメリカのインフラストラクチャー（基幹施設）の立て直し……つまり道路や橋、ダム、用水路、下水管、線路などを再興させるという仕事に取りかかるべきである。

　上記の考え方は、人道的かつ文化的で、社会的責任のある人的資源の使い道で、人材を家畜のように刑務所に収監するよりも遥かに効率が良いのである。

> ご存知だろうか？
> アメリカ連邦政府はケンタッキー州の少年少女らに、戦争に協力すべく、大麻草の栽培を奨励していた！

第二次世界大戦：アメリカ政府が農民たちに大麻草、つまりマリファナを植えさせる政策をとったもっとも最近の事例

　1942年に、日本軍はアメリカにとって極めて重要な物資であった大麻草、そして粗い繊維の供給源を遮った。マリファナは「若者の暗殺者」として5年前に禁止されたが、1943年それは突然、4-Hクラブ（アメリカのより良い農業を創るために活動する青少年組織）で、種子の採取目的の大麻草栽培が奨励されるほどに安全だと認められた。それぞれの少年少女が、少なくとも半エーカー（約0.2ヘクタール）できれば2エーカー（約0.8ヘクタール）の大麻草を、種子の採取目的で植えることを奨励された。
（1943年3月のケンタッキー大学農業改良普及学部のチラシ25号）

　1942年から1943年の間、アメリカの農民たちはアメリカ農務省制作による映画、『勝利のための大麻草』を鑑賞し、それを観たことと、大麻草栽培の手引書を読んだことを証明する書類に署名した。大麻草収穫機は低価格か無料で農民たちに卸された。当面の目標は、1943年までに35万エーカー（約14万ヘクタール）の大麻草栽培を行うことで、それに伴って5ドル（約500円）の納税印紙が発行された（108ページの写しの欄を参照）。「愛国的」アメリカ人の大麻草農家たちは、1942年から1945年までの間、子息と共に兵役を免除された。それほどまでに、大麻草は第二次世界戦中のアメリカにとって重要な資源だった。一方で、1930年代後半から1945年まで、「愛国的」ドイツ人の農民たちには、ナチス制作による漫画のような栽培手引書が配布され、戦争のために大麻草を植えることが奨励された。

ナチスの大麻草繊維工場で一生懸命に働くドイツ人女性

第9章　経済：エネルギー、環境と産業

カナダでは大麻草産業が栄えている

カナダのオンタリオ州にあるケネックス農園は、大麻草の生産と製品化を担う現代の新鋭企業である。カナダでは、大麻草産業が急成長を遂げている！

Photos © 1998 Mari Kane/ Courtesy Hemp World

ヘンリー・フォードの
バイオマス・カー

　ヘンリー・フォード（右写真）と一緒に写っているのは、フォード自身が大地から育てた大麻草で、様々な部品が作られた自動車である。本写真は 1941 年 3 月号の『ポピュラー・サイエンス』に掲載された記事からの複製である。

　下記は産業用の供給原材、運搬燃料、電気や熱がどのような道筋を辿るのかを図にしたものである。大麻草は、熱分解によるエネルギーの供給にもってこいの農作物で、様々な産業に利用できる。バイオマス燃料も化石燃料も、基本的には同様の化学熱力学的分解工程からなる。一般家庭や農業からでるゴミの類も、この工程に応用できる。このようなゴミは補助的なエネルギー源として、10%程度の需要に応えられる。サトウキビやトウモロコシといった高湿の草質植物は、生化学的な蒸解に適している。蒸解の産物であるアルコールは重要な資源である。細菌類による分解過程もメタンガスを多量に含み、ボイラーなどに使用されるバイオ燃料の基となる。

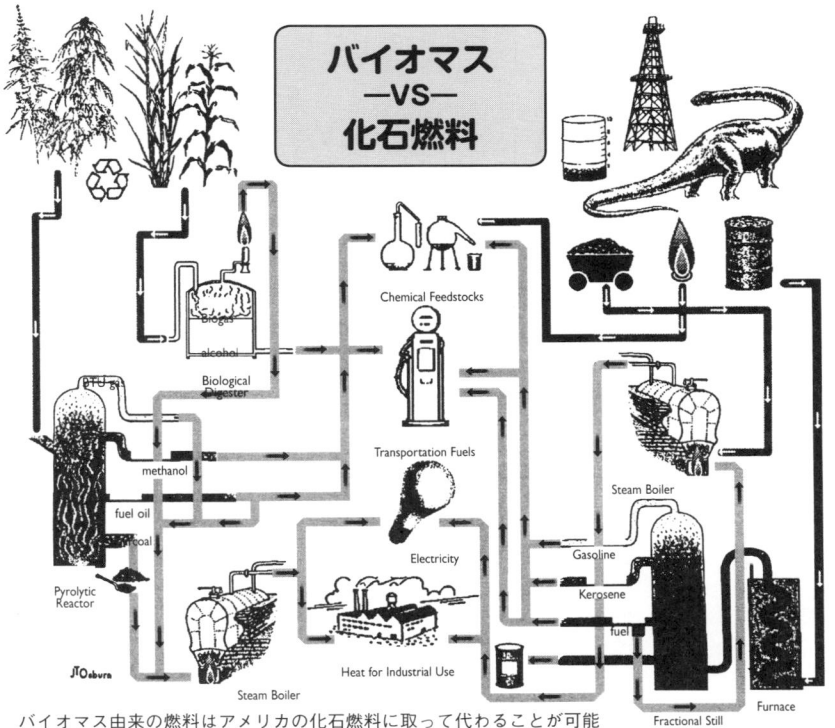

バイオマス由来の燃料はアメリカの化石燃料に取って代わることが可能である。アメリカは既に石油や天然ガスの備蓄の 80％を使い切っている。バイオマス燃料は酸性雨を削減し、温室効果（地球温暖化）をも回避できる。

第 9 章　経済：エネルギー、環境と産業

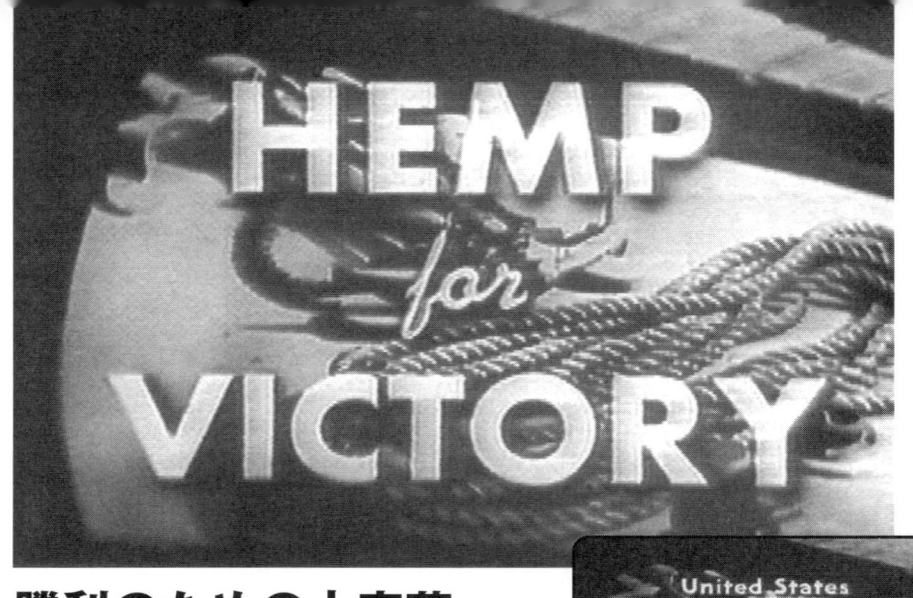

勝利のための大麻草

アメリカ政府が農民に対して、
マリファナを植えさせる政策をとったのは、
1942年のことだった。
それはアメリカ農務省が『勝利のための大麻草』という
約14分のプロパガンダ映画を上映したことに端を発する。

　以下は、同映画の仰々しい語り口の筆記録である（『ハイ・タイムス』の好意による引用文）。

　遥か昔、古代ギリシャの神殿がまだ新しかった頃、大麻草は既に人類にとって歴史のある、欠かせない資源のひとつだった。何千年もの間、この植物は、中国や東洋の国々で索具や布のために栽培されてきた。1850年以前の数世紀、大麻草は西洋を航海するすべての船のロープや帆などに使われてきた。❶船乗りや、絞首刑執行人にとって、大麻草は必需品であった。44の大砲を持つフリーゲート艦（18世紀から19世紀の帆走快速軍艦）の「オールド・アイアンサイズ」❷には、60トンもの大麻草が、約64センチの外周を持つ碇用の荒縄を含む、索具装置の類に使用された。❸西部開拓時代の大型幌馬車やスクーナー（2本以上のマストを装備した縦帆船）は大麻草キャンバスで覆われていた。ちなみに、キャンバスという言葉の語源は、アラブ語などで大麻草を意味する。当時、大麻草は、ケンタッキー州やミズーリ州の主要農作物であった。その後、輸入物のジュート（黄麻）、サイザル麻やマニラ麻の繊維や索具が隆盛を極め、アメリカの大麻草文化は衰退した。

　しかし、現在ではフィリピン産や東インド産の大麻草供給源は日本軍の手中にあり、インドからのジュートの輸入の道が絶たれ、❹アメリカの産業ばかりでなく、陸軍や海軍も、このような物資を必要としている。1942年

106

には、愛国的な農民たちはアメリカ政府の要望により、3万6000エーカー（約1万4000ヘクタール）に種子の採取のため大麻草を植えた。これは数千パーセントに及ぶ大麻草栽培の増大であった。❺1943年の目標は、5万エーカー（約2万ヘクタール）の種子採取用の大麻草栽培である。ケンタッキー州の種子の採取目的の大麻草は、その総面積のほとんどが、このような川底の土地で栽培されている。この種の大麻草畑には、船でしか到達できない。アメリカ国内における大麻草産業の計画は着々と進行中で、これは戦争に貢献する。本映画の目的は、現在ではケンタッキー州やウィスコンシン州の農民たち以外にはあまり知られていない、伝統ある大麻草栽培の技術を全米の農民たちに伝授することである。

これが大麻草の種子である。❻使い方に気をつけよう。合法的に大麻草を栽培するには、連邦政府への登録と納税印紙が必要となる。❼これは契約書に付随している。詳しいことは、郡の職員に聞いてみよう。忘れてはいけない。大麻草は肥沃な、水はけの良い土壌環境、つまりケンタッキー州中部のブルーグラス盆地やウィスコンシン州の中央に見られるような場所で繁茂する。❽大麻草の栽培用土壌は緩くなければならず、有機物質を多分に含んでいなければならない。大麻草は質の

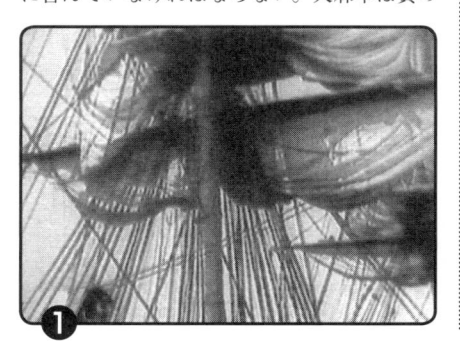

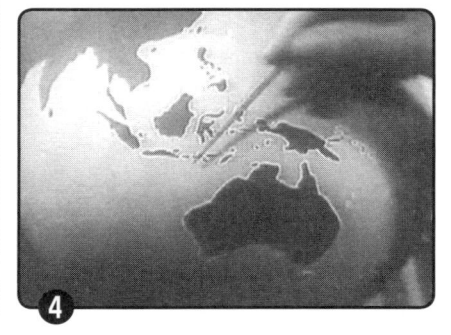

第9章　経済：エネルギー、環境と産業

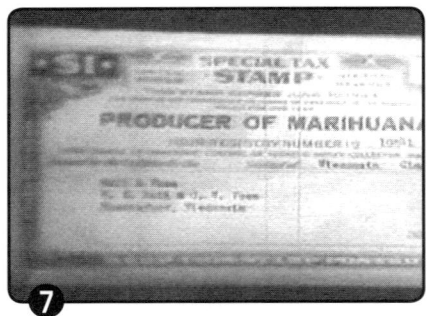

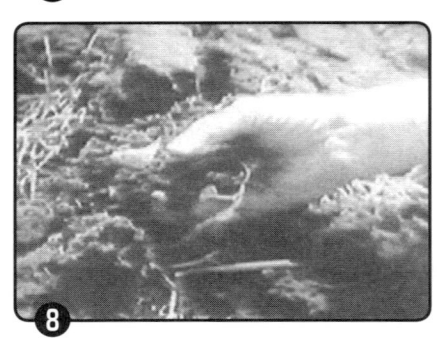

悪い土壌環境では育たない。いいトウモロコシの育つ大概の土地では大麻草も育つ。大麻草は土壌にとてもやさしい植物である。ケンタッキー州では大麻草の連作を数年間行っているものの、これはあまり勧められない。栽培密度が高く、日陰でも成長する大麻草は雑草を駆逐する。カナダアザミでさえ、大麻草にはかなわず完全に死滅する。大麻草は、翌年度の土壌を最良の状態に保つのである。

繊維の採取が目的の場合、大麻草は栽培密度を高く設定し、列が近いほど好結果が得られる。この大麻草の列は約10センチの間隔で植えられている。この大麻草の隆盛ぶりは、種子の散布の結果によるものである。いずれにしても、大麻草は細長い茎を成長させるためにも、栽培密度を高くする必要がある。これが理想的な大麻草である。❾栽培密度が高く収穫に適した高さの細長い茎は、刈り取りや処理が簡単である。

❾の写真左側に示されている茎は、最も高品質で多量の繊維を収穫できるものである。写真右側に示されている茎は、あまりに粗く、木質性が高すぎる。種子の採取が目的の場合、大麻草はトウモロコシのように盛り土（うね）で栽培される。大麻草は雌雄異株植物である。雌の花冠はさして目立たない。雄の花はすぐに判別がつく。種子の採取が目的の場合、花粉を放った後の雄は刈り取られる。

繊維のための大麻草は、花粉が舞い、葉が落ちる頃が収穫期である。❿ケンタッキー州では、大麻草を8月に収穫する。ここでは、自動の熊手型の刈り取り機を使用しており、これは前世代から使われている。⓫ケンタッキー州では大麻草がうっそうと茂り、時

に収穫に支障を来すことがある。よって、側面から大麻草を収穫する、自動の熊手型の刈り取り機の人気も納得がいくというものである。米を束ねる機械を改造したものも、たまに使われることがある。このような機械は、一般的な大麻草の収穫に使える。ウィスコンシン州で主に使われ、改良を重ねてきた大麻草収穫機は、最近ではケンタッキー州の農民の間でも使われている。この機械は、大麻草を一列に刈って寄せ集める。早くて効率的で、最も重い大麻草をも止まらずに刈り取る。旧来の収穫技術とは雲泥の差がある。ケンタッキー州では機械で収穫する場所を確保するため、手作業で一部の大麻草の刈り取りを行う。同州では、❿刈り取りの後、大麻草は剥皮され、秋に水に浸けるために一面に広げられる。ウィスコンシン州では、大麻草は9月に収穫する。ここでは大麻草収穫機と全自動拡散機⓭は標準設備である。金属製保護板の回転の滑らかさを確認しよう。これにより、大麻草の束は水に浸ける下準備が整う。ウィスコンシン州では、大麻草畑の周囲に細長い、耕していない地面を残す習慣がある。これらの地面には、他の農作物が植えられるが、小粒の穀物が最も適している。これにより、大麻草の収穫者は、下準備である手作業による刈り取りから解放されるのだ。もうひとつの機械はトウモロコシの刈り株の上を走っている。裁断用のバールが大麻草の丈よりも低い場合、重複部分ができる。大麻草の重複部分は水に浸ける工程に適さない。通常の裁断は、約2.4メートルから約2.7メートルの高さで行われる。

　大麻草を水に浸け、腐敗させる工程にかける時間は、天候次第である。⓮大麻草は、時々ひっくり返さないと、均等に腐らない。この

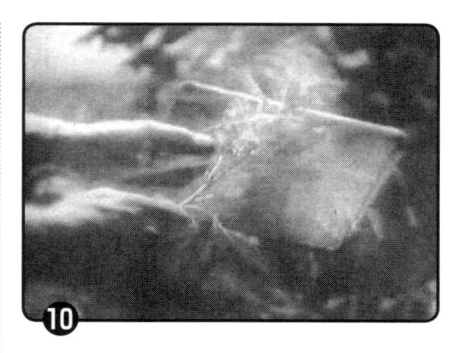

第9章　経済：エネルギー、環境と産業

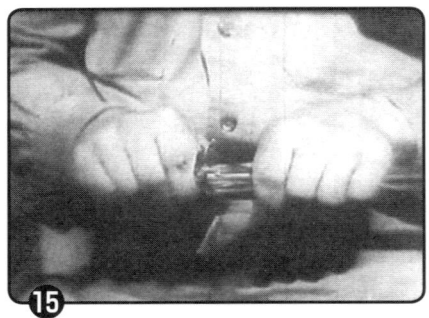

ように大麻草の木質の芯が崩れるようになると、⓯いよいよ大麻草を束ねる時期である。よく腐った大麻草は、明るい灰色から暗い灰色をしている。繊維は茎から剥離することがある。茎が大枝のように繊維質になったら、大麻草が順調に腐ってきた証拠である。大麻草が短かったり、もつれたり、あるいは地面が濡れて機械類が使えない場合、手作業で縛る。これには、木製の桶を使用する。より糸で大麻草を縛ることもできるが、大麻草そのもので縛ることも可能である。天候によっては、ピックアップ式収束機が使用される。大麻草の束は、平たく茎が平行に並べられる。もつれた大麻草には、収束機がうまく作動しない。

　束ねられた後、大麻草はそれ以上腐敗するのを防止するため、なるべく早く剥皮される。1942年には、1万4000エーカー（5600ヘクタール）の繊維用大麻草がアメリカで収穫された。1943年の目標は、30万エーカー（12万ヘクタール）の繊維用大麻草の収穫である。従って、昔ながらの索類の大麻草繊維は復活の兆しを見せている。

　これはケンタッキー州の大麻草が、ベルサイユの工場へ乾燥のために運ばれていく所である。⓰昔の人は、手作業で大麻草の繊維を採取した。⓱これは最も過酷な労働のひとつであった。現在では、新しい機械の登場により、この作業が楽になった。

　⓱これはケンタッキー州フランクフォルト市の古い工場で、アメリカ製の大麻草繊維を縄用のより糸や、普通のより糸にする紡績工程である。大麻草は、索具を生産するための、先駆的な植物のひとつである。次のような製品はすべてアメリカ製大麻草から作られ

るようになる。物品を梱包するためのより糸や、詰め物。船用ロープや引き綱。干し草用熊手、船荷積み降ろし用のクレーン、頑丈な釣り具。軽量な火消し用ホース。何百万ものアメリカ兵のための靴用糸。そして落下傘兵用のパラシュートの革ひも。❶❽アメリカ海軍に至っては、全ての軍艦に3万4000フィート（約1万メートル）のロープが必要である。そして他の船もロープを必要としている。ここ、ボストン海軍造船所では、フリーゲート艦のための太綱は大昔に作られたものであるが、乗組員たちは日夜艦隊の索具作りに励んでいる。昔は、縄用のより糸は手作業で作られていた。現在では、鋼鉄の平板の穴から出てくる。❶❾

❷❺これは、海軍の備蓄量が減りつつあるマニラ麻である。備蓄がなくなると、アメリカ製の大麻草の出番がやってくる。係留中の船に使う大麻草。引き綱用の大麻草。釣り具や投網などの大麻草。海軍が陸や船上で使うための大麻草。「オールド・アイアンサイズ」が栄光に輝き、大麻草で作られた横静索や大麻草で作られた帆が活躍した時代と同じように❷❶……。

勝利のための大麻草！

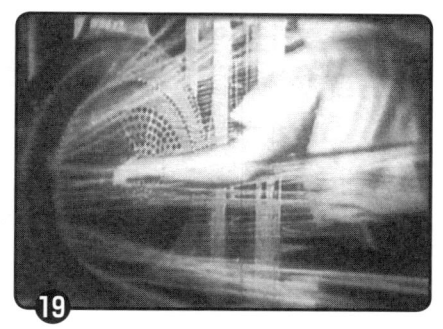

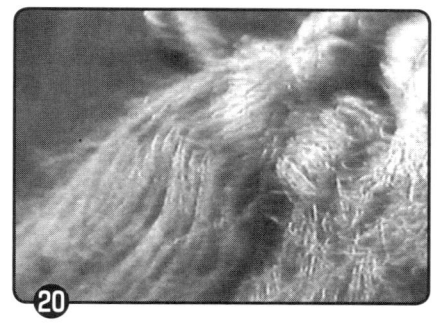

第9章 経済：エネルギー、環境と産業

アメリカ政府がその存在を否定した映画、『勝利のための大麻草』を私たちは発見した！

　15年もの間、大麻草を無知の呪縛から解き放つために活動していた市民グループのカリフォルニア・マリファナ・イニシアティブ、オレゴン・マリファナ・イニシアティブ、H.E.M.P.やNORMLは、アメリカ農務省制作の映画、『勝利のための大麻草』のビデオテープを新聞、雑誌、テレビ局などの各主要メディアに提示した。しかし過去15年間、アメリカ農務省や農務省図書館、アメリカ議会図書館は、私たちの問い合わせに対し、この映画について、アメリカ農務省や他の連邦機関が制作した事実はない、と返答し続けていたのである（ジム・エヴァンスへの手紙を参照）。

　1989年5月、マリア・ファロー、カール・パッカードと私は、ワシントンD.C.まで足を運び、アメリカ議会図書館の映画や、フィルムに残された記録を閲覧した。メリーランド州ベルツヴィル市の農務省図書館も訪れた。私たちは全ての図書館員（専門的文献管理責任者）から、そのようなフィルムが存在するとすれば、それはこれらの大図書館の公の文書、資料カードや電子ファイルの記録に残っているはずだと言われたので、それが見つからなかった当初、私たちは挫けそうになった。諦めようかと思った矢先、直感により、アメリカ議会図書館をもう一度訪れてみようということになった。今回は、45年から60年前のフィルム・カタログを閲覧し、それまでアメリカ連邦政府がその存在を否定してきた映画を、やっとのことで発見したのである！

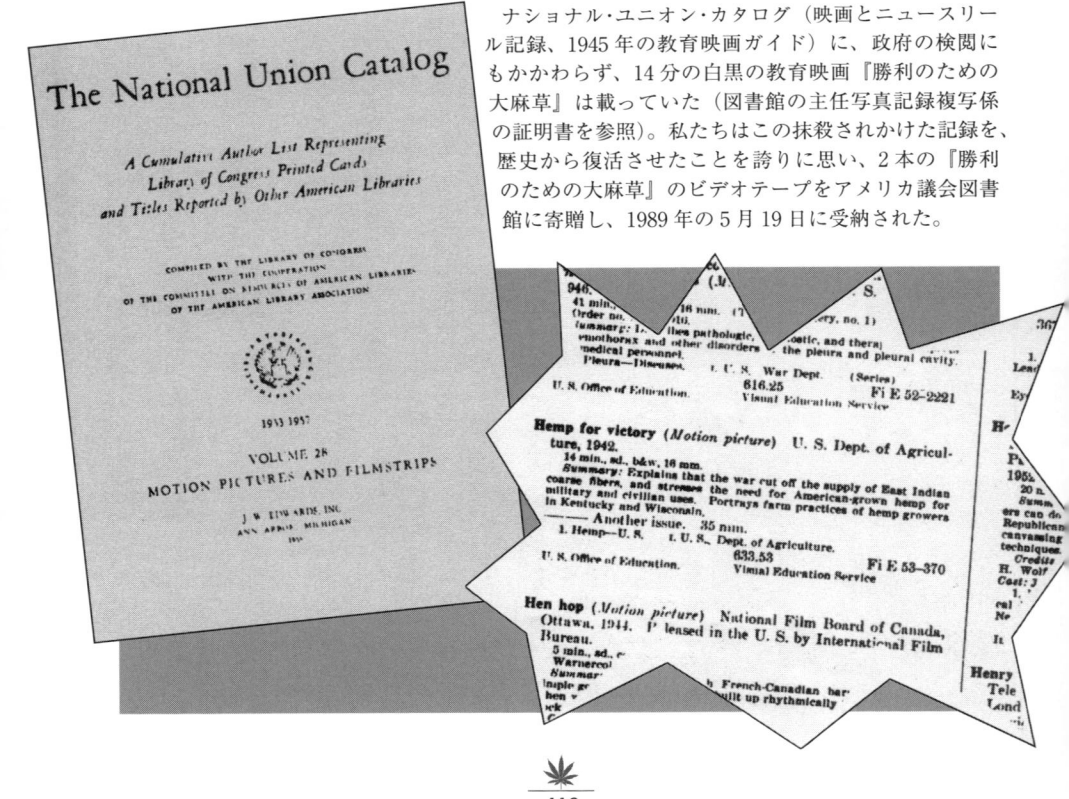

　ナショナル・ユニオン・カタログ（映画とニュースリール記録、1945年の教育映画ガイド）に、政府の検閲にもかかわらず、14分の白黒の教育映画『勝利のための大麻草』は載っていた（図書館の主任写真記録複写係の証明書を参照）。私たちはこの抹殺されかけた記録を、歴史から復活させたことを誇りに思い、2本の『勝利のための大麻草』のビデオテープをアメリカ議会図書館に寄贈し、1989年の5月19日に受納された。

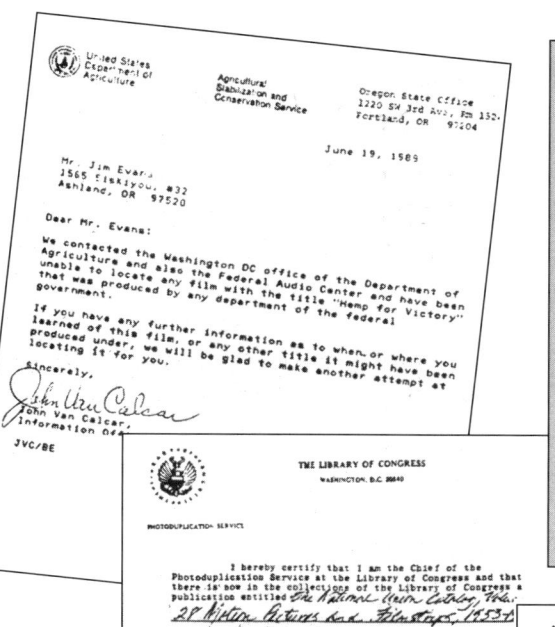

ジム・エヴァンスへの手紙：

アメリカ農務省
エヴァンス　様

私たちがワシントンD.C.のアメリカ農務省の事務局と、連邦オーディオ・センターへ問い合わせた所、どの連邦機関においても、『勝利のための大麻草』という政府公認映画の存在を確認することができませんでした。

もし貴方がこの映画に関する更なる情報を提供でき、いつどこでこの映画の存在を知ったか、そして他の名称で本映画が制作された痕跡について教えていただければ、私たちは喜んでそれを発見するために尽力します。

　　　　　　　　　—ジョン・ヴァン・カルサー

第9章　経済：エネルギー、環境と産業

映画評論

『勝利のための大麻草』：政府による、大麻草に関する映画の最高峰

大麻草を禁止する政策によって進歩が妨げられる

―アラン・W・ボック―

　たった今、私は1942年にアメリカ農務省が制作した映画を観終わった。『勝利のための大麻草』は、アメリカの農民に大麻草の栽培を奨励するために制作され、大麻草を育て、収穫し、処理する方法が記録されている。映画によると、1942年には「愛国的な農民たちは、政府の要望により、3万6000エーカー（約1万4000ヘクタール）に及び種子の採取目的で大麻草を植え」、1943年の目標は5万エーカー（2万ヘクタール）の大麻草の植え付けであった。政府は1942年に、繊維を採る目的で農民たちが植えた1万4000エーカー（5600ヘクタール）の大麻草に歓喜し、1943年の目標を30万エーカー（12万ヘクタール）とした。

　この事実について、貴方は学校で（政府公認の）歴史の教科書から学んだであろうか？

　大麻草とは、もちろんマリファナのことである。連邦政府による大麻草弾圧のキャンペーンは1937年に始まった。なぜ1942年に政府は大麻草を美化し、「それは人類によって既に何千年もの間、有効利用されてきた」と報告したのであろうか？　その理由はもちろん、第二次世界大戦である。日本軍がフィリピン（マニラ麻の産地）や東アジアの国々（大麻草や他の繊維の産地）へ侵攻したからに他ならない。アメリカ海軍はロープを必要とし、陸軍は靴やブーツ用のより糸が必要だったからである。大麻草は火消し用ホース、パラシュートの革ひも、テントやバックパックにも使われた。ジョージ・H・W・ブッシュ大統領が機上で撃ち落とされ、南太平洋に脱出した際、恐らく彼はマリファナから作られたパラシュートで生きながらえたのである。

　大麻草は万能で、無数の用途があり、人類はこの事実を何千年も知っていた。何世紀にもわたって、西洋を航海する船のロープや帆は大麻草でできていた（キャンバスという言

葉は、古代のギリシャ語やラテン語、アラビア語などで「カンナビス」、つまり大麻草を意味する。これは、まともな辞書があれば調べることができる）。1937年以前のリネンのほとんどは大麻草由来で、亜麻由来ではなかった。西洋で大活躍したスクーナー（2本以上のマストをもった縦帆船）は、大麻草キャンバスで覆われていた。開拓者の持っていた聖書はもちろん大麻草の紙でできていた。アメリカの独立宣言の草案と再案は、大麻草の紙に書かれた。独立宣言の最終文書は羊皮紙に書かれた。

トーマス・ジェファーソンとジョージ・ワシントンは法令により、大麻草栽培を義務付けられていた。この植物の全てが有用だったからである。大麻草の種子には大豆と同等のタンパク質があり、大豆より遥かに安価である。大麻草の種子の油は、絵具や塗料にも使われる。

これらの事実は、容易に確認できる。ブリタニカ百科事典にほとんどの情報が載っており、何時間か相互参照すれば全て分かることである。しかし、アメリカ人の大半は大麻草に関して知識を持っておらず、それを知れば、驚愕することであろう。大麻草の歴史や用途は、忘却の彼方へと追いやられ、それは暗黒時代やジョージ・オーウェルの『1984年』を彷彿とさせるものである。

歴史書を紐解くと、それが初期の便利な繊維について言及している場合、木綿や羊毛、亜麻、ジュート（黄麻）、サイザル麻、マニラ麻や「その他の繊維」について記述している。この場合、「その他の繊維」とは大麻草のことで、大麻草は1840年くらいまでは、アメリカで最も主要な繊維用作物であった。種子と繊維を剥離する綿織り機の発明により、大麻草繊維は次第に木綿に取って代わられた。大麻草繊維は手作業で茎を打っていたので、過酷な人的労働力が必要であった。アメリカの農民たちが裕福になり、農業の機械化が進むにつれて、国内の大麻草栽培は徐々に衰退し、外国では貧民を搾取する労働力を総動員して大麻草栽培に励んだ。

1916年には、アメリカ農務省は告示404号において、大麻草のパルプ由来の新しい製紙技術を発表し、もし大麻草の剥皮機が開発されたら、森林破壊を続ける必要はなくなるだろうと予測した。1930年代の半ばには、最新式の剥皮機やパルプ分離装置が発明された。1938年の2月号の『ポピュラー・メカニックス』によると、この新しいテクノロジーにより、莫大な収益が見込め、国内の他の農作物と競合せずに、これまで輸入に頼っていた大麻草の全需要を賄えるとのことである。

「投網、弓の弦、強いロープ、オーバーオール、テーブル・クロス、高品質のリネンの洋服、タオル、ベッド・シー

ツ、そして何千もの日用品がアメリカの農場で生産できる」と『ポピュラー・メカニックス』は書き、「そして製紙業界は更なる可能性を約束されている。製紙業界は10億ドル産業で、そのうち80%を輸入に頼っている。しかし大麻草からは、あらゆる品質の紙を生産することができ、アメリカ政府は1万エーカー（4000ヘクタール）の大麻草が、4万エーカー（1万6000ヘクタール）の木材パルプに匹敵すると公表している。『ポピュラー・メカニックス』は、連邦政府による麻薬としての大麻取締法のことを知っていたが、「もし連邦政府による規制が公共の福祉を守りつつ、道理にかなった大麻草文化をも保護したとしたら、この新作物はアメリカの農業や産業に大いに貢献することであろう」との期待を持った。残念ながら、この期待は見事に裏切られた。禁酒法が撤廃された後、ハリー・アンスリンガーは連邦麻薬取締局の局長に就任し、下院議会を思い通りに脅し付け、大麻取締法を制定させ、差別的で嘘に満ちたキャンペーンを実施し、大麻草の多種多様な用途を抑圧した。アメリカ連邦政府は、これらの用途を1942年時点で熟知しており、現在でも認知していると思われる。連邦政府はこれらの事実を貴方から隠蔽しているのだ。

1937年以来、世界の約半分の森林は紙を作るために伐採された。大麻草が禁止されることがなければ、これらの森林は未だ存続し、地球に酸素を供給していたことであろう。大麻草パルプは安価なメタノールを生産できる。大麻草の種子由来の油は、数百の用途で石油化学製品に取って代わり、公害の削減に寄与する。温室効果（地球温暖化）も回避できるかもしれない。

大麻草を禁止する政策は、農業、産業、そして環境に壊滅的なダメージをもたらした。このような非人道的な政策にはどのような罰則が待ち受けているのであろうか？　私は寛容な政策を推薦するが、大麻取締法をこれ以上続けることは、純然たる愚行である。

1988年10月30日、『オレンジ・カウンティー・レジスター』（カリフォルニア州で第2位の新聞社）より転載。

> 1943年に招集されたアメリカの農民たちは、『勝利のための大麻草』を鑑賞させられ、その映画を観たという証書に署名させられた。そのあと、農民への告示1935号が配られた。そのタイトルはズバリ、「大麻草」であった。

農民への告示1935号／アメリカ農務省

第9章 経済：エネルギー、環境と産業

YEARBOOK

OF THE

UNITED STATES

DEPARTMENT OF AGRICULTURE.

1895.

WASHINGTON:
GOVERNMENT PRINTING OFFICE.
1896.

HEMP CULTURE.

By CHAS. RICHARDS DODGE,
Special Agent in Charge of Fiber Investigations, U. S. Department of Agriculture.

In the literature of the fiber-producing plants of the word the word hemp appears frequently, applied oftentimes to fibers that are widely distinct from each other. The word is usually employed with a prefix, as when the true hemp is meant, as manila hemp, sisal hemp, Russian hemp, etc. In this article will be considered the hemp plant proper, the *Cannabis sativa* of the botanists, which has been so generally cultivated the world over as a cordage fiber that the value of other fibers as to strength and durability is estimated by it. In many of the experiments of Roxburgh and others we find "Russian" or "best English hemp" taken as standards of comparison. The Sanskrit name of the plant is bhanga; in Hindostan it is called the Arab name is kinnub, from which, doubtless, its Latin name, cannabis, is derived; in Persia it is known as bung, while in China it is chu tsa-ao, and in Japan, asa.

Its native home is India and Persia, but it is in general cultivation in many parts of the world, both in temperate and more tropical climates, though only in Russia and Poland in large quantities.

French hemp is much valued, but the finest quality is from Italy, and is pronounced fine, soft, light colored, and strong. It grows in all parts of India, and in many districts flourishes in the state. It is but little cultivated for its fiber, although Bengal hemp "was proved to be superior to the Russian." In Japan, as well as other hot countries, it is cultivated for its narcotic properties, the great value of which makes the India cultivator think but little about the fiber. Hemp is largely grown in Japan for the manufacture of cloth. This industry is very old, as before the introduction of silk weaving it was the only textile fabric.

Its cultivation is an established industry in the United States, Kentucky, Missouri, and Illinois being the chief sources of supply. Its culture has been extended as far north as Minnesota and as far south as the Mississippi Delta, while California has recently become interested in its growth.

Many varieties are cultivated in this country, that grow

YEARBOOK

OF THE

UNITED STATES

DEPARTMENT OF AGRICULTURE.

1901.

WASHINGTON:
GOVERNMENT PRINTING OFFICE.
1902.

Yearbook U. S. Dept. of Agriculture, 1901.   PLATE LXXIX.

FIG. 1.—YOUNG HEMP, ABOUT 4 FEET HIGH, GROWING FOR FIBER.

FIG. 2.—HEMP PLANT OF CHINA-KENTUCKY TYPE, GROWN FOR SEED.
[Plant with leaves, pistillate; leafless plant, staminate.]

FIG. 3.—HEMP PLANT OF SMYRNA TYPE, GROWN FOR SEED (PISTILLATE).

THE HEMP INDUSTRY IN THE UNITED STATES.

By LYSTER H. DEWEY,
Assistant Botanist, Bureau of Plant Industry.

THE HEMP PLANT.

The hemp plant (*Cannabis sativa*) is an annual, belonging to the nettle family. It grows to a height of from 5 to 15 feet, and when cultivated for fiber (Pl. LXXIX, fig. 1) produces only a few small branches near the top of the slender stalk. Its leaves, of a rich dark-green color, are composed of 5 to 9 lanceolate, serrate, pointed leaflets, 2 to 5 inches in length and about one-sixth as wide. The staminate, or pollen-bearing flowers, and the pistillate, or seed-producing flowers, are on separate plants (Pl. LXXIX, fig. 2), both plants being nearly alike, but the staminate plants maturing earlier. The stems are hollow, and in the best varieties rather prominently fluted. The fiber consists of numerous series of long cells in the inner bark, firmly knitted together, which, when cleaned from the surrounding tissues, form tough strands nearly as long as the entire plant. This is a bast fiber, and is classed commercially among the soft fibers, with flax, ramie, and jute.

The hemp plant originated in central Asia, but it is now widely distributed, especially in the North Temperate Zone, growing spontaneously where it has been accidentally introduced with bird seed or cultivated for the fiber.

OTHER PLANTS CALLED HEMP.

The name "hemp" was first applied to the plant above described, but in recent years it has unfortunately been used to designate the sisal plant, or henequen, a species of agave producing a leaf fiber, and the manila fiber plant, or abacá, a kind of banana plant producing structural fibers in the leaf petioles. Sansevieria, a tropical genus belonging to the lily family, includes three or four fiber-producing species, often called bowstring hemp, and an East Indian species, *Crotalaria juncea*, is commonly known as Sunn hemp. The name is also applied to several other species of less importance.

PRINCIPAL USES OF HEMP FIBER.

Hemp fiber is long, soft, very strong, and capable of almost as fine subdivision as flax. It is especially adapted for use where strength is required. It is used in the manufacture of fine twines, carpet thread, carpet yarns, sailcloth, and for home-spun and similar grades of woven

541

アメリカの歴史は大麻草と共にあった

1895年度、1901年度、1913年度のアメリカ農務省年鑑によると、少なくとも100年の間、CIAが南米の「麻薬王」と最初の取引をするずっと以前から、アメリカ政府は大麻草の主要なプッシャー（売人）であった。

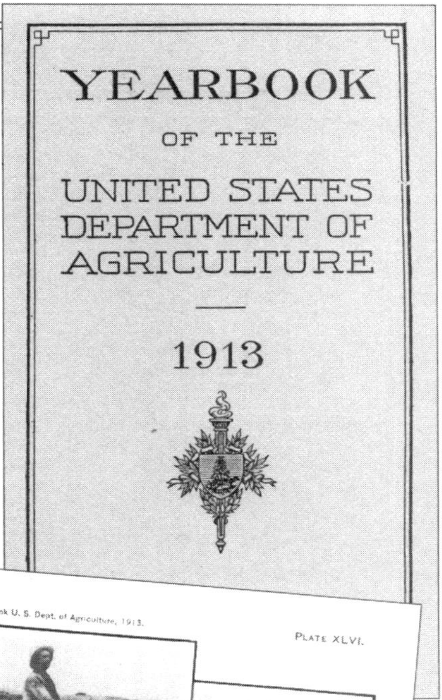

左頁：上左と上中央の書類：アメリカ農務省年鑑、1895年より
左頁：上右と下の書類：アメリカ農務省年鑑、1901年より
本頁：アメリカ農務省年鑑、1913年より

第9章 経済：エネルギー、環境と産業

古代ピクト人の女性が、デザインを施した大麻草由来の服を着ている姿の木版画。ピクト人はスコットランド人の先祖で、9世紀頃イギリス北部で生活を営んでいた。

―第10章

神話、魔術、医療

「マリファナ」喫煙習慣は、一般に信じられているのとは異なり、1960年代に端を発した現象ではなかった。大麻草は世界の文化遺産（伝統継承物）のひとつであり、それはもっとも永続的で、安定した文化的生活を営む上での重要な要素のひとつであった。近年の精神薬理学の研究は、THC（大麻の酩酊成分）が脳内に独自の受容体を持つことを明らかにし、人間とマリファナの関係には、人類文化以外にも科学的関連性があることが判明した……確かに、人類は大麻草との共生によって繁栄すると言えるだろう。

大麻草の言語学（その2）

　以下の文章は、1913年の農務省年鑑（283ページから293ページ）の大麻草に関する記述で、本文はライスター・デューイによって書かれた。

　大麻草を意味する「ヘンプ」という言葉は、古英語の「ハンフ」を語源とし、西暦100年頃までには中世英語に組み込まれ、現在でも主にカンナビス・サティヴァのことを指す。「ヘンプ」という言葉は、この植物から得られる、長い繊維のことも指す。大麻草は、もっとも歴史が古く、よく知られ、そしてごく最近までは、世界で一番幅広く使用されてきた織物繊維だった。大麻草はあらゆる長い繊維の世界基準としても知られてきた。その名はすべての長い繊維の包括的な意味に転用された。一方で「インド大麻草」や「トゥルー・ヘンプ」は大麻草そのものの総称とされた。未加工農産物市場は、「マニラ麻」（アバカ）、「サイザル麻」（サイザルとヘネケ麻）、「モーリシャス麻」（フルクラエア繊維）、「ニュージーランド麻」（リュウゼツラン科）、「サン・ヘンプ」（タヌキマメ属）、そして「インド・ヘンプ」（ジュート）などの名前を列挙している。これらの植物はどれも、見た目にも、経済効果においても、本物の大麻草とは異なるものである。興味深いことに、大麻草という名前は亜麻には絶対に使用されないものの、亜麻は他の繊維性植物よりも大麻草に似ている。本物の大麻草は世界各地で次のような名称で呼ばれている。「カ

ンナビス」ラテン語、「シャンブレ」フランス語、「カニャーモ」スペイン語、「カナーモ」ポルトガル語、「カナパ」イタリア語、「カネップ」アルバニア語、「コノプリ」ロシア語、「コノピ」と「ペネック」ポーランド語、「ケンプ」ベルギー語、「ハンフ」ドイツ語、「ヘナップ」オランダ語、「ハンプ」スウェーデン語、「ハンパ」デンマーク語、「タイマ」「ダイマ」「ツェマ」中国語、「アサ」と「タイマ」日本語、「ナーシャ」トルコ語、「カナビラ」シリア語、「カナブ」アラブ語。

世界最古の大麻使用者たち

　古代や近代の歴史学者、考古学者、人類学者、文献学者（比較言語学者など）は、大麻草が人類にとって最も古い農作物のひとつであるという物的証拠（人工遺物、遺跡、織物、くさび形文字、言語など）に言及している。大麻草繊維の編み物は1万年も昔から栄えた産業で、それは陶芸と同じ頃に発展し、金属細工よりも歴史が古い。※

※一ハーパー＆ロー『コロンビア世界史』、1981年

　紀元前27世紀までには、中国人は「マー」（麻）を繊維や医薬品、薬草（漢方薬）として使用していた。約3700年後の西暦1000年頃、中国人は大麻草を「ダーマー」（大いなる麻）と呼びかえることによって、他の「マー」（麻）と総称される繊維用植物と区別した。「大いなる麻」、つまり大麻草の古代絵文字は、大きな人間の図柄で、人間と大麻草の深い関係を示唆するものである。少なくとも紀元前27世紀から今世紀にかけて、大麻草は中東や小アジア、インド、中国、日本、ヨーロッパ、アフリカの全ての文化に溶け込んでいた。

（神農薬局方、漢時代、その他）

紀元前2300年から紀元前1000年まで

　中央アジアやペルシャ（イランとイラク）の出身と思われる遊牧民たちの伝承によると、「アーリア人」が地中海や中東のほとんどを侵略し、荒廃させ、そしてコーカサス山脈（カフカス山脈）を越えて更に西へ進み、ヨーロッパに広く定住したとされている。このような動きや侵略に伴い、遊牧民たちは北や西へ移動し、ギリシャ、ヨーロッパ、中東、エジプト、アフリカを通って人々に大麻草とその数々の用途を伝授し、また南や東へは、ヒマラヤ山脈を越えてインドにもそれを伝えた。やがて大麻草は中東やインドの文化に組み込まれ、それは食料や油、繊維、医薬品や嗜好品として定着し日常に溶け込んだ。大麻草由来の医薬品や嗜好品は、人間が神へ通じるための宗教儀式にも用いられた。※

※一たいていの場合、大麻草を日常的に産業目的で栽培していた人々は、聖職者やシャーマン、呪術医などが、全く同じ植物の様々な部分の抽出薬を、ミサなどで使ったり、医薬品として、あるいは神々と心をかよわすために使用していた事実を知らなかった。

大麻草と草刈り鎌

　大麻草はスキタイ人によって、幅広く利用された。例えば、古代スキタイ人は大麻草を育て、手持ちの草刈り鎌でそれを収穫した。この草刈り鎌は現代でも「スカイス」（スキタイ人の意）と呼ばれている。ギリシャの歴史学者、ヘロドトスの紀元前5世紀初頭の記録によると、スキタイ人は葬式で大麻草を喫煙する習慣があった。遊牧民であったスキタイ人はこの習慣を、トラキア人などの他の民族に伝えた。
（W・A・エンボーデン・Jr.『神々の肉体』、プレイガー出版、1974年）

文明のより糸

　少なくとも紀元前27世紀より、今世紀に至るまで、大麻草は中東や小アジア、インド、中国、日本、ヨーロッパ、アフリカで、高級な繊維、医薬品、油、食物、そして瞑想的で幸福感とリラックスをもたらす物質として重宝されてきた。大麻草栽培は私たちの祖先の最重要な産業のひとつで、それは道具作りや畜産、一般農業とも並ぶほどだった。

法の執行のための大麻草

　歴史を通じて、大麻草は世界の法令と不思議な関係を持ち続けている。前にも述べた通り、時代によって、大麻草栽培は非合法とされていた。しかし、大麻草には、法の執行と密接なつながりがあった。

　例えばアフリカの少数民族のもっとも厳格な、死刑に値するような犯罪に対する処罰、矯正、罰則は、違反者を小屋に閉じ込めて無理矢理大量の「ダハ（大麻草）」を、喫煙、摂取させ、それは違反者が前後不覚になり、意識を失うまで続けられる。アメリカ人の大量喫煙者の2年分に相当する量の大麻草を、たった1時間で摂取するのである。この矯正方法には果たして効力があるのだろうか？　アフリカの大麻草使用者は、「ダハ」治療による矯正を受けた違反者の再犯率は無きに等しいと報告している。ヨーロッパやアメリカの文化でも、大麻草は法の執行に一役買った。それは極刑に利用された。大麻草は絞首刑執行人の首つり縄※に使用されたのである。

※一「浮かれた少年はおれたちだ、さあ歌を歌おう、大麻草の紐で、絞首刑の木の下で」1639年、ジョン・フレッチャー・ロロ、ノルマンディー公爵、第3幕、第3場；「この所業を阻止せねば、他の人間と一緒に吊るすことになるだろう……私たちの町には大麻草があり、けしからぬ一族を全員絞首刑にするほどに人手も足りている」1877年、サウス・ダコタ州ラピッド市の馬泥棒の墓標より。

（E・R・シューシャン『墓の内容』、バランタイン・ブックス出版、1990年／アメリカ農務省映画『勝利のための大麻草』、1942年を参照）

大麻草のハーブ治療薬

　大麻草の治療薬としての効能は、外傷治療薬、筋肉弛緩薬、痛み止め、解熱剤、無比の出産促進薬としてだけでなく、他にも何百もの医療的用途がある。

（トッド・H・ミクリヤ医学博士、1839年から1972年までの『医療大麻白書』、メディ・コンプ出版、1973年／R・E・シュルテス、ハーバード大学植物学／ブリタニカ百科事典／アーネスト・アベル『マリファナ～最初の1万2000年』、プレナム出版、1980年／ヴェラ・ルービン『大麻草と文化』、人類研究学会、1968年から1974年と1974年から1976年／その他）

　神聖なるハーブや産業としての大麻草は、聖職者たちによって、何千年にもわたって意図的に情報が撹乱され、ここ2世紀ほどでやっとそれが同じ植物であるということが広まった。多くの場合、聖職者の地位を持たない者が、このような情報を知った時、（もちろん聖職者たちによって）魔女や占い師、無法者として、家族と共に死罪に処された。

神秘的な哲学者たち

　大麻草に関する伝説や、大麻草喫煙習慣は、世界各国の偉大なる宗教の基礎となっている。例えば、

　神道（日本）——大麻草は結婚における縁結びの儀式や、悪霊を祓うための儀式に使われ、婚姻関係にある男女間に笑いと幸福をもたらすとされてきた。

　ヒンズー教（インド）——シヴァ神は「ヒマラヤ山脈から大麻草を、人間に喜びと悟りをもたらすために持ってきた」とされている。サデュー僧はインドや世界を旅行し、「チラム」と呼ばれるパイプで、大麻草やハシシ（大麻樹脂）、時に他の物質とブレンドされたものを分かち合う。『バガヴァッド・ギーター』（世尊の歌）によると、クリシュナは、「私が癒しの薬草である」と語った（9章：16段）。一方で、『バガラット・プラーナ』（シュリ・クリシュナの物語）はハシシをあからさまに性的な媚薬として紹介している。

　仏教（チベット、インド、中国その他）——紀元前5世紀頃より儀式に大麻草を使用してきた。大麻草による宗教儀式や神秘体験は様々な中国の仏教の宗派に引き継がれている。チベット仏教徒やラマ僧の一部は、大麻草を聖なる植物として崇めている。仏教における伝統、文献、そして信仰によると、シッダールタその人が、悟りを開く6年前から大麻草を喫煙し、大麻草の種子や葉、花穂なども食し、その結果、真理にたどり着き、仏陀となったと言われている（四諦、八正道）。

　ゾロアスター教徒、マギー（ペルシャ、紀元前8世紀から紀元前7世紀より西暦3世紀から西暦4世紀頃まで）——キリスト教の学者や研究者などの間では、キリストの誕生に付き添った三人の「マギー」、つまり賢者は、当時カルト扱いされていたゾロアスター教徒のことではないか、ということが定説となっている。ゾロアスター教は、少なくとも表面的には、大麻草という植物全体が主体となった宗教で、大麻草が聖職者の

ニューデリー市内の二人のシーク教徒が、大麻草をインドの伝統ある「聖なる儀式」に使用するため、飲み物にする様子

主要な信仰の対象であり、主要な医薬品でもあった（産科学、線香儀式、油を注いで清める儀式、洗礼式など）。また、大麻草は、非宗教的な火付け油や照明器具にも使われた。英語の「マジック」という言葉は、ゾロアスター教徒の「マギー」が語源であるとも言われている。

エッセネ派の信徒（古代イスラエルのヘブライ系の宗派、紀元前200年頃から西暦73年まで）──大麻草を医薬品として利用した。その他にも、エジプトのセラプチア（治療を意味するセラピーの語源）教徒は、エッセネ派の信徒と共に、ゾロアスター教の聖職者や魔術師の信奉者とされていた。

初期のユダヤ教徒──ソロモン寺院における聖なる金曜日の夜の礼拝の一部として、6万人から8万人が2万本に及ぶカナボソム（大麻草）の線香を儀式中に吸引し、それから週で一番盛大な晩餐に向かった（マンチーズ現象だろうか？）。

イスラム教のスーフィー派（中東）──イスラムの「神秘的」な聖職者は、大麻草について教え、それを激賞し、天啓にうたれるためや、アラー（絶対神）と一体化する

第10章　神話、魔術、医療

ために、少なくとも過去千年の間、大麻草を利用してきた。イスラムや世界の研究者は、スーフィー派の聖職者の神秘主義は、西暦7世紀から8世紀のイスラム教への改宗（宗旨変えをし、アルコールを捨てなければ首を切断された）を免れたゾロアスター教徒の流れを汲んでいるとしている。

キリスト教宗派のコプト教徒（エジプトやエチオピア）──宗派によっては、聖書にでてくる、神聖なる「野原の緑の薬草」（「私は高名な植物を皆に与え、それによって皆は飢饉に苦しむことがなくなり、異教徒として辱めを受けることもなくなる」エゼキエル書第34章：29節）や、聖書に書かれている秘密の線香、甘い線香、そして油を注いで清める儀式は、大麻草のことを指していると信じている。

バンツー族（アフリカ）──秘密のダハ（大麻草）崇拝者※は、大麻草の使用を支配者層の男性に限定した。ムブティ人、ズールー族やコイ人は、痙攣やてんかん、痛風に効く万能薬として大麻草を利用し、また宗教儀式にも使用した。

※──これらの「ダハ」崇拝者は、聖なる大麻草が神々によりシリウス星（犬星）のAとB（実視連星）から地球にもたらされたと信じていた。「ダハ」はまさしく「大麻草」を意味する。興味深いことに、残存するインド・ヨーロッパ語族でこの植物を意味する言葉には、「カナ」、つまり「葦」があるが、「ビス」は「二つ」を意味し、「カナ」には「犬」という意味もある。この二つの言葉を合わせると、「カナ」（犬）「ビス」（二つの）となり、「2匹の犬」という意味になる。シリウス星は別名「ツー・ドッグ・スター」と呼ばれている。

ラスタファリアン（ジャマイカ他）──近代の宗派で、神聖なる儀式として「ガンジャ」（大麻草）を喫煙することによって、神（ジャー）に近づく。

脳の仕組みと酩酊

アメリカ政府の資本による、1989年のセントルイス医科大学での研究や、1990年の国立精神衛生研究所による研究は、脳内にTHC（大麻草の酩酊成分）受容体部位の存在を確認した。また脳内に存在し、これらの受容体と結合する天然の化合物は、自然の大麻草と親戚関係にあることがわかり、大麻草の研究を新しい領域へと拡大した。なんらかの化合物が脳に作用するためには、それを伝達することが出来る受容体部位と結合する必要がある。
（『オムニ・マガジン』、1989年8月号／『ワシントン・ポスト』、1990年8月9日付）

モルヒネはβエンドルフィン受容体とおおよその結合をし、覚せい剤はドーパミンと概ね似ているが、これらの薬物は三環式抗うつ剤や他の抗うつ薬と同様に、神経の生体液の微妙なバランスにとって脅威となる。『オムニ・マガジン』と『ワシントン・ポスト』は、天然の大麻草は、身体に危険を及ぼさないと報告した。

大麻草が安全な理由のひとつは、それが不随意筋に作用しないからである。その代わ

"聖なる煙"
ムブティ人の男性が「ダハ」（大麻草）を喫煙する様子。

りに、大麻草は運動能力や記憶を司る独自の受容体部位に作用する。分子レベルにおいては、THC は大脳にある受容体と結合する。受容体はまるで THC に独自適応するようにデザインされたかのようである。これは人間と大麻草との、古くからの共生関係を示唆するものである。このような神経細胞の経路は、人間と大麻草の、文化以前の関係性の名残りではないだろうか。カール・セーガンは、アフリカのサン人たちを例にとり、人間が狩猟採集人であった頃から、大麻草が最初に栽培された植物であるという説を提示した。一部の科学者は、これらの受容体部位は人間が「酩酊状態」になるために発達した訳ではないと主張している。「大麻草の存在の有無に関わらず、脳内になんらかの神経細胞の経路が進化したのは、間違いない」とセントルイス大学薬理学教授のアリン・ハウレットは 1989 年に、困惑気味に推測した。

しかし、あるいはそうではないのかも知れない。UCLA のロナルド・K・シーゲル精神薬理学博士は、その著作『酩酊：人工楽園の追求』において、人間による意識の変容や酩酊感を求める衝動は、空腹、のどの渇き、そしてセックスに次ぐ、4 大衝動のひとつであると記した。そして「酩酊状態」になるのは人間に限ったことではない。シーゲル氏は、動物が自ら酩酊感を求める行動を、数々の実験において記録した。

大麻草は人類にとって文化的、精神的、生理的な継承物で、永続的で安定した文化を誇る社会の枠組みである。従って、もし貴方が大麻草の長期的な影響を知りたければ、鏡を覗くことをお勧めする！

第 10 章 神話、魔術、医療

大麻草にまつわる秘密主義

　全ての部族、民族や国民の宗教観の夜明けには共通項がある……日本人、中国人、インド人、エジプト人、ペルシャ人、バビロニア人、ギリシャ人、ドーリア人、ゲルマン人や他のヨーロッパの部族、それにアフリカや北、南、中央アメリカの部族を問わず、それは全て偶然の発見によるものだった。

　人類は臨死体験や貧困を経験してきた――飢饉、断食、呼吸法、のどの渇き、発熱、偶然のアルコール発酵やワインの製造、シビレタケ、ベニテングタケによるばか騒ぎ、大麻草ワイン（バーング）、そして他の意識変容をもたらす数々の物質……それらを経験したり摂取したりすると、普段と比べて、不可解な、高揚した精神状態を引き起こす。これらの神聖な植物や薬草は、私たちの先祖に思いもよらない、信じられないような幻視体験をもたらし、意識の彼方へと旅立たせ、時には万物に兄妹愛を抱かせた。麻薬に誘発された体験や、医薬品を理解することは、全ての部族にとってもっとも不思議で、好ましく、必要不可欠な、精神を支える知恵であった。つまりは一種の治療法だったのである！　それにはなにを調合するのだろうか？　そしてどの程度の服用量が望ましいのであろうか？

　このような神秘体験を後世に伝えるのは、これらの部族にとって非常に大事なことだった。どの植物がどのような体験を引き起こし、どのような調合と服用量が望ましいかという知恵は、その知恵を持つ者にとっては、権力を意味するものであった！　従って、この神秘の知識の泉は、呪医や聖職者が、極めて用心深く秘密として守り、口伝や伝説、文献、伝統といった形で暗号化された。精神に作用する植物や菌類は、人間や動物や精霊の所業とされ、例えばベニテングタケは妖精の仕業とされた。政治的な権力を保持するために、聖職者、呪医、シャーマンはこのような伝統を一般人や他の部族からひた隠しにした。また、このような情報を隠すことにより、幻覚性植物などの偶然や実験的な摂取による「悪徳」から部族の子供たちを守った。そして他の部族に捕らえられた人々は、決してこのような神秘的な秘密を漏らしてはならなかった。これらの古き、麻薬に誘発された幽体離脱的な宗教儀式は有史以前から存在し、皇帝ジュリアス・シーザー以降のローマ人は、これを「東洋の神秘宗教」と呼んだ。

ユダヤ教と大麻草

　聖書の時代には、大麻草は主要な産業のひとつだった。中東の他の文化と共に、ヘブライ民族の神秘主義者（例えばカバラといった秘教の信者）は、地域ごとの宗派が、天然の酩酊物質を儀式に使うことを、当然のこととして把握し、それに深く関与していた。彼等は儀式や紋章に秘密の暗号を隠し、自然の崇拝対象である「神聖なるキノコ」や、大麻草を含む、意識を高める作用のある薬草を隠蔽した。

(J.M. アレグロ『神聖なるキノコと十字架』、ダブルデイ出版、1970年)

聖書の記述

暗号化（記号化）された大麻草や他の薬物の探求は、植物学における具体的な名称の欠如や、解釈の不一致、翻訳の食い違い、個別の宗派による教理「本」の中身の差異、原文に加えられた注釈、そして定期的に行われた、聖職者が「非道徳」と決めつけた文献類の追放により、困難になった。しかし、聖書においては、大麻草使用はタブー視されておらず、大麻草使用を思いとどまらせるような記述もない。むしろ、聖書の一部の引用文には、大麻草を含む薬草の素晴らしさが記されており、また後世に実施されるであろう、大麻取締法を暗示する記述もある。

「神が、地は草と、種類にしたがって種を生じる薬草と、おのおのその種類にしたがって、その中に種のある実を結ぶ果樹を芽生えさせよ、と仰せられました。神はそれを見て、良しとしました」——創世記：第1章:12節（キング・ジェームス王欽定訳聖書より）

「神は地に、治療をもたらす薬草を芽生えさせ、分別ある人間はそれを軽視してはなりません」——シラ書：第38章:4節（カソリックの聖書）

「口に入るものは人を不浄にすることはありません。口から出るものが人を不浄にします」——イエスの言葉の引用：マタイ伝：第15章:11節（ジェームス王欽定訳聖書より）

「後世には、一部の人は……偽善的な嘘を吐きます……神が創造した、信心深く真実を知る民に、感謝されるべきものを慎むように仕向けます」——パウロ伝第1章：ティモシー伝：第4章：1節（ジェームス王欽定訳聖書より）

初期のキリスト教

歴史家たちや、キリスト教初期の図柄や工芸品、聖書の類、写本、死海文書、グノーシス福音書、キリスト教会の設立者などによると、西暦300年から400年頃までのキリスト教の分派は、寛大で博愛に満ちていたとのことである。初期のキリスト教の分派は、開放的で、異教徒に対して寛容で、組織化（体系化）されていなかった。つまりキリスト教は、貧困層や奴隷の宗教であった。ローマ人は初期のキリスト教を、厄介とされていた「東洋の神秘主義的カルト」や、当時のヨーロッパの主流宗教であった、ミスラ（古代のペルシャの神）やイシス（古代エジプトの豊饒の大母神）と同列に扱った。

聖なるローマ帝国

崩壊寸前の帝国と、政治的腐敗や、異邦人との戦争を前にして、旧ローマ帝国は存亡

の危機に直面した。権力を維持するために、ローマ帝国の支配層は民衆の宗教観を歪曲させ、多様で好ましい崇拝の対象や宗教を弾圧した。政治的な権力を維持するために、(異教徒に寛容な)汎神論的宗教政策をとっていた帝国は、それまでの方針を変更した。西暦249年以降の代々のローマ帝王は、血塗られた宗教的な迫害を繰り広げ、厄介なキリスト教徒もその例外ではなかった。西暦306年までには、この方針が完全に失敗であることが自明となった。コンスタンティヌス帝は、異教徒の処刑を阻止し、キリスト教の聖職者を後援し、即座にミスラの教義や他の宗派の教義の一部を採用した。「血統による絶対君主制度」や「神に与えられた、他の人間を支配する権利」がそれである。

野心的なコンスタンティヌス帝は、(迫害を逃れるため)地下に潜った教会が、非寛容的で、緊密な、ヒエラルキー(聖職位階制)に変貌したことを知った。教会は組織された連絡網を持ち、コンスタンティヌス帝に次ぐ程の権力を手中にしていた。政府と教会を一体化することにより、どちらも権力を倍増させることができ、敵対者やライバル政治家を、犯罪や宗教上の罪悪に託けて引きずり下ろし、それによって政府や教会の双方が互いを支援しあい、祝福しあった。
(ハーパー＆ロー『コロンビア世界史』、1981年)

コンスタンティヌス帝はキリスト教に改宗し、強制的に、唯一の、政府に権限のある宗教を確立した。つまりローマ・カトリック教会のことである。まさに、ローマ「万有」教会の設立である(「カトリック」はラテン語で「万有」を意味する)。これが、帝国の独裁的な政府公認の宗教となった。全ての秘密結社の類は一掃され、禁止された。なぜなら、これらの秘密結社は、コンスタンティヌス帝やローマ帝国による、過去400年に及ぶ(既知の)世界支配の野望に対して脅威となりかねなかったからである。

政教の交わりと貴族社会

ローマ帝国の警察から、300年も逃げ続けていたキリスト正教会の僧侶たちは、やがて警察組織の長となった。西暦4世紀から6世紀には、多神教や、あらゆるキリスト教分派の思想、知識、福音、そしてエッセネ派やグノーシス派、メロビング王朝の流れを汲む宗教は、ローマ・カトリック教会に吸収されたり、あるいは政府公認の教義や聖職階級から外されたりした。最終的に、宗教会議が繰り返された末、ローマ・カトリック教会に都合の悪い教義(例えば地球が球形をしていることや、当時の計測で太陽や星が5マイル〈約8キロメートル〉から17マイル〈約27キロメートル〉以上離れていることなど)は禁止され、暗黒時代(西暦400年頃から1000年頃まで)にこのような教義は地下に潜ることを余儀なくされた。

中世の初期頃(西暦11世紀の初頭)までには、カトリック教会やローマ法王がほとんどの権力を欲しいままにした。はじめはゲルマン民族の侵略者、後にスペインやフラ

ンスの王族、そして勢力を伸ばしていたイタリアの商人や貴族（ボルジア家、メディチ家やその他の誇大妄想患者など）はこぞってローマ・カトリック教会に帰依した。それは恐らく、貿易上の秘密や、同盟国、財産などを守るためであった。

　ヨーロッパの全人民は、「聖なる」ローマ帝国の方策を無理強いされた。非寛容的なローマ・カトリック教会による根本主義が教会と警察組織を牛耳り、そして神を信ずるための方法論として、たったひとつの教義が幅を利かせた……ローマ法王の不謬性（ふびょうせい）と共に。

　政治家や支配者は教会のこのようなイカサマに加担した。なぜなら、彼等の権力は新しいキリスト教義や、総大司教による「王権神授説」に組み込まれたからである。彼等は、異端者※や法律違反者に対して、すこぶる厳しい罰則を設けた。異端者は、情け容赦なくサディスティックな宗教裁判官によって追いつめられ、自白を促すためや、罰則のため異常な拷問にかけられた。

※――ウエブスター辞書は、「異端」を、1.教会の教義に反する宗教観、2.教典や既に確立された思想（哲学や政治学等）に異を唱えること、3.またはそのような思想や信条を持つことと記している。

　このような社会形態は、西洋世界のほとんどの民衆を恐怖のどん底に追いやり、彼等の身の安全や自由が保障されなくなったばかりでなく、教会から破門にされた際、永遠の魂が「地獄に堕ちる」という畏怖の念を抱かされた。

紙の独占支配

　一般大衆、つまり「庶民」は恐怖と無知に煽られた。初歩的なものを除いて、全ての学問は僧侶や聖職者によって厳しく管理された。庶民（人民の約95%）にはアルファベットを含む全ての読み書きが禁じられ、この命に背いたものには罰則か死が待ち受けていた。庶民は、聖書の言語であるラテン語を学ぶことも禁止された。これにより、少数の読み書きのできる僧侶が、1200年もの間、聖典を思い通りに解釈した。これは1600年頃のヨーロッパ宗教改革まで続いた。

　庶民から知恵や知識を隠蔽するために、紙を持つことが禁止された。修道院は大麻草に関する秘密を守り抜いた。完全なる支配を成し遂げようとする者に、大麻草は二つの脅威をもたらした。製紙技術とランプ・オイルである。これに対してなんらかの対策を練る必要が生じた。

大麻草由来の医薬品の禁止

　ワインは宗教儀式に使用され、ビールや蒸留酒も黙認されたが、大麻草の摂取は12世紀のスペインと13世紀のフランスの異端審理裁判所（宗教裁判所）によって禁止された。同時に、他の多くの天然の治療法も禁止された。大麻草をコミュニケーションに

利用したり、治療などに使用した者は、「魔女」の烙印を押された。一例として、ジャンヌ・ダルクは、1430年から1431年の間に、大麻草を含む、種々の「魔女」の薬草によって「お告げ」を聞いたとして、告発されたのである。

教会に承認された合法的な医薬品

この時代、ローマ・カトリック教会の教父によって、西ヨーロッパの人民に許された、合法な治療法は次のものに限定された。

1、（a）疫病から身を守るための、鳥の形をしたマスクの着用
　　（b）骨折や火傷の治療
2、流行性感冒（インフルエンザ）、肺炎、熱病などに伴う大量（0.5リッターから0.9リッター以上）の瀉血
3、特定の聖人に祈りを捧げ、奇跡的な回復を願うこと（麦角中毒は聖アンソニー、目の不自由な人は聖オディリア、毒物中毒は聖ベネディクト、戯け者やてんかん患者は聖ヴァイタスに祈りを捧げた）
4、様々な疾病をアルコールで治療

1484年には、ローマ法王のイノセント8世は、大麻草で治療する者や、他の薬草治療を施す者を不公平に選抜し、やり玉にあげ、大麻草は、サタン（悪魔）の二次的、三次的な崇拝方法だと主張した。この宗教的迫害は150年以上も続いた。中世教会によると、サタン崇拝の知識やミサには3つの形式がある。

・**サタンを呼び出し、礼拝する**
◎魔女の知識を有する（例えば植物学者や化学者）
◎戯作やおちょくりによるミサ的な崇拝行為（現代で言えば、アニメの「シンプソンズ」やテレビ番組の「イン・リヴィング・カラー」、ラップ音楽、メル・ブルックス、「セカンド・シティ・TV」、「モンティ・パイソン」、「サタデー・ナイト・ライヴ」〈グイードー・サルデュッチ神父のグループ〉がローマ・カトリック教会によるミサにおける教義、教典、免罪符や儀式などに対して、不敬で馬鹿げた風刺劇を繰り広げるのと似ている）

中世の聖職官僚は、いつも自分たちが被抑圧者から失笑を買い、馬鹿にされ、軽蔑されているのを知っていた（それも、教養ある修道士、牧師や市民の有力者からである）。このような経緯で、大麻草の摂取は、異端的でサタン崇拝的だとされた。

矛盾点

何世紀にもわたる西洋文明の政治的、宗教的攻撃にもかかわらず、大麻草栽培の伝統

は北ヨーロッパやアフリカ、アジアで連綿と引き継がれた。教会がヨーロッパで大麻草使用者の弾圧を繰り広げていた頃、スペインのコンキスタドール（征服者）たちは、帆やロープ、槙肌や衣服のために世界中の至る所で大麻草を栽培していた。

それでも大麻草は生き抜く

残虐なるオスマン帝国はエジプトを侵略し、16世紀には大麻草を禁止しようとした……ナイル川沿いの大麻草農民たちが、高額の税金を巡って、先陣を切って反乱したからである。トルコ人は、大麻草の喫煙習慣がエジプト人を大いに笑わせ、サルタン（トルコ皇帝）やその使者に対して侮蔑的であると文句をつけた。1868年、エジプトは近代で大麻草の摂取を禁止した最初の国となり、白人支配の南アフリカが1910年にそれに続いた。これは人種隔離政策をとっていた南アフリカが、黒人による「ダハ」（大麻草）信仰を止めさせるため、ただ単に黒人に罰則を与えるために大麻草を禁止した。

ヨーロッパでは、大麻草は産業的にも、医薬品としても幅広く使われ、それは黒海からイギリス諸島にまで及び、とりわけ東ヨーロッパで重宝された。ローマ・カトリック教会による、聖なるローマ帝国での1484年の大麻草由来の医薬品の禁止令は、アルプスから北には遠く及ばず、現代でもルーマニア人、チェコ人、ハンガリー人やロシア人は世界の大麻草の作物学を独占している。

既に高品質の大麻草リネンで有名だったアイルランドでは、アイルランド人の娘たちが、将来の花婿を占うために、大麻草使用を勧められた。

そのうちに、大麻草の貿易は、後に続く、帝国を築く者たちにとって必要不可欠となり（14世紀から18世紀までの大航海時代／理性の時代）、大麻草奨励による戦略と策略は世界大国の必須条件となった。

第10章　神話、魔術、医療

トーマス・ジェファーソンの比較

「最高品質の大麻草は、最高品質のタバコと同じような土壌で育つ。大麻草は商業や船舶事業の最優先課題で、つまり国家に富をもたらし防衛を強化する。タバコには有用性がなく、むしろ有害性があり、税収において、予知できない相場の急変をもたらすことがある」

トーマス・ジェファーソンはことあるごとに大麻草を文書や行動で擁護し、希少価値のある特別な大麻草の種子をアメリカに密輸し、大麻草の粗すきぐしを再発明し、大麻草に関する農業や農園の日誌を綴った。1791年の3月16日には、ジェファーソンは次のように書き記している。

「タバコには有害性がある。この植物は土壌環境を劣悪にする。しかも、タバコは沢山の肥料（動物由来）を必要とし、他の作物の肥料が足りなくなっている。従って、家畜用の食物も足りなくなっている。タバコに使用された肥料は、一切の収益をもたらさない……」

「愚かなことである。農業で広く知られている事実として、最高品質の大麻草は、最高品質のタバコと同じような土壌で育つことがあげられる。大麻草は商業や船舶事業の最優先課題で、つまり国家に富をもたらし防衛を強化する。タバコには有用性がなく、むしろ有害性があり、税収において、予知できない相場の急変をもたらすことがある。栽培の優先順位は比較によって決定される。大麻草は、未加工の状態でも、タバコよりも多くの労働力を必要とするが、様々な品物の重要資源として、最終的には多くの人の生計を立てることになり、従って、人口密度の高い国で好まれる」

「アメリカは大麻草の需要を輸入に頼っており、これからもそれを続けることだろうが、種々の大麻草由来の製品、例えば、船の索具や帆、リネンやストッキングにも同じ事が言える……」

悟りの時代

18世紀は人類にとって、思想や文明の新時代の幕開けであった。「生存権、自由権、幸福追求権！」とアメリカの入植者たちは宣言した。これに対し、「自由、平等、博愛！」とフランスの同胞は応えた。近代の、政教分離の原則や、基本的人権を保障する、憲法のもとの政府はやがて統合され、市民を非寛容的で、独断的な法律から守るために新政

府が設立された。その画期的な随筆『自由について』で、オグデン・リヴィングストン・ミルズ（その哲学が近代の民主主義の発展に多大なる影響を与えた）は、「人間の自由とは、心の分野における意識のもっとも内包的な感覚である。思想や感情、科学や道徳的な規範、神学的な自由……つまり個々の趣向や追求における自由のことである」と述べた。

　ミルズは、思想や「精神」の自由が、全ての自由の基本であると断言した。紳士にして農民であり、アメリカ建国の父のひとりで、第３代アメリカ合衆国大統領でもあった、トーマス・ジェファーソンの不朽の名言、「私は神の祭壇に誓った。人間の精神に対して暴政を行う者には、永遠の敵意を……」は、ワシントン D.C. の記念碑の大理石に刻み込まれている。

　アブラハム・リンカーン大統領は、自他ともに認める禁酒法の反対者だった。彼が暗殺された後、リンカーンの妻には、気を鎮めるために大麻草が処方された。19 世紀中頃から、大麻取締法が発動されるまで、ほとんどのアメリカ大統領が日常的に大麻草由来の医薬品を使った（第 12 章参照）。

　ジョン・F・ケネディ元大統領は、その親しい知人であった芸人のモーリー・アムステルダムやエディー・ゴードン※に言わせると、腰痛の治療のために（任官の前後に）日常的に大麻草を喫煙し、２期目には「マリファナ」を合法化する計画を立てていた……しかし、この計画は 1963 年のケネディ暗殺により、頓挫した。

※一筆者が本人から直接仕入れた情報によると、ハーモニカの天才で、ハーモニキャッツのメンバーで、世界一のハーモニカ吹きのエディー・ゴードンは、ケネディのためにハーモニカを度々演奏し、ケネディと一緒に大麻草も喫煙した。

　もっと最近の事例では、ジェラルド・フォード元大統領の息子ジャック・フォードや、ジミー・カーター元大統領の息子チップ・カーターは、ホワイトハウス内でマリファナを喫煙をしたことを認めた。H・W・ジョージ・ブッシュ元大統領時代の副大統領、ダン・クエール※は、大学時代には大麻草の喫煙と麻薬使用で有名だった。ロナルド・レーガン元大統領や「ジャスト・セイ・ノー！」（麻薬使用にはノーと言いなさい）の標語で知られる、ナンシー・レーガン元大統領夫人は、ロナルド・レーガンがカリフォルニア州知事時代に、知事官邸で大麻草を喫煙したと報告している。

※一『ダラス・オブザーバー』、「煙に巻かれる：囚人が、クエール氏の大麻草使用を巡って司法省に対して訴訟を起こす」、1990 年 8 月 23 日付／キティー・ケリー『ナンシー・レーガンの非公式伝記』、ダブルデイ出版、1991 年

●一概括的な脚注／参考文献目録：
ヒンズー教の『ヴェーダ』（インドで編集された一連の宗教文書）／神農薬局方／ヘロドトス／アーネスト・アベル

『マリファナ〜最初の1万2000年』、プレナム出版、1980年／死海文書／ハイ・タイムス百科事典／ブリタニカ百科事典／「薬理学的カルト」／ロフマン『マリファナと医療』、1982年／オハイオ州立医学協会、1860年／『イギリス政府によるインド大麻草の研究報告書』、1894年／アンガーリーダー、UCLA、1982年／アメリカ陸軍、エッジウッド兵器庫、メリーランド州／シュルツ、ハーバード大学植物学／エンボーデン、カリフォルニア州立大学ノースリッジ校／マイケル・アルドリッチ博士／ヴェラ・ルービン、人類研究学会／R・ゴードン・ワッソン『神聖なるソーマ、不老不死のキノコ』／ロフマン『マリファナと医療』／ジェイ・リン、語源学者／J・M・アレグロ『聖なるキノコと十字架』ダブルデイ出版、1970年、その他／『ハイ・タイムス』、「いかにして国家の幹部たちはハイになったか」、1980年4月号

現代史における異端者弾圧の規範

　大麻草に関する知識や、無数の「罪悪」……悪魔の道具の所持（ディナー・フォークなど）、魔法使いの本の所持や、宗教体験により意味不明の言葉を口走る（外国語を喋る）こと、異教徒であること、魔女の習慣がある（風呂に入ったり、川に落ちる）こと、その他の名目で、西ヨーロッパの住民の10%から50%は拷問にかけられたり、死罪に処せられたりした。このような中世のローマ・カトリック教会の500年に及ぶ異端者弾圧（12世紀から17世紀まで）は、まともな審理抜きで行われた。

　多数の民衆が異端者弾圧に苦しんだにもかかわらず、これによって得をした人もいた。ローマ法王は、様々な理由にかこつけて「異端者」を弾圧し、合法的に告発された敵対者や民衆から財産を没収したり、拷問にかけたり、処刑したりした。300年に及び、宗教裁判所の面々は、「異端者」や「魔女」から没収した財産を分与した。告発者、政府、そしてローマ・カトリック教会の支配層に3分の1ずつの没収財産が分け与えられた。

　「律法学者に気をつけなさい……（彼等は）未亡人たちの家を貪り食うでしょう」──イエスの言葉：ルカの福音書、第20章：46節より

　このような尋常ならざる、利益のための告発は、現在でもアメリカの州政府や連邦政府などの独裁者によって、全く同じように機能している……そして同様に独善的である。その方策は、1984年にロナルド・レーガン元大統領によって強力に推し進められ、下院議会と、下院議員で元カリフォルニア州の法務長官のダン・ラングレンのために準備された。現実的には、政府による財産の没収が執行された場合、およそ90%の財産は裁判所から返還されない。現在では、司法機関への情報提供者や、警察官、検察官などが没収財産の恩恵を分配している。そればかりか、アメリカの現代の司法制度は、イギリス慣習法に基づいており、財産没収に関する法令は、中世の呪われた財産という概念、「デオダンド」（ラテン語の「デオ」は「神」を意味し、「ダンド」は「授ける」を意味する）を基調としている。つまり人間に死をもたらす物質は全て王族によって没収された。これはアメリカの財産没収の基本的な条項に盛り込まれており、自由刑などの人間のみに対する罰則と対をなすものである。なぜだろうか？　答えは簡単である。人間は法律に基づく諸権利を保障されている……しかし財産にはそれが適用されないのである！

第11章

大麻草を巡る戦争

　本章は、少々記憶が曖昧かも知れないが、あなたが学校の歴史の授業で学んだ事実について書かれている。学生時代にあなたが抱いた疑問、「一体彼等は何を巡って戦っていたのだろうか？」

　ここでは、ニューオリンズでの戦いへと発展した、通信の遅れによる一連のできごと、つまり1812年の戦争が、ベルギーでの終戦宣言（1814年12月24日）により終息したはずにもかかわらず、その2週間後に勃発した、1815年の1月8日の戦争について言及している。

1700年代から1800年代初頭まで

　大麻草は、何千年にもわたって、地球上で最大規模のビジネスや、重要な産業として大いに活用されてきた。また、大麻草の繊維（第2章参照）は、世界の貿易の中心を担ってきた。世界の経済はマリファナという植物から生産される、無数の製品によって支えられてきた。

1740年以降

　ロシアは、安価な奴隷や農奴制労働力により、西洋世界の大麻草原料の需要の80％と、世界で最高品質の大麻草由来の製品（帆やロープ、索具や投網）の製造を賄った。大麻草はロシアで一番の貿易産物で……それは毛皮や木材、鋼鉄をもしのいだ。

1740年から1807年

　イギリスは海洋で使用する大麻草の90％をロシアから買っていた。イギリス海軍やイギリスの海洋貿易船は、ロシア産の大麻草に依存していた。イギリスの船は、1年から2年に1回は、50トンから100トンの大麻草を交換しなければならなかった。大麻草にとって代わるものはなかった。例えば、亜麻製の帆は、大麻草で作られた帆と違って、塩害によって3ヶ月以内に腐ることがあった。

1793年から1799年以降……

　イギリスの貴族は、新設されたフランス政府に敵意を抱いた。その主な理由としては、1789年から1793年の民衆によるフランス革命がイギリスに飛び火するのを恐れ、またフランスのイギリス侵攻による帝国の崩壊と、もちろんイギリス貴族の首が刎ねられる

Napoleon's retreat from Moscow.

のを恐れたからである。

1803 年から 1814 年

　イギリス海軍は、ナポレオン率いるフランスと、ナポレオンの大陸の同盟国を封鎖した。イギリス海軍は、英仏海峡と大西洋の港（ビスケー湾）を閉鎖することによって、フランスを封じ込めることに成功した。又、イギリスはジブラルタル海峡（スペイン南端の港市。イギリスの直轄植民地にして要塞：140 ページの地図を参照）を手中にする

ことにより、地中海や大西洋の航路を全て掌握した。

1798 年から 1812 年
　国家として未熟なアメリカは、フランスとイギリスの戦争に「中立的」な立場を取った。アメリカは外交問題を解決するために、自国の海軍や海兵隊を地中海に派兵し（1801 年から 1805 年）、トリポリ（リビアの首都）の海賊や誘拐犯が、その界隈で商売するアメリカ北部人の貿易船に被害を及ぼさないようにした。「防衛の為には金を惜しまず……他国への貢ぎ物は一文たりとも払わない」というのがアメリカのスローガンとなり、それは現代の海兵隊の軍歌にも受け継がれている（「♪トリポリの海岸へ」）。

1803 年
　ヨーロッパ大陸の制圧を目指していたナポレオンは、イギリスとの戦争の軍資金を得るために、ルイジアナ準州を格安［1500 万ドル：1 エーカー（0.4 ヘクタール）当たり約 2.5 セント］でアメリカに売り飛ばした。この地域は、現在でもアメリカ国内で隣接する 48 州の土地の約 3 分の 1 に相当する。

1803 年以降……
　ルイジアナ買収は、アメリカ人（とりわけ西部のアメリカ人）に良からぬ考えを抱かせた……「明白な運命」として、北アメリカの国境を拡大し、先住民虐殺や黒人奴隷制度を正当化する野望である。アメリカ人は、カナダの北部からメキシコ南部まで、そして大西洋から太平洋までを統治することを夢想した。（142 ページの地図を参照）

1803 年から 1807 年
　イギリスは、引き続き大麻草の供給の 90%をロシアに依存し、直接取引した。

1807 年
　ナポレオンとロシア皇帝（ツァール）のアレキサンドルは、ティルジットの和約に署名した。これにより、イギリスとロシアの合法的な貿易は断ち切られ、イギリスの同盟国や中立国の船もイギリスの国益のためにロシアとの貿易を禁じられた。ティルジットの和約により、ワルシャワ公国（ポーランドの中東部）に緩衝地帯が設けられた。それは、ナポレオンの同盟国とロシアの中間部に位置した。ナポレオンの戦略……そして本和約の最重要目的は……ロシアの大麻草がイギリスに届くのを阻止することであった。ナポレオンはイギリスへの大麻草の供給源を断ち切ることにより、イギリス海軍が大麻草由来の物資（帆やロープ、索具類）を他の船から再利用する羽目になると目論んだ。そしてナポレオンは、ロシア産の大麻草によって支えられたイギリスの大海軍が、フランスや大陸の封鎖令を解くことになるだろうと信じていた。

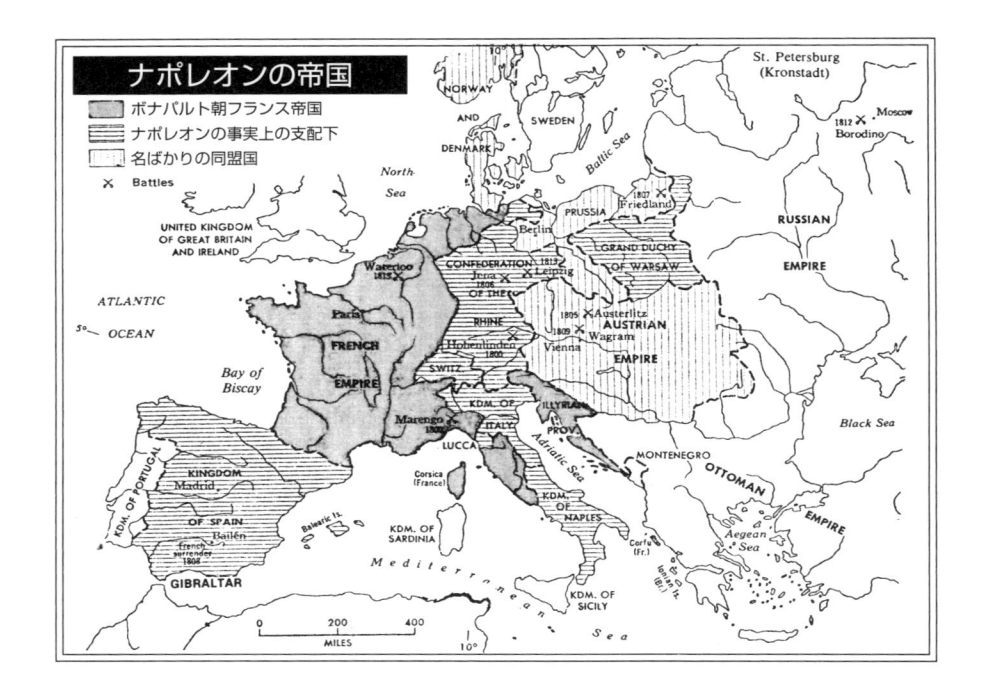

1807年から1809年

　アメリカの船がイギリスと、あるいはイギリスのために貿易をしない限り、ナポレオンはアメリカを中立国とみなしていた。そしてアメリカは、フランスとイギリスの戦争には中立の立場を取っていた。しかし、アメリカの下院議会は、1806年にイギリス製品の輸入拒否法を制定した。つまり、アメリカ国内で生産されるイギリス製品は、それが他国でも生産可能であれば、アメリカ国内での生産を禁止するというものである。また、アメリカ下院議会は1807年に貨物積み込み禁止令を発動した。すなわち、アメリカの貨物船による、ヨーロッパとの商取引を一切禁止するものであった。このような法律は、ヨーロッパよりもアメリカに大打撃を与えた。しかし、アメリカ北部の商人は多くの場合、この法律を無視した。

1807年から1814年

　ティルジットの和約がロシアとイギリスとの貿易を断ち切ると、イギリスは中立国や航路帯（海上交通路）を認めない旨、各国に通達した。つまり、ナポレオンや「大陸封鎖令」の同盟国と取引した船舶は全てイギリスの敵であり、封鎖令の対象となった。このような経緯で、イギリスはアメリカの船や貨物を押収し、アメリカ人の船員を船主の出費によって、アメリカに強制送還した。イギリスは、一部のアメリカ人船員を、イギリス海軍で働くために「勧誘」した。しかし、イギリスは、イギリス系のアメリカ人の

みを「勧誘」したことを認めた……そして船主が送還費用を払わない場合にも、アメリカ人船員を「勧誘」したことを認めたのである。

1807年から1810年

　秘密裏に、イギリスはアメリカの貿易船に対して、「特別な便宜」を計った。実際には、これは一種の脅迫だった……徹底した検査において、乗船し、貨物やアメリカの船舶を没収し、イギリスの港まで運んだ。「特別な便宜」とは、船や貨物を永遠に押収される代わりに、ロシアに行って、イギリスのために大麻草を買いつけてくれば、アメリカの貿易商は報奨として、航海の前と帰還後に金を貰えるというものであった。同時に、アメリカ人は、押収されなかった貨物（ラム酒、砂糖、香辛料、木綿、コーヒー、タバコ）をロシアの皇帝と取引し、これらの品々を大麻草と交換することによって二重の利益を得ることになった。

1808年から1810年

　敏腕のアメリカ人貿易商は、イギリスによる封鎖令に直面し……船や貨物や船員を没収されそうな事態になった時……多くの場合、イギリスの秘密の使者として、安全や利益の保障された「特別な便宜」を利用した。ロシアのサンクトペテルブルク駐留大使のジョン・クィンシー・アダムス（後のアメリカ大統領）は1809年に次のように書き記した。

　「600ものアメリカの国旗を掲げた快速帆船が、2週間に及び、クロンシュタット（サンクトペテルブルク：旧ソ連のレニングラードの港）に係留された」アメリカの船の積み荷は、そのほとんどがイギリスのための（非合法な）大麻草で、高品質なロシア産の大麻草は、需要の高まっていたアメリカにも持ち込まれた。
（ベミス『ジョン・Q・アダムスとアメリカ外交政策』、アルフレッド・A・ノッフ、1949年）

　アメリカは1809年に貿易禁止条約を制定し、ヨーロッパ諸国との貿易を再開する一方で、イギリスやフランスとの貿易は禁止された。貿易禁止条約はすぐにメイコン法案に取って代わられ、全ての国との貿易が再開された。

1808年から1810年

　ナポレオンはツァール（ロシア皇帝）アレキサンドルに対し、アメリカの貿易商との取引を止めるように申し入れた。なぜなら、アメリカの貿易商がイギリスに強要され、非合法な大麻草取引に応じていたからである。ナポレオンはツァールに対して、クロンシュタットにフランス兵を配備させるよう、申し入れた。ツァールや港湾関係者にティルジットの和約の条項を守らせるためである。

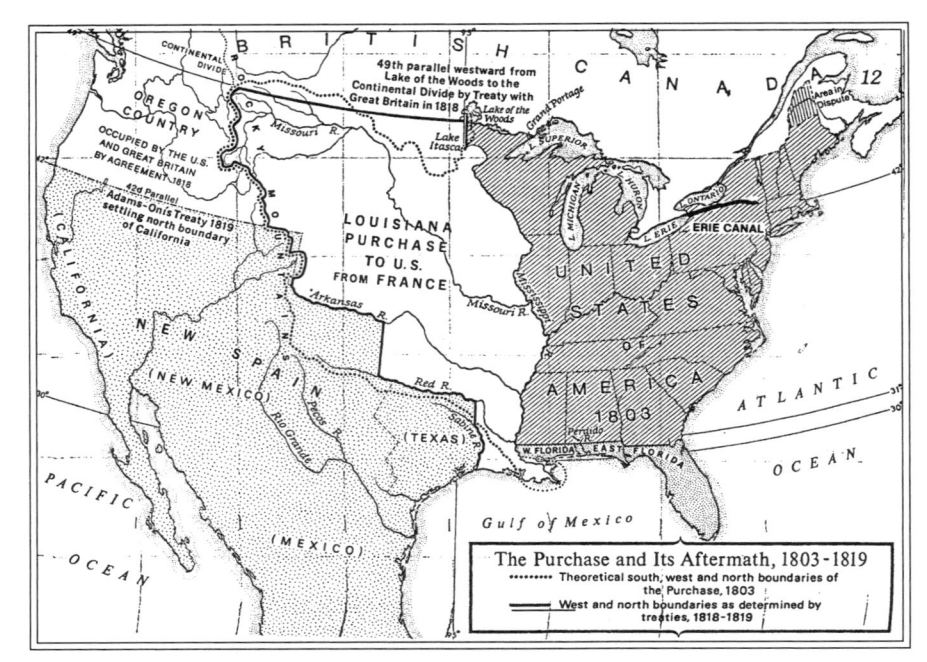

ルイジアナ買収の頃の北アメリカ大陸。

1808 年から 1810 年

ツァールはフランスとの条約があるにもかかわらず、それには「ニェット！（いいえ！）」と応え、アメリカの貿易商に対しては、見て見ぬふりをした。恐らく、その理由としては、アメリカ人貿易商のもたらす、人気の高い、高利益の商取引が、ツァールやロシア貴族たちを潤わせたから……そして、イギリスのための大麻草の非合法な闇商取引が大量の金をもたらしたからである。

1809 年

ナポレオンの同盟国がワルシャワ公国に侵攻した。

1810 年

ナポレオンはツァールに対し、アメリカとの商取引を全て停止するように命令した！
これに対し、ツァールはティルジットの和約の条文から、ロシアと、中立国であるアメリカ船との商取引停止の条項を削除した。

1810 年から 1812 年

ナポレオンは、ツァールがイギリス海軍に大麻草が届くのを黙認したことに怒りをあ

らわにし、大軍隊を結成し、2000マイル（約3200キロメートル）も隔てたロシアへ侵攻した。その目的は、ツァールを罰すると共に、究極的には大麻草がイギリス海軍へ届かないようにするためであった。

1811年から1812年

ロシアと再び同盟関係を結び、ロシアとの貿易国となったイギリスは、未だアメリカの船がヨーロッパ諸国と商取引を行うのを禁止していた。イギリスは、アメリカの貿易船をバルト海に封じ込め、ロシアとの商取引を妨害し、秘密裏に戦略的な産業品を（主に地中海の港で）調達することを強要した。イギリスは、資金繰りに苦慮していたナポレオンや、その大陸の同盟国から様々な品物を仕入れるように仕向けた。

1812年

ロシアからの大麻草の供給の80%を断ち切られたアメリカは、議会において、戦争に突入するか否かを巡って議論した。[★1]皮肉なことに戦争を奨励したのは、アメリカ人船員がイギリス海軍に「勧誘」されたことに怒った、アメリカ西部の州出身の議員たちであった。しかしながら、海と隣接する州出身の議員たちは、貿易赤字を恐れたのか、戦争に反対の立場をとったものの、苦難に苛まれていたとされていたのは他でもない、これらの州の船や船員であった。海と隣接する州の上院議員はことごとくイギリスとの戦争に反対票を投じたものの、西部のほとんどの州の上院議員は戦争に賛成票を投じ、カナダをイギリスから取り上げるという「明白な運命」を夢想した。これは、イギリスはヨーロッパでナポレオンとの戦いで忙しく、カナダを防衛する気力はないだろうという間違った意見に基づいた考え方であった。面白いことに、大麻草貿易に支障をきたすであろうと思われる戦争に賛成したケンタッキー州は、州内での大麻草産業をにわかに活性化させた。1812年当時、ケンタッキー州（南部）からアメリカ東海岸まで大麻草を陸路で運搬するには、アメリカの船がロシアから大麻草を運ぶのと比較して、3倍の時間と費用がかかった（エリー運河が人工水路として完成した1825年には、運搬時間をなんと90%も短縮した）。議会で西部の州が勝ち、1812年の6月18日、アメリカはイギリスとの戦争に突入した。アメリカはナポレオン側につき、戦争に加担した。ナポレオンは1812年の6月にモスクワへ侵攻した。ナポレオンはすぐにロシアの冬の極寒と焦土作戦に屈し、大敗した……本国より2000マイルも離れた、雪と泥にまみれた場所で、物資の補給もままならなかった。そしてナポレオンが負けたもうひとつの理由は、ナポレオンが元来の計画のように、冬に撤退し、春に軍を再結成してモスクワを攻めるという戦略から逸脱したからであった。ナポレオンの45万から60万の軍隊は、最終的には18万しか生き残らなかった。

1812年から1814年

初めのうち、アメリカとの戦争で成功していたイギリスは、アメリカによるトロント

（カナダ植民地の首都）の焼き討ちへの報復に、ワシントンを焼き討ちにした。しかし、やがて深刻な軍資金不足に陥った……これは大陸封鎖令や、スペインにおけるフランスとの戦争、そしてアメリカ海軍の隆盛によるものだった。イギリスは和平に合意し、1814年12月にアメリカと終戦条約を結んだ。条約の内容は、どちら側にも大幅に譲歩しないものであった。結果として、イギリスは二度とアメリカの貿易には干渉しないと合意した。

そしてアメリカは、カナダへの介入は永遠にしない旨、約束した（そしてその約束は「オレゴン／カナダ境界紛争」まで守られた）。

1813年から1814年
イギリスはナポレオンをスペインで破り、エルバ島へ流刑にしたが、ナポレオンは脱獄し100日間、帝位に返り咲いた。

1815年
イギリスはナポレオンとのワーテルローの戦い（6月18日）で勝った。ナポレオンは今度はセント・ヘレナ流刑地（南極大陸沖）へと送られ、1821年に死亡した。ナポレオンの髪の毛や陰部は、土産物として人々に売られた。

1815年1月
イギリスにとって悲劇的なことには、イギリスとアメリカによる、ベルギーでのヘント平和条約が署名された、1814年12月24日の2週間後、アンドリュー・ジャクソン大統領はニューオリンズ（1815年1月8日）でイギリス軍の猛勢猛攻に遭ったものの、これを殲滅した。通信網の発達していなかった時代に、条約を結んだというニュースは、ゆっくりと大西洋の向う側へと届いた。

20世紀
アメリカ、イギリス、フランス、カナダやロシアの学校では、それぞれが内容の全く違う歴史を子どもたちに教えており、この戦争と大麻草の関係にはほとんど触れていない（歴史上、アメリカでもこの戦争に関する正しい教育がなされたことはない）。

●─筆者注釈：
　この歴史概観を書くにあたって、あえて1812年戦争からいくつかの事実を端折ったことを、全ての歴史好きの人にお詫びする（例えば、ロスチャイルド家の関わり、イルミナティの関与、株式操作など）。私にはトルストイの『戦争と平和』を執筆するつもりはなかった。それは既に書かれているからである。
　私の意図は、子どもたちが事実に基づいた、広範囲にわたる歴史教育を学校で受けることにある……1812年の戦争を様々な事実から隠蔽した、気の抜けたナンセンスではなく……また、この戦争が、理解不可能で、なんの理由も根拠もなく起きたと思って欲しくなかったのである。しかし、これはちっとも不思議なことではない。アメリカの教師たちでさえ、ほとんどの場合、なぜこの戦争が勃発したのか、皆目見当がついていない。もし、知っているとすれば……あるいは最近これらの事実を発見したとしても……それを学校で教えるにはあまりに恐怖に煽られている。
　1806年には、アメリカ海軍のコンスティチューション号（帆走フリゲート艦）、愛称「オールド・アイアンサイズ」

を造船するのに5万ドルの費用がかかり、その帆やロープには40万ドルの費用がかかった。帆やロープは2年に1回ほど交換しなければならなかった。1850年のペンシルバニア州ランカスター市では、幌のついていないカリストガ型の馬車を作るのに50ドルかかった。大麻草製のキャンバスで幌をつけるには、400ドルかかった。

◉―脚注：
★1―アルフレッド・W・クロズビー・Jr.氏の『アメリカ、ロシア、大麻草とナポレオン』、オハイオ州立大学出版、1965年
　この状況は、1898年の米西戦争による、フィリピンの争奪に伴い、低賃金未熟練労働力を駆使してマニラ麻（アバカ麻）を確保するに至り、少しは上向きになった。

本章で述べられている、歴史概観の主題については、1965年のアルフレッド・W・クロズビー・Jr.の『アメリカ、ロシア、大麻草とナポレオン』を参照。下記は第2章からの引用である。

2章 大麻草と亜麻と鋼鉄：アメリカの見解

アメリカ人が欲していた、ロシア製品……大麻草、リネン、そして鋼鉄は、平凡な品物ではあるものの、アメリカにとって、絶対の必需品だった。ロシアからの何千トンもの物資や産業品なくしては、アメリカの艦隊は成り立たなかった。19世紀の半ばまでは、アメリカにおける数マイル以上の物資輸送と、海洋物資輸送のほとんどは、帆走船によるものだった。ジョージア州サヴァンナ市の波止場から、マサチューセッツ州の紡錘工場まで木綿が運ばれ、フィールディング（18世紀のイギリスの劇作家、小説家）やシャトーブリアン（19世紀初頭のフランスの高名な政治家で作家）は、ヨーロッパの圧迫から逃れるために、帆走船によって、メリーランド州ボルティモア市のパーラー（軽食喫茶室）へと移動した。アメリカの帆走船は、アメリカの目と耳の役割を担うようになった。

アメリカの建国当初には、大麻草の需要の50分の1しか国内で賄うことができず、また亜麻や鋼鉄の需要も賄うことができなかった。ロシア産の大麻草の大綱やロープがなければ、そして亜麻の帆や、鋼鉄製の備品や留め具がなかったとしたら、アメリカの帆走船は材木でできた、動かない、ゴミの山と化していたことであろう。

例えば、44の大砲を持つフリゲート艦、「コンスティチューション号」級の帆船の存在は、現在でもよく知られている所である。「コンスティチューション号」は二つの帆がひとそろいになっており、それを広げると、約3分の2エーカー（約0.26ヘクタール）にもなった。完全装備の船には、100トンもの大麻草ロープが積み込まれた。鋼鉄の用途は？ 碇や大砲、マスケット銃、その他の武器類を除外すれば、「コンスティチューション号」級の船は、75トンの鋼鉄を必要とした。

その重要性は兎も角、平凡で普通の生活を営む上で必要な、ロシア産の高品質のリネン生地が毎年数千メートル弱も、アメリカの港湾で取引きされた。アメリカ南部やイギリス中央部が、大麻草の代わりに、木綿の栽培を世界に奨励していた頃、ロシア産のリネン……水夫のズボンに再利用される、高級な粗目の帆から、銀の食器類に彩られたテーブルのある、豪商の子どもが使うデリケートなオムツまで……がアメリカの港で一般的に取引きされた生地である。

大麻草と亜麻は世界各国で栽培されたが、ロシアが双方において世界一の生産量を誇った。品質に関して言えば、水夫や船員にとって、ロシア産の大麻草に適うものはなかった……そして例えばシレジア麻（ポーランド領産）が工芸品としてロシア産のそれよりも美しく高級とされていたものの、万人に共通した意見では、ロシア産の大麻草に匹敵し、同等の強度を持つ亜麻は存在しなかった。更に、リネン工芸品の中にはロシア国外で生産されたものも存在したかもしれないが、だからと言って、モスクワの寒風の中で亜麻が青い花を咲かせなかった訳ではない。ロシアの亜麻の生原料の輸出は、ヨーロッパのいくつかの国家のリネン産業を支えた。

第11章　大麻草を巡る戦争

アーサー・ラッカムの挿絵『不思議の国のアリス』より。1907年。

第12章

19世紀の画期的な発見

　1839年までには、繊維や紙、海事物資、ランプ油、食物などといった大麻草製品がアメリカで最大規模の農作物や産業として発展した。そして世界中の至る所で、大麻草が医薬品として何百もの用途（東洋や中東では何千年にもわたって知られていた）に使用されてきた。大麻草の医薬品としての用途は、西ヨーロッパやアメリカではあまり知られていなかった。もちろん、これは中世のカトリック教会の抑圧的な政策によるものである。

　しかし、19世紀には、大麻草由来の医薬品（1863年以前は、大麻草はアメリカで一番の売れ行きの医薬品だった）の劇的な再発見がなされた。大麻草は、画期的な注射器の発明に伴う、モルヒネの爆発的な人気によって、それに取って代わられたが、それでも大麻草は健康的な万能薬や、特許取得済みの医薬品として、それまでは大人気を博していた。トルコの豪華な大麻草喫煙パーラーは世界文学にも多大なる影響を与えた。大麻草は1901年のアスピリンの登場まで、2番目に人気のある医薬品であった。

19世紀アメリカにおける医療マリファナ

　アメリカ薬局方によると、1850年から1937年までの間、大麻草は100種類以上もの疾患に効く主要な医薬品として使用された。この期間（1940年代まで）、科学者や医師、製薬会社（イーライ・リリー社、パーク・デイヴィス社、スクイブ社など）は、大麻草の有効成分を特定するには至らなかった。しかし1842年から1890年代まで、マリファナは「カンナビス・インディカ」や、「インド大麻草」抽出液という名で一般に知られ、アルコールや阿片に次ぐ特許品として、あるいは処方薬として利用された（通常は、経口投与による大量摂取がなされた※）。

※―1983年のアメリカ政府の指針によると、19世紀の幼児や子ども、大人、出産間際の妊婦そして高齢者は、多くの場合、1日で、現代のアメリカ人の中程度から大量の大麻草喫煙者の1ヶ月から2ヶ月分に相当する大麻草抽出液を服用していた。

　暴力はアルコール使用と結びつけられた。モルヒネ中毒は「兵士の病」として知られていた。従って、この時代には大麻草は人気を博し、アルコールや麻薬依存の治療にも推奨された。しかし、大麻草由来の医薬品は、西洋では、異端者弾圧の頃からほとんど忘却されていた（第10章参照）。それは、インドのベンガル地方※で医師として働いていた、30歳のW・B・オショーネッシーが、西洋では治療不可能な破傷風や様々な疾病に大麻

草抽出液が有効である事を、インドの医師から学ぶまで続いた。

※―「ベンガル」という地名は、「バーング・ランド」、つまり「大麻草の地方」という意味である。

オショーネッシーは、1839年に（西洋で初めての）大麻草の学術的大研究※を行い、40ページに及ぶ、大麻草由来の医薬品の使用に関する文献を出版した。同時期に、フランスのロシェという医者も、中東医学における大麻草の医薬的用途に関する同様の再発見をした。

ハシシ・キャンディー
アラビア産「ガンジャ」を配合した神秘的な菓子は、悦楽と高揚感を促す無害なキャンディーです。虚弱体質や神経質、憂鬱などに効能があります。エネルギーと生命力でみなぎるハシシ・キャンディーは精神と身体に作用します。類似品には要注意。1箱1ドル。
輸入元：ガンジャ・ワラー・カンパニー

※―オショーネッシーは、患者や動物、そして自分自身を研究や実験の対象とした。更に付け加えると、オショーネッシーは後に大富豪となり、1850年代にインドで最初の電信網を開発した功績が認められ、ヴィクトリア女王より爵位を授かった。

　オショーネッシーの大麻草抽出液に関する研究文献は、西洋の医学会を震撼させた。たったの3年程で、大麻草はアメリカやヨーロッパの「スーパー・スター」となった。大麻草初心者や、大麻草の使用、処方、実験を行う医師によって書かれた文献には、大麻草に関する率直な感想が述べられ、それは多くの場合、多幸感を、時に不快感をもたらし、子どもや大人の精神や時間を拡張する特性があり、愉快感や食欲増進をもたらすことが記された。これは初心者にとりわけ顕著な傾向であった。興味深い事に、この時期（1840年代から1930年代まで）、イーライ・リリー社、スクイブ社、パーク・デイヴィス社、スミス・ブラザース社、ティルデンス社その他は、大麻草由来の医薬品の短い貯蔵期限を引き延ばす術を持たず、また服用量を定めるのに苦労していた。

　前にも述べた通り、マリファナ医薬品は19世紀のアメリカ人（プロテスタントの神学者も含む）によって大いにもてはやされ、例えば1860年には、オハイオ州立医学会のカンナビス・インディカ委員会は次の通り研究結果を報告した。「権威ある聖書学者」が信ずる所によると、「処刑の直前にキリストに捧げられた、胆汁や酢、ミルラ（没薬）のワインは、当然のことながら、調合されたインド大麻草のことであり、これはそれ以前の産科学にも使われた形跡がある」※

※―本文は1860年6月12日から6月14日まで、オハイオ州のホワイト・ソルファー・スプリングスで行われた、オハイオ州立医学会の15周年の筆記録からの転載である（75頁から100頁）。

　大麻草の治療薬がアメリカで使用されなくなった背景には、服用量の規定ができな

かったことがあげられる。アメリカが大麻取締法を発動した、1937年の27年後の1964年には、テル・アビブ大学のラファエル・メコーラム博士が、大麻草の有効成分のひとつとして、THC Δ分子を特定した。また、19世紀後半の医師たちは、その頃新登場した注射器で、大麻草由来の医薬品を患者の静脈に直接投与する術を知らなかった……現在でも、このような技術は開発されていない。

1890年代までは、アメリカで人気の高かった結婚相談所（マリッジ・カウンセラー）は、大麻草を媚薬として勧めた……そして大麻草の禁止を持ちだす者は皆無であった。やがて発効するであろう禁酒法の噂が広まった頃、禁酒法の制定を目指す女性団体は、「ハシシ」（大麻樹脂）を「悪魔」のアルコール（家庭内暴力の元凶とされていた）の代用品として提案した。

19世紀の文芸作家に多大なる影響を与えた大麻草

1800年の初頭以降、個人の自由や人間の尊厳を訴えた、ロマンチックで革命的な、世界に名だたる文芸作家は、大麻草の使用を礼賛した。現在では、これらの作品は学校で「伝統文学」として教えられている。ヴィクトル・ユーゴー『レ・ミゼラブル』1862

オープンしたばかりのトルコ風ハシシ喫煙パーラーの風景。『ニューヨーク・ヘラルド』、1895年4月28日

第12章　19世紀の画期的な発見

年、『ノートルダムのせむし男』1831 年、アレキサンドル・デュマ『モンテ・クリスト伯』1844 年、『三銃士』1844 年、コレリッジ、ゴーティエ、ド・クインシー、バルザック、ボードレール、ジョン・グリーンリーフ・ホウィッティアー（バーバラ・フリッチー）、その他。

大麻草と幻覚性キノコの幻想的世界が 1865 年のルイス・キャロルの『不思議の国のアリス』や、1872 年の『鏡の国のアリス』に多大な影響を与えた。1860 年代初頭、『トム・ソーヤーの冒険』で有名なマーク・トウェインの親友にしてうら若き師匠の大麻草推進論者、フィッツ・ヒュー・ラドローは 1857 年に『ハシシを食す』を発表した。ラドローはハシシ喫食が精神世界の旅であると論じたが、ハシシを含むあらゆるドラッグの大量摂取には警鐘を鳴らした。

精神薬理学という科学は、1845 年頃、フランスの J・J・モロー・ドトール博士の功績により一般化し、大麻草は精神異常者やうつ病患者を治療するために、初めて使われた医薬品のひとつとなった。

モローは作家のアレキサンドル・デュマやヴィクトル・ユーゴー、テオフィル・ゴーティエと親友で、1845 年には、これらの有名作家と共に、西洋世界で初の大麻草クラブを、パリにて創設した。クラブの名前は、「ラ・クラブ・ド・ハシシン」（ハシシ・クラブ）というものであった。

カエデ糖ハシシ・キャンディー

1860 年代には、ガンジャ・ワラー・カンパニー社がカエデ糖ハシシ・キャンディーを開発し、それは一躍アメリカで最も人気のある菓子のひとつとなった。40 年間、このキャンディーは処方箋なしで買うことができ、新聞でも広告された。またシアーズ・ローバック社（シアーズ・デパート）のカタログでも、無害で美味しく、楽しいキャンディーとして宣伝されていた。

トルコのハシシ喫煙パーラー

1860 年代から 1900 年代の初頭まで、万国博覧会や国際エキスポの類が開催され、そこでの呼び物として、人気の高いトルコのハシシ喫煙所が展示された。ハシシ（大麻樹脂）の喫煙習慣はアメリカ人にとって目新しいものであった。ハシシは経口摂取の大麻草と比較して、即効性があった。しかし、ハシシの喫煙は、子どもにも広く処方される、経口摂取の大麻草抽出液と比べて、3 分の 1 の強力さと持続性しかなかった。1876 年にアメリカの独立 100 周年記念に合わせて開催されたフィラデルフィア市の大国際博覧会では、参加者の多くは友人や家族と連れ立って、非常に人気の高かった、トルコのハシシ喫煙所の展示会場へと向かった。参加者はハシシを吸うことによって、博覧会での体

験を「高揚」させた。1883年までには、このようなハシシ喫煙所がアメリカのあちこちの主要都市で合法的に新設された（ニューヨーク市、ボストン市、フィラデルフィア市、シカゴ市、セント・ルイス市、ニューオリンズ市など）。警察官報の推測によると、1880年代のニューヨーク市には500軒以上ものハシシ喫煙パーラーが存在し、そして1920年代のニューヨーク市警の計算によると、未だ500軒以上ものハシシ喫煙パーラーが存在していた。これは1920年代の禁酒法時代の「もぐり酒場」や酒類密売所の数をもしのぐものであった。

アップルパイと同じくらいアメリカ的

20世紀初頭には、アメリカには既にほぼ4世代にわたる大麻草利用者がいた。アメリカのほとんどの市民は幼少より、大麻草抽出液のもたらす「酩酊状態」と馴染んでいた……なおかつ、60年もの間、医師たちはそれを常習性や反社会性、暴力性と結びつけて考えてはいなかった。これはひとつの重大な疑問に繋がる。大麻草が健康被害や反社会性をもたらさないのならば、それはなぜ、後のアメリカで禁止されたのであろうか？

そしてなぜにアメリカは他の国々にも大麻取締法を押し付けたのであろうか？

ネガティヴ・キャンペーン

どのような社会的勢力や、政治的な要因が働いて、アメリカ人が単なる無垢な植物を忌み嫌うようになったのであろうか？　そしてなぜ、多数の人間に人生を満喫させてくれる植物が禁止されるに至ったのであろうか？　最初のアメリカ連邦法による、大麻取締法が1937年に制定された経緯は、本書で既に述べた通り、ウイリアム・ランドルフ・ハーストによる虚言の数々と、「黄色いジャーナリズム」、そして差別的で扇動的な新聞記事の妄言によるもので、それらはやがてハリー・アンスリンガーによって下院議会で事実として証言された。

では、なにがハーストを反マリファナ・キャンペーンや、差別的な恐怖に駆り立てたのであろうか？　どんな情報、もしくは無知が、70年前から現在に至るまで、アメリカ人を留置所や拘置所、刑務所に通算1600万年も収監させることを正当化しているのであろうか？（2005年の段階で、786,545人が大麻草で逮捕されている……これは1990年の約2倍の数である）一体なにがこのような事態を招いたのであろうか？

最初のきっかけは、無知による恐怖を煽るため、誰も聞いたことのない言葉を持ち出したことによる。つまり「マリファナ」という言葉である。次なるきっかけは、舞台裏の工作により、大麻草を擁護する立場にいる、医師や科学者や大麻草産業関係者を騙すことにあった。これは大麻取締法の審理や聴聞会を秘密裏に行うことによって成し遂げられた。そして最後に、大麻取締法の制定者は、人間の原始的な感情に訴え、既に社会を広く毒していた、ある種の憎悪を利用した。人種差別主義のことである。

アル・ジョンソンやエディー・キャンターといった白人芸人が顔を黒く化粧し、黒人侮蔑を披露する一方で、皮肉にもバート・ウイリアムスなどの黒人芸人たちも舞台に上がるためにこのような「ブラック・フェイス」を強いられた。

第13章

偏見と憎悪

　奴隷制度の廃止以降、アメリカの人種差別や、偏見に根ざした憎悪は、あからさまなものから変貌することを余儀なくされた。大麻取締法は、このような制度化した、民族的少数派への非寛容性を如実にあらわし、人種偏見がレトリックや法律に組み込まれ、全く別種の目的をもっていることの証左に他ならない。

アメリカで大麻草を喫煙するということ

　西洋で最初に※大麻草の花冠（花穂）を喫煙したのは、恐らくは1870年代の西インド諸島（ジャマイカ、バハマ、バルバドス等）の人々だと言われている。安い労働力として、イギリス統治時代には、インドの大麻草を持参したヒンズー教徒もアメリカにやってきた。1886年までには、当地で貿易をしていたメキシコ人や、黒人の船員や水夫が、大麻草喫煙習慣を西インド諸島やメキシコ界隈に持ち込んだ。

※一最初に（西洋で）大麻草の花穂を「喫煙」した人々については、諸説ある。例えば、アメリカやブラジルの奴隷、アメリカ先住民のショーニー族などが大麻草を喫煙していたという話があり、それはそれで魅惑的な情報であるが、いずれにしても、これらは今になって確認できる事柄ではない。

　大麻草喫煙習慣は、西インド諸島におけるサトウキビ畑での過酷な労働や灼熱に耐えるためや、アルコールのように二日酔いを心配することなく、夜にリラックスするために広まった。「ニグロ（黒人の蔑称）、メキシカン、そして芸人」による、ジャズやスイングといった音楽は、マリファナの副産物であると（白人によって）宣言された。19世紀に大麻草が幅広く使用された西インド諸島やメキシコのカリブ海での状況を鑑みると……アメリカで最初に記録された大麻草の喫煙が、1903年にテキサス州ブラウンズヴィル市でのメキシコ人によるものだったことも頷ける。これは同年にアメリカで最初の大麻取締法に繋がったが、この法律は、ブラウンズヴィル市のメキシコ人にのみ適用された。

　「ガンジャ（大麻草）」の使用は1909年にもニューオリンズ市の港で報告された。主に黒人船員によって独占された、同市のストーリーヴィル地区（赤線地区でジャズ音楽の中心地）でのことであった。ストーリーヴィル地区はキャバレーや売春宿、音楽、そしてそれらと共に、世界中の赤線地区に共通する装飾品で彩られていた。島々からやってきた船員たちは、余暇をそこで過ごし、マリファナの喫煙習慣を持ち込んだ。

茶番劇──黒人による屈辱的な扮装

　ニューオリンズ市の公安委員長は、「マリファナは、これまでニューオリンズを襲った、もっとも激しく恐ろしい最悪の麻薬である」と書き記し、1910 年には、ストーリーヴィル地区における大麻草使用者は 200 人に上ると報告した。ニューオリンズ市の検察官や公安委員長、新聞各社は、1910 年から 1930 年代まで、マリファナによる酩酊が「ダーキー（黒ん坊）」が「白人男性」と同じ権利を持つ人間であると信じさせるに至った元凶とした。事実、マリファナは、黒人芸人による「ブラック・フェイス」（黒人の滑稽な扮装※）を阻止する根拠として、取り沙汰された。そして黒人の大麻草喫煙による、笑いが止まらないという現象は、黒人が白人に道を譲ることを強要されたり、路面電車の後方部に座れと命令された時などにも問題視された。

※──その通りである。あなたの目は節穴ではない。あまりに奇抜で、急展開を見せた、「ジム・クロー法案」（人種隔離法案）の台頭により、「黒人」のアメリカの州は、アメリカ最南部地方の州（そして北部や西部の一部の州）では、舞台に立つことが許されなかった。1920 年代を通じて、黒人芸人は、黒人を小馬鹿にした扮装を強いられた……（ちょうど白人のアル・ジョルソンが、彼の代表作であるジョージ・ガーシュイン作の『スワニー』を、黒人に扮して歌った時のように）。そして、このような扮装は元々、白人芸人が有色人種を馬鹿にするために、顔に黒色のメーキャップを施しては、黒人を愚弄した物真似に興じることにはじまった。「ジム・クロー法案」の有色人種を差別する政策により、黒人は舞台に立つことを一切禁じられていたが、黒人に扮した白人を演じる為、黒色のメーキャップをすれば、才能ある黒人は、「特別に」舞台裏からステージに登場することが許された。

ジャズについて……

　ニューオリンズ市では、（大麻草を喫煙すると噂された）黒人ミュージシャンへの懸念が高まった。白人支配層は、黒人による新しい「ブードゥー音楽」が、白人女性を堕落させ、調子に合わせて足踏みさせ、究極的には、白人による束縛から逃れるのが黒人の目的であるとの恐怖心を植え付けた。今日では、この新しい音楽を……ジャズと呼んでいる！　黒人たちは、ニューオリンズの白人による「ブードゥー音楽」への恐怖を巧妙に利用し、白人を自分たちの人生に介入させないようにした。ジャズの誕生の地はニューオリンズ市のストーリーヴィル地区であると一般的に信じられている。そこは数々のジャズの先駆者を生んだ。バディー・ボーラー、バック・ジョンソンなど（1909 年から 1917 年）のことである。ジャズの巨匠、ルイ・アームストロング※もストーリーヴィル地区の出身である（1900 年）。

※──1930 年、ルイ・アームストロングが『マグルス（大麻草）』を録音した翌年、彼はマリファナ煙草の所持により逮捕され、10 日間をロサンゼルスの拘置所で過ごし、カリフォルニア州から出て行くことと、2 年間はカリフォルニア州へ戻らないことを約束させられた。

　マリファナの影響下にあったメキシコ人たちは、人道的な待遇を白人に求めるようになる。白人女性たちを凝視することもいとわず、メキシコ人労働者たちが甜菜糖(てんさいとう)を収穫する間、子どもたちに教育を与えるよう、「傲慢」な要請をした。アメリカの新聞、政治家、そして警察機関は、この年月の間（1920 年代まで）、黒人やメキシコ系アメリカ人がパイプやジョイント（マリファナ煙草）にして吸っていた「マリファナ」が、白人

が幼少の頃より経口摂取してきた大麻草抽出液よりも効力の弱いもので、「白人」の豪華絢爛で合法的な「ハシシ・パーラー」で喫煙されていたものと同じものであることを知らなかった。

　白人の差別主義者は、新聞や雑誌に記事を書き、市や州における大麻取締法をこのような(20年に及び積み重ねた)知識なしに、成立させた。その主な理由としては、マリファナが、「ニグロやメキシカン」に敵意のある「傲慢な態度」※を取らせるからであった。

※一敵意のある「傲慢な態度」：1884年から1900年にかけて、3500人に及ぶアフリカ系アメリカ人がリンチ（私刑）に処され、殺されたことが記録されている。1900年から1917年には1100人の黒人へのリンチが記録された。しかし、実際のリンチの数は間違いなく、もっと多かったことだろう。概算では、このようなリンチの3分の1は、黒人の「傲慢な態度」によるものであった。つまり、白人女性を2度見ることや、その嫌疑をかけられること、白人の影を踏むこと、3秒以上白人の目を凝視すること……そして路面電車の最後尾に座らないことや、他の「傲慢な態度」（犯罪）がリンチに繋がった。

　白人にとっては、黒人やメキシコ人によるマリファナの喫煙習慣は、白人に「敵意」を抱かせ、「傲慢な態度」を取るように仕向けるものであった。数十万の黒人やメキシコ系アメリカ人は上記のようなふざけた罪状により、10日から10年の刑を宣告され、市や州の「チェーン・ギャング（鎖で繋がれた囚人の労役）」に駆り出された。

　これが「ジム・クロー法案」の全貌で、同法案は1950年代から1960年代へと引き継がれた。マーチン・ルーサー・キング牧師立案の新法案や、NAACP（全米黒人地位向上協会）の登場と、一般大衆の抗議により、アメリカは次第にこの問題に関する改善方法を模索するようになった。黒人芸人による「黒色メーキャップによる扮装」の拒否は、すぐに白人支配層に脅威をもたらしたものの、7年後の1917年にはストーリーヴィル地区は完全に閉鎖された。人種隔離政策の支持者は意気揚々となった。

　極端に神経質な白人男性は、白人女性がストーリーヴィル地区で「ブードゥー」ジャズ音楽に耳を傾けたり、マリファナに溺れた「黒人の追随者」に乱暴されることを心配しなくてもよくなり、マリファナで「酩酊状態」になった黒人が、白人に対する敵意のある「傲慢な態度」を示したり、「ジム・クロー法案」を踏みにじり、白人の影を踏んだりすることからも解放された。黒人のミュージシャンたちはその後、音楽とマリファナと共にミシシッピ川経由でメンフィス市、セントルイス市やシカゴ市の大都市に移動したものの、そこでも白人の長たちは、同様の人種差別的理由から、地方独自の大麻取締法を通過させ、「邪悪な音楽」を阻止することによって、白人女性がジャズやマリファナを通して黒人男性の手に落ちないように画策した。

アンスリンガーの黒人やジャズへの憎悪

Testifying in 1954

引退後のハリー・アンスリンガーは世界一の元麻薬取締官として、30年間にわたって収集した文書を、ペンシルヴァニア州ステイト・カレッジ市で、ペンシルヴァニア州立大学に引き渡した。アンスリンガー文書や、ワシントンD.C.のDEA（アメリカ麻薬取締局）図書館に保管されているFBN（旧連邦麻薬取締局）の文書や覚え書きによると、1943年から1948年の間、アンスリンガーはアメリカ中の麻薬取締官に、マリファナ刑事告発書類を用意させ、ほとんどのジャズやスイングのミュージシャンを監視させた。しかし、アンスリンガーは、監視対象者をすぐに逮捕することは控えさせ、ジャズ関係者の全員同時逮捕を目指したのである！

彼の目標と夢は、これらのミュージシャンを一網打尽にすることにあった。アンスリンガーは新聞の一面を飾ることを夢想し、20年来のライバルであった、J・エドガー・フーヴァーFBI長官よりも有名になることに尽力した。アンスリンガーは、ジャズやスイング・ミュージシャンの、「ジャンキー」としての本性が、全米の若者にあらわになることを夢見た。アンスリンガーは、全ての麻薬取締官に、これらの「最低最悪」のアメリカ人やバンド、歌手、そしてコメディアンを監視し、内偵書類を作成することを命じた。セロニアス・モンク、ルイ・アームストロング、レス・ブラウン、カウント・ベイシー、キャブ・キャロウェイ、ジミー・ドーシー、デューク・エリントン、ディジー・ガレスピー、ライオネル・ハンプトン、アンドレ・コステラネッツ。他にも、NBCオーケストラ、ミルトン・バール・ショー、コカ・コーラ提供番組、ジャッキー・グリースンの番組、そしてケイト・スミスの番組などが麻薬取締官の監視の対象となった。これらの人々は現代では音楽的先駆者として、あるいはすこぶる立派なアメリカ人として評価されている。

5年に及ぶ監視の末、内偵書類は膨大な量になった。1943年から1948年まで、連邦麻薬取締官は逮捕時機を見計らっていた。

「小物」ジャズ・ミュージシャンの内偵書類は、次のようなものであった。「被疑者は、XX年生まれの有色人種で、テキサス州カムデン市の出身、身長は5フィート8インチ（約1メートル70センチ）、体重は165ポンド（75キロ）、目と肌と髪は黒色である。被疑者は額の左側に傷を持ち、右腕には短刀の入れ墨と、XXという文字が彫られている。被告人はミュージシャンで、小さな『熱いバンド』にトランペット吹きとして参加している。被告人の口は大きく、唇も厚いので、XXという通称で呼ばれている。被告人は大麻草喫煙者である」

他の内偵書類も似たり寄ったりの内容で、同様に馬鹿げた、人種差別的で反ジャズ的なものばかりだった。

それでは、どうやって、これらのジャズ・ミュージシャンたちは一網打尽を免れたのであろうか？ 実は、アンスリンガーの財務省の上役にして副長官のフォリーが、アンスリンガーのジャズ・ミュージシャンの一斉検挙の協力要請を、「NO！」と突っぱねたからである。アンスリンガーの同僚で、長期に及ぶ盟友のジェームス・マンチ博士*は、1978年に、アンスリンガーの30年代〜50年代のジャズ・ミュージシャンへの憎悪について、ラリー・スローマン著、ボブス・メリル出版の『リーファー・マッドネス』（1979年刊行）のインタヴューにおいて次の通り語った。

※─マンチ博士は、FBN（連邦麻薬取締局）の化学者で、1930年代、1940年代にはマリファナの権威として、連邦政府や報道機関に広くもて囃された。

スローマン：「なぜアンスリンガーは彼等（ジャズやスイング・ミュージシャン）をしつこく標的にしたのだろうか？」
マンチ博士：「FBNやアンスリンガーは、大麻草が時間の感覚を麻痺させることによって音楽

156

[ジャッキー・グリースン 容疑者]

[ルイ・アームストロング 容疑者]

[キャブ・キャロウェイ 容疑者]

[デイジー 容疑者]

[ミルトン・バール 容疑者]

[デューク・エリントン 容疑者]

[ケイト・スミス 容疑者]

[ベイシー 容疑者]

のリズムを狂わせ、ジャズ・ミュージシャンが楽譜通りに演奏しないことを危惧していたと思う」
スローマン：「それの何がいけなかったのだろうか？」
マンチ博士：「音楽家には、楽譜通りに演奏することが求められていた。ところが、大麻草を喫煙した場合、一つ目の音符と二つ目の音符の間に、無数の音符を盛り込むことが可能となった。それがジャズの基本となり、ジャズ・ミュージシャンを形成した。つまり、音楽を『高揚』させ、活性化させることが可能となったのである」
スローマン氏：「これで納得がいった」

第13章　偏見と憎悪

メキシコ系アメリカ人

　1915年には、カリフォルニア州とユタ州が「ジム・クロー」的理由でマリファナを禁止した……これはハーストの新聞社によって指示され、メキシコ系アメリカ人に向けられたものであった。コロラド州が1917年に後に続いた。立法府の議員たちは、パンチョ・ヴィーヤ率いる革命軍が過度にマリファナを好んだことに言及した（これが本当ならば、マリファナは、メキシコ史上、最も抑圧的で邪悪な政権を覆すことに貢献した）。

　コロラド州立法府は、白人支配層の、無知による人種差別的な政策を維持し、民族的な流血や革命、反抗的態度や反体制的機関の設立を避けるために、マリファナを禁止した。

　マリファナ（殺人草）にこじつけて、白人は抑圧的で暴力的な政策を推進した。このような「リーファー（大麻草）・人種差別」は今日でも続いている。1937年にハリー・アンスリンガーは、下院議会に対して、アメリカには5万人から10万人※の大麻喫煙者がおり、そのほとんどが「ニグロやメキシカンや芸人」で、彼等の音楽であるジャズやスイングは、マリファナ使用から派生したものだと証言した。彼は、このような「サタン（悪魔）」の音楽やマリファナは、「白人女性がニグロと肉体関係を結ぶ元凶になる！」とも力説した。

※―もしアンスリンガーが未だ生きており、今日のアメリカにおいて、2600万人の大麻草の日常的使用者がいて、3000万人から4000万人の非日常的使用者がいることを知れば、驚愕したに違いない。そしてマリファナを喫煙したことのない、数千万人のロックンロールやジャズのファンがいることに仰天したことであろう。

今日の南アフリカ

　1911年に、南アフリカ※はニューオリンズ市と同じ理由でマリファナを禁止した。つまり「傲慢」な黒人を懲らしめるためである！　白人支配の南アフリカは、エジプトと共に、大麻草を国際的舞台（国際連盟）で禁止にすべく、先陣を切って反大麻草キャンペーンを繰り広げた。

※―しかしながら、南アフリカは黒人炭鉱作業員による「ダハ（大麻草）」の喫煙を許した。なぜだろうか？　労働力が上がるからである！

　その同年、南アフリカはアメリカ南部の立法議員たちに対して、大麻草を禁止するよう、働きかけた（南アフリカの黒人たちの多くは、「ダハ」を神聖視していた）。当時、アメリカにおける南アフリカの企業の本部は、その多くがニューオリンズ市にあった。

　これらがアメリカで大麻草が禁止されるに至った、人種的、そして（中世カトリック教会による）宗教的理由である。貴方はそれでもアメリカに誇りを持つことができるだろうか？

　1600万年もの年月が、留置所、拘置所、刑務所、仮釈放、保護観察で無駄に消費された。これも一重に、不条理で人種差別的で、多分に経済的な事由を内包する政策のためであった。（第4章参照）

1985年には、アメリカは南アフリカに次いで、世界で2番目に多くの人民を刑務所などに収監した。そして1989年には、アメリカの刑務所人口が南アフリカをしのぎ、1997年になると、南アフリカの収監率の4倍近くに上った。2007年では、220万人が刑務所などに収監されている。H・W・ブッシュ元大統領は、1989年の9月5日、麻薬政策の方針に関する演説において、レーガン時代に既に倍増していた連邦刑務所の人口を、更に倍増させると約束した。そして彼はそれに成功した。1993年には、ビル・クリントン元大統領も1996年までに連邦刑務所の人口をまたまた倍増させると計画した。彼もそれをやり遂げた。1979年に元国連大使のアンドリュー・ヤングは、世界に向かって、アメリカは世界中のどの国よりも多くの政治犯を収容していると発言した（アムネスティー・インターナショナル、ACLUアメリカ自由人権協会）。

人種差別のなごり

　「黒色メーキャップによる扮装」が法律によって1920年代後半に消滅したものの、1960年代に至るまで、黒人の芸能人（例えば、ハリー・ベラフォンテやサミー・デイヴィス・Jr.）は、劇場やバーなどに出入りする際、裏口を使用するように強制された。それも法律によってである！　彼等は主役級の芸能人であったにもかかわらず……ラス・ヴェガス市やマイアミ・ビーチのホテルの部屋を借りることもままならなかった。

　1981年のロナルド・レーガン元大統領の就任式で、俳優のベン・ヴェリーンは、アメリカの世紀の変わり目に活躍した黒人コメディアンの大御所、バート・ウイリアムス（1890年頃から1920年まで）の功績を称えるために、「黒色メーキャップによる扮装」や「ジム・クロー法案」を盛り込んだ話を披露した。しかしながら、バート・ウイリアムスや「黒色メーキャップによる扮装」に触れたヴェリーンの舞台前半は、ABCTVのレーガン支持者によって検閲され、ヴェリーンとの約束は反故にされた。

『ポピュラー・サイエンス』がラテン系麻薬王の正体を暴く
1936年5月

　1930年代の反マリファナ・キャンペーンは熾烈を極めた。下記写真の男性は、カリフォルニア州当局に検挙された無名のメキシコ人マリファナ密輸事犯である。この当時、ニューヨークにはひとりの麻薬取締官しかいなかった。同男性はマリファナ、つまりインド大麻草を密売目的でアメリカに持ち込んだ咎で告発された。

A Mexican peddler arrested by California narcotic inspectors, with a bale of marijuana, or Indian hemp. Cigarettes are made from leaves and flowers

マリファナを喫煙すると噂されていた黒人ミュージシャンたちは、斬新な音楽、つまりジャズを完成させた。ジャズ音楽は「清純」な白人女性たちが足でリズムを刻むほど人気があり、そのため白人支配層に危険視された。

Record labels courtesy of the Michael Kieffer Collection

第 13 章　偏見と憎悪

ルイ・アームストロングの「メズ」への手紙

ジャズ・ミュージシャンの多くは、白人、黒人を問わずマリファナの喫煙者で、その創造性が大麻草に起因すると考えた。1930年代に、白人ミュージシャンのミルトン・「メズ」・メズローは、「スイングの帝王」として知られ、多数のジャズ・ミュージシャンへの大麻草の供給者としても知られていた。詳細については、本ページ左上のメズロー氏の自伝、『リアリー・ザ・ブルース』（1946年、ランダムハウス出版）からの引用を参照。また、アルコール中毒者とマリファナ喫煙者との違いについては、右ページ中央の同書からの引用文を参照。この違いは、現代の合法アルコールと非合法大麻草を比較した時の矛盾点を的確についている。

「大麻草を意味する『ロージーズ』や『ロージーローズ』といった隠語は、一部の人間以外には真意が伝わらないようにするために作られ、そして音楽仲間の内輪では、これらの洒落た隠語を曲に盛り込む事によって、その曲がラジオでかかった場合に、バーベキューでたむろしている仲間たちや、あるいは俺や他の大麻草喫煙者への挨拶の代わりになった。あのメキシコ産のゆったりした葉っぱは、ハーレムに旋風を巻き起こし……全く新しい言語、そして新しい文化をもたらした。『メズ』は、時代に新しい息吹を与えたものの、それは決して俺のせいではない……」

「俺の親友で、素晴らしいミュージシャンのひとりは、俺に詰め寄り、大麻草に関する詳細を聞きだした。まだ俺は大麻草を商売にはしていなかったものの、俺たちはウイスキーと大麻草の違いについて語り合った」

「俺たち大麻草喫煙者については、なんとでも言うがいいだろう」と彼は言い、「古臭い酒飲みたちは、いつも大声を出し、間違ったことを言い、かみさんを殴りつけ、金を使い果たし、翌日には脳みそがハンマーで殴られたようになり、うるさいピアノ曲ががんがん頭の中で鳴り響く……俺たち大麻草喫煙者とアル中と子どもの違いを見極めるがいいさ。奴等はアップタウンまでやってきては、大いに酔っぱらい、そして所構わず、ぶっ倒れる。いい草（大麻草）を吸った奴は、そんな馬鹿なことはしないものさ……」

「俺には、彼が何を言わんとしているかがよく分かった。俺にも同じような考えが、シカゴ市やデトロイト市時代に浮かび、アル中と大麻草喫煙者の違いが明確になった……」

『リアリー・ザ・ブルース』でメズローは自身の人生や音楽、そしてマリファナや阿片を含む麻薬使用について語っており、また交友を深めたジャズの巨匠たちにも触れている。このうちのひとりはルイ・アームストロングだった。メズローへの個人的な手紙のやり取り（左に転載されている書簡は、音楽史専門家のシャーウィン・ダナーの好意によるものである）では、アームストロングがメズローに対して「ロージーローズ」や「楽器編成法」といった隠語を駆使して、大麻草を分けてくれるよう嘆願している。

アメリカ人の多くは誇りを持って、ジャズをアメリカ生まれの芸術だとしているが、そのルーツはアフリカにある。そろそろ、ジャズのもうひとつのルーツがメキシコ原産であるということを認めてもいい頃であろう。

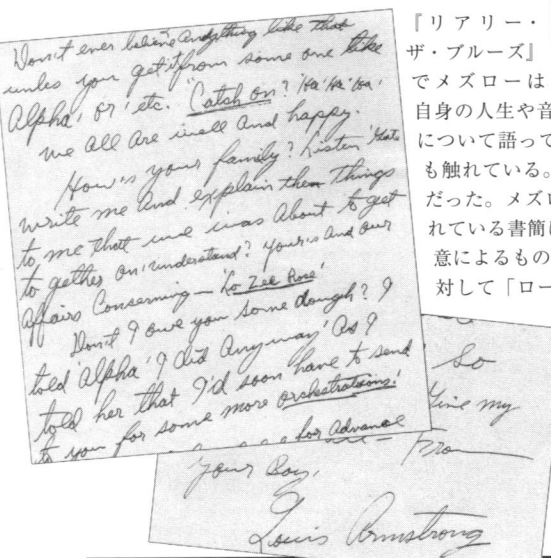

第14章

70年におよぶ抑圧

　1937年：大麻取締法が制定された。推計でたった6万人程度のアメリカ人しか「マリファナ」を喫煙していなかったものの、ハーストやアンスリンガーの情報撹乱キャンペーンによって、国中の人が「マリファナ」について耳にした。
　1945年：『ニューズウィーク』によると、10万人以上のアメリカ人が大麻草を喫煙していた。
　1967年：数百万人のアメリカ人が日常的に、堂々と大麻草の葉や花穂を喫煙していた。
　1977年：1000万人に及ぶアメリカ人が日常的に大麻草を喫煙し、多数の人々が大麻草の自家栽培をしていた。
　2007年：アメリカの人口の3分の1以上の市民が大麻草を一度は経験し、そのうちの10%から20%（2500万人から5000万人）のアメリカ人は、（会社などにおける）尿検査や、厳しい法律にもかかわらず、大麻草を購入したり喫煙したりした。
　歴史的に、アメリカ人は法律同様の伝統により、憲法で定められている諸権利を放棄してこなかった……と同時に、大麻草関連の咎で逮捕され、アメリカ憲法による保護を剥奪された者は、法律の被害者となった。しかも、1989年までは、学校の課外授業に参加したり、最低賃金の職についたりした場合、プライバシーの権利や、自己負罪（自身に不利な証言を拒否する公民権利）、憲法（アメリカ合衆国憲法修正第4条）に定められた臨検、捜索や押収に関する諸権利、推定無罪の原則や、もっとも基本的な権利を放棄することになった。
　1995年にはアメリカ連邦最高裁判所は、これらの個人のプライバシーに関わる諸権利の侵害が、合憲であるとの判断を示した！
　1996年11月、先にも述べた通り、カリフォルニア州は住民発議による、医療大麻に関する新法案を56%の過半数にて通過させた。これにより、州内での医療大麻は合法化された。同年同月、アリゾナ州でも医療大麻の合法化を盛り込んだ新法案が65%の過半数にて可決されたが、カリフォルニアの州法とは違い、アリゾナ立法議会と州知事（既に弾劾された）は、住民発議案に対し拒否権を発動した。アリゾナ州の立法議会や知事が拒否権を発動したのは、なんと90年ぶりのことだった！

米軍と産業

　米軍や多くの民間の工場では、マリファナを吸った者は永久追放される。尿検査の

30日前に大麻草を喫煙した者であろうと、非番の日に大麻草を吸った者であろうと、関係なく処罰される。これらの尿検査は抜き打ちで行われ、多くの場合、アルコールや精神安定剤、覚せい剤や鎮静剤のような作用を及ぼす医薬品（麻薬）は検出されない。しかし、OSHA（国際安全衛生センター）や保険会社の調査資料、AFL-CLO（アメリカ労働総同盟産別会議）によると、工場における麻薬関連とされる事故の90%から95%は、なんとアルコール（!）が原因なのだ。

> 米軍による1950年代や1960年代のメリーランド州のエッジウッド武器庫や他所で行われた数々の実験で、（米軍供給による大量の）大麻草を兵士たちに2年間にわたり与え続けた所、士気の減退や、任務の遂行に支障は見られなかったと報告された。この実験は、アメリカの軍部によって6回も繰り返され、大学機関では数十もの研究がなされ、いずれも同様の研究結果を導きだした（イギリス政府の「インド大麻草」報告書、パナマのサイラー研究、ジャマイカにおける研究その他でも、似たような結果が報告された）。

南アフリカの金鉱やダイヤモンド鉱山の作業員は、労働力を高めるために「ダハ（大麻草）」の使用を許可、あるいは奨励された。
（アメリカ政府報告書、1956年、1958年、1961年、1963年、1968年、1969年、1970年、1976年）

プライバシーは守られるべき権利

NORML、HEMP（共に大麻合法化市民団体）、ACLU（アメリカ自由人権協会）、BACH（大麻合法化団体）や、例えばリバタリアン党（自由主義党）は、軍人や工場で働く者が、職務中に大麻草を吸わない限りにおいて、もしくは仕事の4時間前から6時間前に大麻草を喫煙した場合においては、それは個人の自由だとしている。これはアメリカ連邦政府によるサイラー委員会（1933年）やシェーファー委員会（1972年）の報告書、ニューヨークのラ・ガーディア・レポート（1944年）、カナダ政府の研究（1972年）、アラスカ州立委員会（1989年）、カリフォルニア州法務省の研究諮問委員会（1989年）の報告と一致しており、これらの研究機関は全て、大麻草喫煙に刑事罰則を加える必要はないと結論づけた。

不正確な尿検査

軍隊や工場におけるマリファナ尿検査は、部分的にのみ正確で、マリファナによる酩酊の度合いを計ることはできない。それは、過去30日間のうちに、尿検査対象者が大麻草を喫煙したか、大麻草の周辺にいたか、もしくは大麻の種子油を摂取したか、あるいは大麻草の種子由来の食物を摂取したかを確認するものである。また、これでは尿検

査対象者が、1時間前に大麻草を喫食したか、30日前に大麻草を喫食したかを判断することはできない……この場合、これらの尿検査結果は同じである。つまり「陽性」の反応が出るのだ。

ジョン・P・モーガン博士は、1989年の2月号の『ハイ・タイムス』において、「尿検査は非常に不正確である。検査結果の改ざんや、誤った陽性反応や陰性反応も一般的である。そして尿検査を請け負う業者には、特別に設けられた基準はなく、尿検査は業者の思い通りにされている」と語り、2006年段階でも同様の主張をしている。

1ミリリットルにつき20から50ナノグラム（1グラムの約10億分の1）のTHCカルボン酸（代謝産物）は、陽性や陰性の反応として解釈される……しかし、このような測定基準から導きだされた検査結果は無意味に等しい。未熟で、訓練を受けていない目には、あらゆる陽性反応が警戒心を引き起こす。そしてほとんどの尿検査担当者は、きちんとした訓練を受けておらず、また資格の類も持っていない。それでも、尿検査対象者の雇用や解雇、収監、再検査や、麻薬治療開始の判断は、その場で決定されるのである。

「EMIT（THC代謝産物の尿検査）試験において、試験者（尿検査担当者）が代謝産物の検出可能な限度を下回って解釈するという傾向は、多くの場合、これらの検査結果が報告書として提出、確認されないという事象を生んでいる」とモーガン博士は語った。

1985年には、はじめて、ウィスコンシン州ミルトン市の高校生が、毎週のマリファナ尿検査を命じられた。ミルトン市の「マリファナに反対する家族の会」の類の団体が、このようなマリファナ尿検査を過度に要求する一方で、アルコールや鎮静剤、そして他の危険な麻薬類の検査は実施されなかった。全米の数百に及ぶ地方自治体や高校は、司法による憲法上の判断を仰ぎ、やがてあちこちの学区でもこうしたマリファナ尿検査が実施されるに至った。ミルトン学区における（学校側に有利な）憲法上の判断は、全米の課外授業に参加する高校生に影響を及ぼし、2007年段階でも、このような尿検査の慣習はアメリカ中で引き継がれている。例えば、オレゴン州では高校生の運動選手を対象とした尿検査が、裁判所命令によりすべての課外授業に広がった。ブラスバンド、弁論大会チーム（マリファナの是非を問うこともしばしばあった）には、1996年から医師の推薦により医療大麻が高校生も利用できるカリフォルニア州を除く全ての州で、マリファナ尿検査が実施可能となった。
(NORML報告書／『ハイ・タイムス』／ABC、NBC、CBSニュース／1981年から1998年の『ロサンゼルス・タイムス』／1989年10月23日付『オレゴニアン』)

ラルーシュがロックンロールに宣戦布告

アンスリンガーの激烈なジャズ音楽への非寛容が1930年代や1940年代に終結したと思われる方は、次の事実を考慮に入れるべきである。

全米で4000程もある「マリファナに反対する家族の会」の類の団体のうち、最も主要な組織は、リンドン・ラルーシュ率いる「麻薬戦争委員会」だった。本委員会は、ナンシー・レーガン元大統領夫人や、テレビ伝道師であるジェリー・ファルウエル、ジミー・スワガート、パット・ロバートソン（訳注：後に大麻草の合法化を主張した）の3名やキリスト教右派の活動家たちが支持した。

1981年の1月には、筆者と5人のCMI（カリフォルニア・マリファナ・イニシアティブ：大麻合法化団体）の活動家は、ラルーシュの支持者のふりをして、西海岸で開催された同団体の大会に潜入した。来賓演説者は、元ロサンゼルスの警察長のエド・デイヴィスで、同氏はカリフォルニア州チャッツワース市より選出された、1期目の上院議員だった。

私たちは別々に入場したものの、6週間前に元ビートルズのジョン・レノンを暗殺したマーク・チャップマンを国家的英雄として祭り上げ、恩赦にするために、ロナルド・レーガン新大統領に公開の手紙で直訴した、デトロイトの記者を支持する請願書への署名を持ちかけられた。その手紙には、ジョン・レノンが地球で一番邪悪な男だったことと、独力で「違法麻薬」を推進した男だったということが書かれていた。ロックンロールへの嫌悪は、「麻薬戦争委員会」の全ての出版物における共通項であった。

私たちは、自分たちの正体がばれないように、請願書に署名した（ジョン・レノンよ、許したまえ……）私たちは重要な役目があった。つまり内密の反麻薬取締官としての役割である。私たちは『平和にも機会を与えよう（Give Peace a Chance）』や『イマジン』などの曲を今でもよく覚えている。

請願書に署名した後、「麻薬戦争委員会」の指導者たちは、私たちを部屋の後方へ案内し、これからの10年間に完全なる権力を手中にした際に、目標とする事柄を列挙した。ロサンゼルス市のマリオット・ホテル（ロサンゼルス空港支店）の打ち合わせ室には長テーブルが5つも用意され、そこには数百に及ぶ、バッハやベートーベン、ワグナー、ショパン、チャイコフスキー、モーツァルトその他の録音テープと共に、数十もの原子力発電を推進する出版物が用意されていた。

私たちは、そこで新しい大麻取締法と共に、「麻薬戦争委員会」によって推進される目標を聞かされた。ラジオやテレビ、学校やコンサート会場で、「麻薬戦争委員会」が奨励する音楽以外の、ディスコ音楽やロックンロール、ジャズなどをかけたり演奏したり、またロックンロールのレコードを販売した者は、罪に問われ、刑務所に送られるという計画である。学校の先生、ディスク・ジョッキーやレコード会社の重役なども例外ではない。学校の先生は、学生にそのような音楽を許容した場合、即刻解雇されることになる（『ロサンゼルス・タイムス』、KNBC-TV）。

このことに関して、「麻薬戦争委員会」は大真面目だった。

「麻薬戦争委員会」の機関誌『ウォー・オン・ドラッグス』は、ヘロインやコカインやPCP（強烈な幻覚剤）の危険性を全部合わせても、到底かなわないほどに、マリファナに裏打ちされた

「邪悪な拍子」について多くを語った！

エド・デイヴィスは、「麻薬戦争委員会」の反音楽的信条に心から衝撃を抱き、恥ずべきこととして捉えた。「私には、このような音楽や歌詞を違法化することが可能であるとは思えない……しかし、レーガン新大統領の『法と秩序』を守る政権は、大麻草やその喫煙具を禁止する新たな法律を設け、大麻草が非犯罪化された州で再びマリファナを厳罰化する法案をまとめることであろう。それが全ての出発点である」と語った。

数日後、私はエド・デイヴィスの事務所に電話をかけ、秘書から、デイヴィスが「麻薬戦争委員会」の音楽に対する偏執ぶりには加担しておらず、また来賓として演説したのは、単に「麻薬戦争」という名称に共鳴したからに他ならないという事実を聞き出した。デイヴィスがその日に予測したことは、ほとんどが現実化した。つまりマリファナの影響を受けず、またそれが取り沙汰されない1980年代の社会の実現である。1986年のジェームス・ワットとビーチ・ボーイズの事件を覚えているだろうか？（訳注：当時レーガン大統領の内務長官であったジェームス・ワットが、ビーチ・ボーイズのコンサートは麻薬中毒者やアルコール中毒者といった不穏分子を集客するとして、興行を拒否した事件）

1981年以降、マリファナを擁護したり、マリファナに関する冗談を口にしたテレビ番組はことごとく検閲され、放送禁止になった。

テレビ番組の「バーニー・ミラー」では、フィッシュ刑事（エイブ・ヴィゴダ）が大麻草入りのブラウニー（チョコレート・ケーキのようなもの）を知らずに食べたというエピソードがあった。一瞬みじめそうな顔をしたフィッシュ刑事は、それから嘆息し、「驚くべきことに、今が私の人生で一番幸せな時だ……そしてこれは非合法なものである」との台詞を言った。このエピソードは、放映から外された。コメディアンのサム・キニソン（叫ぶコメディアンとして有名だった）は、1986年にアメリカのNBCの深夜番組、「サタデー・ナイト・ライヴ」において、「コカインはどうぞご自由に……その代わり、私たちには大麻草を吸わせてくれ！」と大声で怒鳴った。こ

1988年、道徳改革推進論者のリンドン・ラルーシュ（上）が郵便詐欺と脱税で起訴され、罪状認否を前に、記者会見に応じる様子。

の台詞は、再放送の音源から削除された。

レーガン／ブッシュ時代の麻薬取締りの最高責任者のカールトン・ターナーは、ホワイトハウスの主任麻薬問題相談役として、1980年代半ばに『ローマ帝国の興亡』を報道関係者に対して引用し、警察官や会見記者にジャズ・ミュージシャンやロック歌手は、マリファナの拍子に乗って、彼が愛するアメリカを破滅に導いているとの持論を展開した。

1997年には、人気テレビ番組の「マーフィー・ブラウン」（キャンディス・バーゲン主演）では、主役のマーフィーは抗がん治療を受け、それに伴う激しい嘔吐や食欲不振に悩まされた。そして、マーフィーは医師の勧めにより、非合法にマリファナを手に入れ、吐き気や食欲不振と戦った。マーフィーはマリファナを喫煙し、命が救われた。

PDFAやDAREといった反麻薬組織は、このエピソードを放送することを止めさせようとしたが、結局それは叶わなかった。「子どもたちに間違った教訓を刷り込むのではないか……」とこれらの組織は主張した。なにが間違った教訓なのであろうか？ マリファナは地球上で一番有効な吐き気止めにして食欲増進剤で、数百万の命を救うことが可能なのである！

第14章　70年におよぶ抑圧

禁酒団体 VS ベーブ・ルース

　元野球コミッショナーのピーター・V・ウーベロスは、1985年に（組合員の野球選手を除く）全ての職員に麻薬尿検査を義務化した。球団所有者、ピーナッツの販売員からバット・ボーイ（試合中に転がっているバットを片付ける少年）に至るまで、尿検査を受けなければ働くことができなかった。1990年までには、全ての契約書に尿検査が盛り込まれ、野球選手もその例外ではなかった。現在では、1996年にカリフォルニア州の医療大麻法案が可決されて以来、同州のプロ野球選手や他の競技の選手は、医薬品としての大麻草を享受しながら、プロ選手として活躍することが可能となった。ところで、禁酒法時代のベーブ・ルースが、試合前に報道関係者を招いては、12本のビールを飲んだ事実が忘れ去られている。多くの禁酒団体や競技連盟のコミッショナーは、ベーブ・ルースに対して、野球王を尊敬する子どもたちのためにアルコールを止めるよう懇願したものの、ベーブ・ルースはその申し入れを拒否した。もしピーター・ウーベロスやその取り巻きが禁酒法時代に野球の責任者であったならば、「ハエ叩きのサルタン」の愛称で呼ばれたベーブ・ルースは、不名誉にも即座にクビになり、また、同野球王の名を冠した「ベーブ・ルース・リトル・リーグ」に何百万人もの子どもたちが参加することはなかったであろう。

　数千万の平均的なアメリカ人は、大麻草を自己治療目的や、ひと仕事を終えた後のリラックスのために喫煙し、それによって多くの人が逮捕、勾留の危機に晒されている。職務業績こそが、会社員の業務上の評価に繋がるべきであり、個人的なライフスタイルの選択がそれに響いてはならない。自宅でプライベートの範囲内で、くつろぐために大麻草を使用する、スポーツ界におけるベーブ・ルースたちや、産業界におけるヘンリー・フォードたち、芸術界におけるピンク・フロイド、ビートルズ、ピカソやルイ・アームストロングたち、そして10人にひとりのアメリカ人が犯罪者に仕立て上げられ、何千もの人々が職を失っている。

　ロバート・ミッチャムの映画俳優としてのキャリアは、1948年の大麻草所持による逮捕により、危うく潰されそうになった。（172ページを参照）連邦判事のダグラス・ギンズバーグは、1987年に連邦最高裁判官に任命されそうになっていたものの、大学教授時代にグラス（大麻草）を吸ったことが明るみになり、その名は任命候補者から外された。しかし、H・W・ジョージ・ブッシュ元大統領の指名により、連邦最高裁判事に任官したクラレンス・トーマスは、1991年に大学生時代の大麻草喫煙経験を告白したにも関わらず、その地位が議論の末、確定した。

社会格差と家庭の崩壊

「友人を救うために、友人を刑務所送りにしよう」とは、カリフォルニア州ヴェンチュラ市の屋外広告看板に書かれた文句である。これは大麻草に関する「非寛容政策」の一環で、隣

人を密告することを促す、被害者なき犯罪を戦略的に処罰するキャンペーンである。

テレビでも同様のキャンペーンを実施中である。「重罪に関する情報を持っている方は、1000ドルまでの報奨金が得られる。通報者の名前は公にならず、また通報者は裁判所に出頭する義務もない」※

ある男性は、拘置所で一枚のはがきを受け取った。それには、「情報提供者は、貴殿を密告したことにより、600ドル（約6万円）の報奨金を受け取った。クライム・ストッパーズ（犯罪通報団体）より」と書かれていた。

※―クライム・ストッパーズ、カリフォルニア州ヴェンチュラ市

捜査（査察）と押収

大麻草の栽培が社会全体を潤す、カリフォルニア州のとある田舎地方では、CAMPという重武装した警察機関が深い森林へと分け入って、8ヶ月間でおよそ15フィート（約4.6メートル）に成長し、青々と茂った、巨大な大麻草を探しだす。大麻草は乱暴に伐採され、積み上げられ、ガソリンを撒かれ、ゴムタイヤと一緒に燃やされる。未乾燥の大麻草はゆっくりと燃える。他所では、ヘリコプターのパイロットがある区域の上空を旋回し、感熱性のカメラを覗き込む。「俺たちは室内栽培用の太陽灯を探しているんだ」と彼は事務的に説明した。

「俺たちは特定の目的を持って任務を遂行しているんだ」とパイロットは付け加えた。室内栽培用のライトを買った家や、「麻薬の製造」の嫌疑をかけられるに相当する者が狙われる。「麻薬の製造」は重罪である。

「ほら、あの家から光が漏れているだろ」操縦席の感熱性の画面上には、軒下から光が漏れているのが映っている。事件現場、確認。次の手順は、捜索令状を取り、所有地を急襲し、民事手続きに則って家を押収して、刑事手続きによってそこの住民を起訴することである。
(1989年10月12日放送のCBSテレビ番組「48アワーズ：カリフォルニア州のマリファナ栽培」)

非アメリカ的な政策と政治的恐喝

1971年にリチャード・ニクソン元大統領は、ジョン・レノンを一日24時間、監視するようにFBIに不法に命じた。なぜかというと、ジョン・レノンがミシガン州で、ジョイント（マリファナ煙草）2本の所持で5年の実刑に処されそうになっていた学生（ジョン・シンクレア）の解放コンサートを実施したからである。
(1983年8月、『ロサンゼルス・タイムズ』)

ポール・マッカートニーと「バンド・オン・ザ・ラン(逃亡するバンド)」

ティモシー・ホワイトは、『ポール・マッカートニー：最初の20年』と題する書籍や(後の)ラジオ番組のために元ビートルズのポール・マッカートニーにインタヴューした。ホワイトは、このシンガーソングライターに「バンド・オン・ザ・ラン(逃亡するバンド)」という曲と、同名のアルバムの意味について質問した。

「当時、私たちのバンド(ウイングス)や、イーグルスといったバンドは、悪党や無法者のような扱いを受け、そのような雰囲気を感じとっていた」とマッカートニーは応えた。

「沢山の人が逮捕された……大麻草によってである。そしてそれ以外の逮捕者は出なかった。大麻草喫煙による重大事件は皆無だった」

「そして私たちの主張は、これ以上私たちを悪党扱いしないで欲しいということだった。私たちは一般社会の一員として、音楽を創造し、平和な人生を送りたかった。私たちはアルコールに依存する代わりに、大麻草を喫煙することによって犯罪者扱いされることが到底理解できなかった」

「そして、それがこの歌の主題である。この歌は、このような社会全体への反抗だった」

「そして悪意ある／郡の裁判官は／更に厳しく捜査することだろう／逃亡するバンドを」

——1990年1月29日のロサンゼルスのKLSX97.1FMの『最初の20年』の放送より：同番組はウェストウッド・ワン・ネットワークの各局でも放送された。

また、マッカートニーの、『ア・デイ・イン・ザ・ライフ』という曲の中の有名な詩の一節が、イギリスのラジオ局によって放送禁止になった。「私は一服した／そして誰かが私に話しかけた／私は夢心地へと誘われた」

大麻草の合法化の支持者であり、遠慮なく意見を述べるマッカートニーは繰り返し逮捕され、日本でも、そこでのコンサートを目前に、空港での大麻草の所持容疑で10日間も勾留された。日本政府はコンサート・ツアーを中止し、マッカートニーは日本での公演から永久追放された。おかげで、マッカートニーは数百万ドルに及ぶ損害を被った。マッカートニーの名誉のために付け加えると、それでも彼はマリファナ喫煙者を擁護し続けた。

製薬会社、石油会社、酒造会社は、誰彼構わず、人の権利を踏みにじり、人を何年も刑務所送りにすることによって、利権を守るために大麻草を永遠に非合法にしておきたいのである。リベラル派の政治家たちは、ことごとく内偵された。私たちの信ずる所によると、これらの政治家たちは、大麻草の真実について口を閉ざすように恐喝され、家族や自身の過去の軽卒な行為を暴かれる危機に晒された……多くの場合、性的な、あるいは麻薬がらみの過去のことである。

警察と機密事項と脅迫

　数年前、ロサンゼルス市警察本部長（1978年から1992年まで）を務めたダリル・ゲーツは、ロサンゼルス市議会議員のゼヴ・ヤールスロヴスキー、市の法務担当責任者（ロサンゼルス市の弁護士）のジョン・ヴァン・デキャンプ、そしてロサンゼルス市長のトム・ブラッドリー氏その他を、監視するように命じた。警察本部長は、一年以上にわたり、彼等の個人的な性生活を監視した。

「（成田空港で）何者かが言葉を喋り、それから私は悪夢の世界へと誘われた」。大麻草の合法化を声高に主張していた、ポール・マッカートニーは大麻草所持で繰り返し逮捕され、日本でもコンサートで来日中に、10日間も勾留された。日本政府はただちに国内のコンサート・ツアーを中止し、マッカートニーを日本公演から永久追放し、数百万ドルの損失を与えた。ポール・マッカトニーの名誉のために付け加えるならば、彼は大麻草喫煙者のために、大麻草の合法化を主張し続けた。
（『ロサンゼルス・タイムス』、1983年8月）

　元FBI長官のJ・エドガー・フーバー氏は、マーチン・ルーサー・キングJr.牧師（アメリカの公民権運動の指導者）を5年にわたり監視し、もっと「病的で悪質」なケースでは、女優のジーン・セバーグを故意に自殺に追い込んだ。その手口は、連邦政府機関の内文書をタブロイド判の新聞各社に流出させ、セバーグが黒人との交友を続けていることや、黒人との間に子どもができたことを大々的に宣伝することだった。フーバーは、公民権運動に参加する者を20年にわたり監視し、狙い撃ちにした。彼と、DEA（アメリカ麻薬取締局）の監督責任者のウィリアム・ウェブスターは、1985年に連邦麻薬対策予算の50%（5億ドル）を、大麻草の撲滅運動に乱費したことを次のように説明した。「マリファナは非常に危険な麻薬で、その証拠として、ナハスとヒース両博士による（既に否定された、脳やTHC代謝産物の）研究結果が待たれている」

　ウェブスターはその後、大幅な予算と、（大麻草撲滅のための）無制限な権力の拡大を要請した（1985年1月1日に放送された、CBS制作のテレビ番組「ナイトウォッチ」）。そして、ウェブスターの後継者である、全てのアメリカ麻薬取締局行政官や、麻薬取締りの最高責任者は、2007年に至っても、更に膨大な予算を確保するために

1948年：あなたの税金が有効活用されている！
ロバート・ミッチャム逮捕！

MITCHUM IN MARIJUANA ARREST

By RUTH BRIGHAM
Staff Correspondent International News

HOLLYWOOD, Sept. 1 (INS). Movie Hero Robert Mitchum, Actress Lila Leeds and two other persons were arrested early today when narcotic agents broke up a marijuana smoking party.

Mitchum, 31 year old idol of the bobby-sox brigade, calmly admitted to police as he was booked with the other three on suspicion of violating the state narcotic law:

"I'm ruined. I've been smoking reefers for years. I knew I would get caught sooner or later."

DANCER ARRESTED

Arrested with Mitchum and the beauteous Miss Leeds were Dancer Vickie Evans, 25, who came to Hollywood several weeks ago from Philadelphia, and Robin Ford, 31-year-old real estate man.

The film actor and the two women were released at 10 a. m. on writs of habeas corpus and posting of $1,000 bond each.

Ford, apparently the "forgotten man," remained in jail in lieu of bail.

The arrests climaxed nearly a year of intense investigation by authorities in the local movie capital.

Narcotics agents managed to gain entrance into Miss Leeds' sumptuous Laurel Canyon home by first making friends with her three boxer dogs.

ENTERED BY RUSE

The officers said they peeked through windows at the reefer party for nearly two hours before finally scratching on a rear screen door, imitating a dog which wanted into the house.

A. M. Barr, one of the arresting officers, disclosed that Mitchum—a $3,000 a week screen had been under surveil-

映画俳優のロバート・ミッチャムは、UPI発の大見出しに、「映画スターのロバート・ミッチャムは新たな役柄を……ほうきの操作係を演じています」と書かれた。それは大麻草の所持による60日間の勾留によるものであった。ミッチャムは受刑者91234番として知られ、「私はここ（刑務所）がだんだん好きになってきた」と語り、「いつも暇がないからだ」と付け加えた。

奔走している（1998年度のDEAのマリファナに関する情報予算は1985年の10倍に及び、1981年の100倍に及んだ）。

2006年のDEAの予算は約25億ドルに上り、更に拡大している。

屈辱的な制裁

大麻草で捕まった芸能人たちは、まるで「ガリレオ」のように、刑務所への収監や、テレビ番組からの降板、スポンサーやナイトクラブとの契約破棄などを回避するために自身の主張を取り下げた。一部の芸能人や歌手たちは刑務所行きを回避するために、テレビに出演し、マリファナを批判することを余儀なくされた（ピーター、ポール＆マリーのピーター・ヤーロウ、クロスビー、スティルス＆ナッシュのデヴィッド・クロスビー、女優のリンダ・カーターなど）。アメリカの裁判所や立法議会は、全ての国民に保障され、大麻草由来の紙に書かれた、権利章典（アメリカ憲法の人権保障規定）を全世界の大麻草撲滅のために売り飛ばした。

「隣人を疑ってはならない。その代わりに隣人を密告すべきである」……どんな噂や風聞でも報告すべきである。このような思想は、子どもの頃の私たちに植え付けられ、ナチスや共産主義者がありとあらゆる人民に他人を監視させるという亡霊が現代に蘇った。スターリンの秘密警察は、夜な夜な一般家庭を襲撃しては、情報を引きだすために麻薬で市民の知覚を麻痺させ、供述を迫った。政府は嘘を吐き、警察国家を確立した……これがアメリカ人の日常的な現実となった。そしてこのような抑圧に対抗する者は、財政的な破綻を余儀なくされるのだ。

押収：封建的な法と秩序

連邦政府が車や船、金銭、不動産や他の個人所有財産を押収する際には、中世時代の迷信によって制定された、訴訟手続き法により執行される。イギリス中世の慣習法においては、人間に死をもたらす物品を全て没収することが義務化された。「デオダンド」として知られるこれらの物品（武器や、はぐれてしまった牛車など）は擬人化され、邪悪であるとの汚名を着せられ、国王によって押収された。今日の対物訴訟（人間に対してではなく、物品に対しての訴訟）における押収は、民事訴訟手続き法により、財産や物品に対して執行される。「デオダンド」として虚構の擬人化がなされたこれらの財産や物品は、裁判にて被告の立場となる。それらは、まるで人格を持っているかのように扱われ、有罪を宣告される……そして持ち主が有罪であるか無罪であるかにかかわらず、押収されるのである。押収手続きを民事訴訟法に則って執り行うことによって、政府は個人を守るために制定された憲法上の権利をないがしろにする。これは、アメリカ合衆国憲法第6修正案で保障された、弁護人を任命する権利にも違反している。推定無罪の原則は無視される。憲法上の違反が政府によってなされた場合、これらが次の憲法違反

へと繋がる。政府による、アメリカ合衆国憲法第5修正案で保障された「推定無罪の原則」の違反により、適正手続き法は、既に処罰された同一の犯罪について二重に処罰される事態を招く。これは明らかに憲法違反である。刑事罰から無罪宣告を受けた被告人の場合においても、事件における民事的な押収は、同一事件の再度の審理を招き……二次的な裁判において、被告人は自らの無罪を証明しなければならない。アメリカ連邦最高裁判所は、被告人の財産や物品に関して、対物訴訟の場合、被告人が無罪であろうと、財産や物品の使用が犯罪に関わっていなかろうと、押収することができるとの判断を示した。また、下級裁判所は、検察官による議論を認めた……つまり、もし完全に無罪の被告人から財産を没収することが可能であるならば、憲法上の保障は、大した事件性のない麻薬事犯には及ばないとの方針を明らかにした。個人と個人による民事訴訟とは違い、政府は応訴（反訴）の対象として免除された。政府は無限な資本でもって、何度でも訴訟を起こすことができ、陪審員のひとりを説得した上で、被告人が有利な証拠を提出しなかったとして、財産の押収に及ぶことができるのである。

　イギリス王制による財産の没収権は、アメリカの創始者が、有罪判決に伴う財産の没収に反対する立場を取ることに繋がり、これはアメリカ合衆国憲法の第1条項で保障されている。憲法の本論は、国家反逆罪においても、財産の没収を禁じている。アメリカで最初の下院議会がこの条項を制定し、「どのような有罪判決も、血統汚損（親族に及ぶ刑罰）や財産の没収を課してはならない」とした。しかし、初期のアメリカ人は、対物訴訟の手続きを、海事審判所や航海法に基づく場合には奨励した。外洋における敵国船や、関税を払わない船などの押収がこれに当たった。

　上記のような関税法は、南北戦争の勃発によって、急激な変化が見られた。1862年7月17日の「押収法」は、南部連合やその支持者の財産を没収するために制定された。連邦最高裁判所は、「押収法」がアメリカ政府の戦力の一端として、外敵にのみ適用され、戦争の早期終結のために、このような憲法上の解釈が成立するとの判断を示した。

　今日では、「麻薬戦争」への情熱により、下院議会は再び対物訴訟を復活させ、アメリカ合衆国憲法や権利章典の介入なしに、市民に罰則を加えることが可能になった。「私たちは憲法を死守しなければならない」とヴィッキー・リンカーは語った。彼女の夫は大麻草関連の罪状により、刑務所で2年間も服役した。「私たちの側には真実がついている……」

罠と非寛容と無知

　市民が法律を犯さず被疑者が足りない場合、DEA（アメリカ麻薬取締局）や警察署は、非犯罪的で疑うことを知らない市民を、罠にかけて犯罪者に仕立て上げる。政府の工作員は、幾度にもわたって麻薬の密輸や売買に関わり、それが発覚した。※

※一『ハイ・タイムス誌：ハイ・ウィットネス・ニュース部』／デール・グリンガー、『リーズン・マガジン』、『DEAの内部事情』、1986年／クリスティック・インスティチュート（イエズス派の弁護士が設立した法律事務所）「ラ・ペンカ」訴訟／デロリアン（スポーツ車のデザイナー兼製造業者）のコカイン審判と無罪判決／『プレイボーイ』その他。

　大麻草に関する、公共の恐怖を常に煽る政策は、より多くの「麻薬戦争」の資金を獲得するために、「特定の物質を自由に使用する市民への戦争」の婉曲語法として利用され、政治的な圧力により、より厳しく、違憲的な手段を正当化するために利用されてきた。1989年の10月、ケンタッキー州ルイヴィル市での州内の警察署長への演説において、当時の麻薬取締りの最高責任者であり、「社会的」なアルコール飲みで、ニコチン中毒のウィリアム・ベネット※は、マリファナ喫煙が人間を馬鹿に仕立てると発表した。

※一ウイリアム・ベネットは、2900万ドルの予算を、テキサス国家警備隊（州兵）がサボテンの扮装をして、国境警備にあたるために確保した。後に、この国家警備隊は、アメリカ生まれのメキシコに住む羊飼いの若者を、不法入国者と勘違いして射殺した。

　ウィリアム・ベネットは、何の証拠も示さず、またクラック・コカイン（コカインの一種）が社会問題化していなかったケンタッキー州で、「麻薬戦争」のための資金調達に尽力した。それはベネットによって新発見されたマリファナの副作用である、「馬鹿さかげん」(!)に対抗するためであった。ベネットは、1989年12月の昼近くに、カリフォルニア州のビヴァリー・ヒルズでジン・トニックを飲んでいるところをマスコミに見つかり、これまで通りに反マリファナのメッセージを放送関係者や映画関係者に語った。（『ハイ・タイムス』、1990年2月号）

　宣伝用の風船と車に貼るシールを用意しよう！　ベネットは近々大統領選挙に打って出るつもりだ！

PDFA（反麻薬組織）の嘘八百

　もうひとつの最近の出来事としては、PDFA（アメリカの反麻薬組織）のメディアにおける台頭があげられる。PDFAは主に広告業界やメディア・グループの資金によって賄われており、従って、あらゆる放送や出版物に無料でメッセージを入れることができ、その公共放送の類は主にマリファナを標的にしている。PDFAによる、無意味でたわ言のような広告の一例として、フライパンの映像を映し、「これが麻薬である」とナレーションが入る。そして、次に同じフライパンで卵を焼く映像を映し、「これがあなたの脳みそである」と締めくくる。PDFAはその広告の類において、大いに嘘をつく。PDFAの別のテレビ広告は、鉄道事故を扱っている。現在では、誰しもが、マリファナを喫煙しながら鉄道を運転することに反対するだろう。しかし、男の声は「マリファナ無害論」は嘘だと語り、自分の妻がマリファナ喫煙による鉄道事故で死亡したと語る。

これは、鉄道の運転手による宣誓供述と相反するものである。つまり、「マリファナが事故の原因ではなかった」ということである。そしてこの広告は、運転手が事前にアルコールを飲んでいたこと、菓子類を食べていたこと、テレビを観ていたこと、自分の仕事に細心の注意を払わなかったこと、そして鉄道の安全装置の作動をわざと妨害したこと、などを故意に無視した。しかも、PDFAは何年にもわたり、マリファナをこの事故の原因とし、運転手が不法な量のアルコールで泥酔し、過去3年間に飲酒運転で自動車免許を6回も停止され、最終的に免許を取り消されたことを隠蔽した。

　他の広告では、悲しみに暮れた夫妻が、夫が大麻草の元喫煙者であるが故に、子どもが産めない状況に追い込まれたと宣伝している。これは非常に矛盾点の多い広告で、100年に及ぶ臨床的大麻草研究においても、そして大麻草を喫煙し、健康な子どもを産んだ数百万人のアメリカ人の経験によっても、否定されている。そして更に、他の広告で同団体は尊大な嘘八百を並べ立て、ついに問題になった。その広告には2種類の脳波の図が示され、同団体はこれが14歳の少年が「マリファナを喫煙」している時の脳波である、と主張した。これに怒りをあらわにしたUCLAの神経学研究者のドナルド・ブルーム博士は、1989年の11月2日に、KABCテレビ・ニュース（ロサンゼルス市）に対して、図に示されている人間の脳波は、熟睡状態か、もしくは昏睡状態にあると語った。博士や他の研究者は、過去にもPDFAに抗議した経緯があり、大麻草使用者の脳波は全く別種のもので、それは何年にも及ぶ大麻草の脳への影響に関する研究の成果として、学会でも広く知られているとも語った。

　このような公の反論にもかかわらず、KABCテレビやPDFAがKABCの本広告を取り消すには何週間もかかり、嘘の喧伝に関する謝罪も撤回もなかった。裁判所より、この広告の停止を命じられたPDFAは、過去10年に及び、全米で数百のテレビ・チャンネルでこの広告を繰り返し流した。※

※一AHC（アメリカ大麻草協議会）やFCDA（麻薬認識家族協議会）、HEMP（筆者の大麻草合法化市民団体）は、PDFAへの圧力を強めることにより、PDFAによる嘘の数々を白日のもとに晒し、このような放送を止めるように提言し、あるいは正しい大麻草の医学的、社会的、商業的用途を放送するよう、呼びかけている。

　PDFAにもっとも相応しい広告としては、フライパンを映し、「これがPDFAである」と語り、卵を焼いて、「これが真実である」と放送するのが一番ではないか。

DARE（アメリカの反麻薬組織）と警察のプロパガンダについて

　DARE（麻薬乱用反対教育協会）は、1983年にロサンゼルス市の警察長、ダリル・ゲイツによって設立された、公に大麻草に関する誤解を広める団体である。一般的に、警察署の代表者は、地方の小学校で17週間にわたり、「責任ある行動」を講義すべく、「無責任にも」大麻草に関する嘘の情報を並べ立てている。このような講義は正面から麻薬

問題に取り組まず、代わりにアルコールや喫煙、泥棒、虚言、そして法律違反その他をするという選択肢を迫られた時に、どう対応するかに重点が置かれている。しかし、講義における「責任ある行動」の内容はといえば、マリファナがその喫煙者に与える影響※に関する嘘の数々で塗りたくられている。

※―インタヴューにて、ロサンゼルスの主なDARE講師のドマガルスキー巡査部長は、その講義内容について、証拠だてられていない、真実に反する意見を示した……大麻草喫煙がヘロイン使用に結びつくという見解である。「隣に住む人や、向かい側の家の住民は、大麻草を数年に及び喫煙しているものの、一見何の問題もなく暮らしているように見える。実は、そう見えなくとも、その人は大問題を抱えているのである」。そして、「60年代の人々はマリファナを喫煙し、それには何の問題もないと考えていた。今では、それに数々の薬物が添加され、それを売る者にとっては、何を添加するのかは問題にもならない。しかし、現代の親たちにはこの事実を知る術はない。親たちは60年代の情報を信じきっており、新しい情報には耳を貸そうとしないのだ」

(『ダウンタウン・ニュース』、1989年7月10日付：ドマガルスキー巡査部長の「新情報」については、第15章を参照)

2007年においても、DAREはこのような嘘の数々を子どもたちに教え、誰かがその学区内での活動を止めるように提言すると、DAREはその学区を脅す。しかし、1997年にカリフォルニア州オークランド市は、DAREのプログラムから撤退した。オークランド市は、撤退による制裁を受けてはいない。DAREの講義に立ち会った学校の先生※によると、警察官である講師は、「私は大麻草が脳障害を引き起こすとは言わない。なぜなら、あなたたちは、大麻草の喫煙者を知っており、それらの人々が一見普通だからである。しかし、大麻草は確実に脳障害を引き起こす……ただ、すぐに症状があらわれないだけのことである」

※―私たちが話を聞いた複数の学校の先生は、大麻草喫煙者であったり、あるいは大麻草についての真実の研究や、大麻草の真の影響を知っていたので、微妙な立場に置かれたことを表明した……真実を話せば、尿検査を受けさせられたり、免職処分になったりするからである。

DAREは大麻草有害論の論拠を示すことはせず、また子どもたちが家に持って帰るパンフレットの類は、(親たちがマリファナに関する知識を有しているとしても) もう少し客観的に書かれているものの、大麻草に関する不可解な「新研究」と、マリファナの危険性についての文言に溢れている。警察官の講師たちは、大麻草が肺への悪影響、脳障害、不妊、そしてその他の証明不可能な健康被害や死をもたらすと講義しているのだ。

DAREの講師たちは、コカイン使用に伴う心肺機能の低下の危険性を訴える一方で、マリファナの煙を持ち出す……両者に相互関係がないにもかかわらず。また、「善意ある」警察官は、自身の知っている、マリファナ喫煙にはじまり、深刻な麻薬使用に陥ったという人の例を出し、いかに人生を犯罪や堕落によって破滅させたかを語る。そしてマリファナを真に危険な麻薬と同列に論じ、若者や警察官がいかにこれらの自暴自棄な麻薬

中毒者に殺されたかを語るのである。

　警察官は、学生に対し、その友人や家族を救うために、密告者になることを勧める。そしてこれらの非直接的な嘘や暗示は、計画的に、永続的に子どもの無意識に刷り込まれる……それは研究や論文などの、反論に耐えうるような論理ではない。ただ永続的で、あやふやな精神的なイメージだけが先行するのである。DAREの比類の無い危険性は、一部の正確な情報と共に、若者にとって価値のある趣向が盛り込まれていることに尽きる。それでいながら、DAREは無責任でコソコソした戦略と、卑劣な手段でもって、

究極の偽善的行為

　発展途上国の貧民や、アメリカ市民に対する「麻薬戦争」（ドラッグ・ウォー）の宣戦布告をする傍ら、レーガン、ブッシュ、クエール、クリントン、ゴア政権は、アメリカ政府高官による麻薬密輸や麻薬密売を後援し、このような事件を隠蔽した。かたや、ブッシュは国際法を無視してパナマに侵攻し、ブッシュやCIAのためにも長期にわたって働いたことのある、麻薬王として一般に知られているマニュエル・ノリエガ将軍を、アメリカで法的制裁を加えるために拉致した。その一方でブッシュは、オリバー・ノース、ジョン・ハール、ポインデクスター提督、セコード将軍、ルイス・タムスなどの人物を、麻薬密輸の咎で起訴されていた、コスタリカに引き渡すことを拒否した。
（1989年7月22日のイギリスの新聞、『ザ・ガーディアン』「コントラ・ネットワークにより密輸されたコカイン」）

　国防の名のもとに、「諜報員」がアメリカの税関やFBIによる捜査を免れた背景には、CIAやNSA（アメリカ国家安全保障局）による種々の画策があり、1988年と1989年にはマサチューセッツ選出上院議員のジョン・ケリー（訳注：2014年現在の国務長官）により「テロリズムと麻薬に関する副委員会」の連邦審理が開かれ、このような事実が数々の内文書にて明るみになった。しかしながら、大陪審による起訴は一切行われず、証言者は全て刑事責任の免除を約束され、この事件はマスコミでは小さく取り上げられるにとどまった。

　イラン・コントラ事件の特別捜査員は、上記の情報を活用せず、またクリスティック・インスティチュート（アメリカの法律事務所）が証明したアメリカによる麻薬やテロリズムへの関与も無視した。そしてセコード将軍が、1990年の1月にイラン・コントラ事件で麻薬や兵器密輸スキャンダルによる有罪判決を宣告された際には、セコード将軍は50ドルの罰金刑と短期間の保護観察を受け、連邦判事はその理由として、可哀想な将軍は既に社会的制裁を受けているからとの判断を示した。これが大麻草の密売人に死刑や斬首刑を科すこともいとわない政権による判断である。※

――――――――――――――――
※―1989年末のテレビ番組「ラリー・キング・ショー」において、麻薬取締りの最高責任者であるウィリアム・ベネットは、密売人に斬首刑を科すのは、道徳上なんの問題もないと語った。ベネットは2000年の大統領戦にも打って出る予定であった。

公共の福祉に反する喧伝をしている。もしDAREの役人たちが、学生に責任ある行動を求めるならば、DAREの組織にも責任ある行動が問われる。もしDAREがマリファナに関する正しい情報を持っていて、わざとそれを隠蔽しているならば、それを見せて貰おうではないか。しかし、私たちの知る限り、DARE組織は大麻草合法化団体※と討論することも、大麻草合法化を主張する文献の類をプログラムに盛り込むことも一切していない。

※―1989年以降、HEMPやBACH（共にアメリカの大麻合法化団体）は、ロサンゼルス近郊のDARE代表者と弁論大会を繰り広げるよう申し入れたものの、現在に至るまでこれは叶っていない。又、これらの大麻合法化団体は無料で、正確な大麻草に関する文献を提供すると申し出たものの、1998年7月時点では、DAREからの返答を貰っていない。

メディアの腐敗

　1960年代と1970年代に理性と実証主義がメディアの大麻草論議に大いに花を咲かせたにもかかわらず、アメリカ国内のメディアは1980年代の「麻薬戦争」に関する異常な興奮に包まれていた。メディアは大麻取締法の問題とそれを分けて考えることができず、また大手新聞社や雑誌社はこの異常興奮に便乗して「発行部数」を伸ばした。大麻草活動家は世間に無視され、合法化団体のイベントは検閲を受け、もしくは社会から排除され、告知もままならなかった……大麻草関連の有料広告も、喫煙できない、合法的な大麻草由来製品の販売も、ことごとくニュース・ソースとして拒否された。メディアによる事実確認という慣習は一体どうなったのであろうか？　政府の監視役として、あるいは公共の信用を守る媒体として機能するはずのニュース・グループは企業化し、高利潤を追求するために「世論」の操作を行い、国家政策を奨励するための道具に成り下がったのである。

「麻薬所持の罰則は、その麻薬が本人に及ぼすであろう危害の枠を超えてはならない」
1977年8月2日、ジミー・カーター元大統領

FAIR（公平正確な報道：アメリカのメディア監視団体）やベン・バクディアンやマイケル・パレンティーといったメディア研究者は、これらの企業が「国益」を優先し……その存在意義は政治的な課題や、利益を追求するためにあると指摘した。忘れてはならないのは、多数の最大手出版社が森林地を製紙業のために保持し、製薬会社や石油化学製品会社などがメディアの主要な広告主となっていることである。

　1989年5月7日の『ロサンゼルス・タイムス』に掲載された「何も機能していない」という記事（『タイム』や『ニューズウィーク』をも含む数百の雑誌により摸倣された）において、スタンリー・マイゼラーは、学校の麻薬教育の不備を憂い、その結果、ニュース・メディアの独善性と先入観を浮き彫りにした。

John Jonik's Page

「評論家は、一部の麻薬教育啓蒙活動が、大袈裟に麻薬の危険性を煽ることにより、失敗に終わっている、と指摘している。学校の校長や先生は、市の職員や行政官に厳しく監視され、その圧力によって、先生が学生に対して、マリファナには有害性があるものの[※]、それはタバコよりも中毒性（依存性）が低いことに言及できない……」

「このような情報は容認できないとする学校側の姿勢が、学校教育の信頼性を損なうことに繋がっている。しかしながら、もっと正直な学校教育は、更に有害な結果をもたらすことであろう」（強調は筆者による）

　マイゼラーの懸念していた「有害な結果」とは、マリファナの健康に良い特性や、マリファナが身体的、心理的危険を伴わないことに気付いた多数のアメリカ人が、更に多くの大麻草を喫煙するであろうということだった。つまり多くの人が莫大な広告料が使われているアルコールやタバコの代わりに、大麻草を選択し、喫煙するようになるということである（どうやらマリファナは広告や宣伝をする必要がないようだ）。

※―この記事には、マリファナの有害性の根拠は示されていない。それどころか、この記事中、大麻草に触れているのは、上記の箇所と、麻薬治療ビジネスによる、「大麻草やアルコールへの依存からの脱出」が一部で成功していることの報告に止まった。

不義は続く……

　1977年の8月2日、ジミー・カーター元大統領は下院議会に対し、大麻取締法や麻薬関連の問題に関して、「麻薬所持の罰則は、その麻薬が本人に及ぼすであろう危害の枠を超えてはならない」と語った。

「従って、私は大麻草に関する連邦法の改正（修正案）を支持し、1オンス（約30グラム）までの大麻草の所持に関しては、全ての訴追を免れる、という制度を確立したいのである」

　しかしながら、30年前のカーター元大統領による、アメリカの大麻取締法に理性をもたらすという努力は、下院議会の「犯罪に厳しく」との姿勢を崩さなかった。たとえそれが犯罪行為と呼べなくとも、また社会に害悪を及ぼさなくとも、そして誰かが法律によって傷つくことになろうとも、議会の知ったことではなかった。そしてこの非寛容な姿勢と抑圧は、カーター以降の時代に更にエスカレートした。

　1990年までには、アメリカの30州がSAIキャンプと呼ばれる、「特別な計らいで初犯の（非暴力的な）麻薬事犯を治療する、刑務所の代用となる収容施設」の設営をした。このようなキャンプは軍隊式（新兵訓練所を真似た）矯正施設で、収容者は言葉による虐待を受け、心理的に追いつめられ、麻薬使用に関する反抗的な態度を治癒するた

第14章　70年におよぶ抑圧

めに、これらの施設に収監されるのである。1998年時点では、アメリカの42州がSAIキャンプや類似の施設を運営している。収容者（囚人）は、機械的な厳格さで扱われ、規則に順応できない者は、州立の重罪犯刑務所に押送される。これらの若者たちのほとんどは、マリファナに起因する事件で収容されている。アメリカでは、もっと多くの州が似たような施設設立を目論んでいる。※

※―『イン・ジーズ・タイムス』、「麻薬使用者のための強制労働収容所」、1989年12月20日、4頁

　どのような口実により、このような非アメリカ的な政策が正当化されているのであろうか？　ごく一部の政府公認の報告書や、DEAや政治家やメディアがやっきになって宣伝するのは、「マリファナは個人にとって危険である」との見解だ。

　次は、これらの悪名高き研究の数々を分析してみよう……。

第15章

ゆがめられた事実

　15日にわたり証言を聴取し、1年に及ぶ法的議論の末、DEA（アメリカ麻薬取締局）行政法判事のフランシス・L・ヤングはDEAに、医師による大麻草の処方を正式に許可するよう申し入れた。1988年9月の審判において、同判事は、次の通り判決を下した。
「本記録にはっきりと示されている証拠を鑑みると、医師による安全な指導のもと、マリファナは多くの病人の苦痛を緩和し、またそのような用途で大麻草が許容されてきた……これらの記録によると、DEAがこれ以上病人とこの物質の間に立ちはだかるのは、非理性的で根拠のない、無益なことである。厳しい医学的見地からも、マリファナは私たちが普段食している物の多くよりも安全で、そのもっとも自然な状態において、人間に知られている、もっとも安全にして治療に有効な物質に違いない」
　しかし元DEAの行政官のジョン・ローン、その後継者のロバート・ボナー、そして現在のDEA行政官のジョン・コンスタンチンの中に、医師はひとりもいなかった！……そして彼等は判決に従うことを拒否し、個人の選択の自由による、医療用の大麻草を阻止した。

救える命と時間の浪費

　1894年のイギリスのラジ委員会によるインドのハシシ喫煙者の研究報告からおよそ100年が経ち、大麻草使用は無害でむしろ健康に良いものだとされた。それ以来、無数の研究が、同様の結論にたどり着いた。そのうち、卓越したものとしては、サイラー委員会、ラ・ガーディア・レポート、ニクソン政権によるシェーファー委員会、カナダのル・デイン委員会、カリフォルニア州研究諮問委員会があげられる。同時に、複数のアメリカの大統領が大麻草を絶賛し、アメリカ農務省は大麻草の天然資源としての価値に関する大量のデータを収集し、そして1942年のルーズベルト政権は『勝利のための大麻草』と題する、愛国的大麻草農民を礼賛する映画を制作した。同じ年、ドイツ政府は「ユーモラスな大麻草の手引書」という韻をふんだ漫画を制作し、大麻草栽培の美徳を激賞した。

　しかしながら、大麻草の人道的な、医薬品としての承認は禁じられたままである（訳注：2014年現在のアメリカでは、医療大麻が23州とワシントンD.C.特別区で認められ、嗜好大麻も2州で合法化されている）。1989年の後半に、DEA内部において、ヤング行政法判事が自身の判決を無効にされた理由をローン元DEA行政官に問いただすと、

ローンから条件に従う時間的余裕を設けたと回答があった。判決から1年以上が経ってから、ローンは正式に、大麻草の薬物指定（スケジューリング）の緩和を拒否し、依然として大麻草はスケジュール1に指定され、医薬利用にすら向かない程危険な薬物として扱われている。（訳注：アメリカ連邦政府によりスケジュール1に指定されている薬物は、乱用の危険性が著しく高く、医学的用途が皆無であるとされており、大麻草はヘロインやエクスタシーと同列にスケジュール1に分類されている。因みにコカインはスケジュール2に指定されており、スケジュール1の大麻草よりも有害性が低いとされている）。

このような、不必要に病気に苦しむ、無抵抗のアメリカ人を攻撃する政策を、公然と非難する形で、NORML（アメリカの大麻合法化市民団体）やFCDA（麻薬認識家族協議会）はローンの速やかな辞任を求めた。ローンの後継者であるボナーや現職のコンスタンチンも同様の方針を取っている。どのような偽善が官公吏に事実を嘲笑させ、真実を拒否させるのであろうか？　どうやって自らの残虐行為を正当化するのであろうか？　どうやって？　官公吏たちは自分たちに都合の良い専門家を捏造するのである。

政府の二枚舌

1976年以来、アメリカの連邦政府機関（NIDA、NIH、DEA※やACTION：アメリカ貧困地区ボランティア活動機関など）や、警察の後援と協賛による団体（DARE※などのアメリカの反麻薬組織）、そして特殊利益集団（法令上の恩典や、特権的待遇を求める圧力団体）のPDFA※などは、公共機関や報道機関、そして保護者団体などに対して、マリファナ喫煙による弊害の衝撃的な「確たる証拠」が存在すると主張し続けた。

※一「薬物乱用に関する全米学会」、アメリカ国立衛生研究所やアメリカ麻薬取締局、麻薬乱用反対教育協会やPDFA（パートナーシップ・フォア・ア・ドラッグ・フリー・アメリカ）。後に続くマリファナに中立的な研究者は、ヒース博士によるマリファナに関する新発見を無価値なものとして評価した。争点となった被験群の一酸化炭素中毒や、他の要因が完全に研究報告から排除されたからである。

1976年以前に連邦政府が資金提供した研究は、大麻草が無害であることや、むしろ有益であることを指し示した。各研究によってなされた方法論は、必ず報告書に記されていた。例えば、1976年の『マリファナ治療の可能性』を参照すれば、各医学的研究の方法論が確認できる。しかしながら、アメリカの政府官僚が故意にマリファナに否定的な研究を行った場合、『プレイボーイ・マガジン』やNORML（アメリカの大麻合法化市民団体）、『ハイ・タイムズ』は新しく制定された情報公開法に基づき、研究室でどのような方法論で「実験」がなされたのかを知るため、繰り返し訴訟を起こさなければならなかった。

訴訟の結果、明らかになった事実は実に衝撃的なものであった。

1974年、ヒース博士／テューレーン大学研究
騒ぎのもと：頭脳破壊と死んだ猿たち

　1974年、カリフォルニア州の知事職にあったロナルド・レーガンは大麻草の非犯罪化について聞かれた。ヒース博士によるテューレーン大学での研究が終了すると、一般に「偉大なるコミュニケーター」として知られていたレーガンは、「信頼できる科学的な筋の情報源によると、マリファナ使用のもたらす結果として、頭脳破壊があげられる」と語った。（『ロサンゼルス・タイムズ』）

　ヒース博士の報告書の結論によると、アカゲザルに1日に30本のジョイント（マリファナ煙草）を喫煙させた場合、アカゲザルに消耗症の兆候があらわれ、90日後に死亡したとある。それ以来、無理矢理大麻草を喫煙させられた猿の脳細胞の破壊説は、度々連邦政府の小冊子などに利用され、政府がスポンサーとなっている反マリファナ・プロパガンダ文献の巻頭を飾っている。

　ミシシッピー州選出の上院議員のイーストランドは、1970年代半ばにこの説を利用し、NORMLによる議会での非犯罪化法案を妨害した。本法案はニューヨーク州選出のジェイコブ・ジャヴィッツ上院議員の後援によるものだった。本研究の報告書は、麻薬治療施設関係の権威にも配られ、少年少女を大麻草から救う目的を正当化するために、科学的事実として受け入れられた。このようなプロパガンダ資料は、保護者団体や宗教団体その他を脅すために利用され、それらの団体はこうした資料を更に広く拡散した。

　ヒースは半分死にかけた猿たちを殺し、脳を手術し、死んでしまった脳細胞を数え、それから対照群（偽薬を投与されたグループ）の猿──つまり大麻草を吸っていない猿をも殺し──脳細胞を数えた。大麻草を喫煙した猿からは、対照群の「酩酊していない」猿と比較して、膨大な量の死んだ脳細胞が発見された。

ロナルド・レーガンの意見は、恐らくこの２種類の被験動物である猿における脳の違いが、大麻草を喫煙したか否かによって形成されたという認識によるものであろう。もしかすると、レーガンは連邦政府による研究を、正確なものとして信用していたのかも知れない。あるいは、他にも動機があったのかも知れない。

　いずれにしても、このようにして政府は、政府を信用する報道機関やPTAに対して誇大宣伝をしたのである。1980年に『プレイボーイ』とNORMLによる、6年間に及ぶ政府への要望や訴訟によって、ヒース博士による研究の手順の詳細が明らかになった。

　『プレイボーイ』とNORMLは研究者を雇い、本研究の方法論を検証した所、失笑するに至った。

事実：動物実験における窒息死

　『プレイボーイ』で報告された通り、ヒースによる「ブードゥー教」じみた研究の方法論とは、アカゲザルを椅子に縛り付け、5分間、ガスマスクによって、コロンビア産のジョイント（マリファナ煙草）63本分と同等の量の大麻草を無理矢理喫煙させることであった。ガスマスクで吸引された煙は、外に一切漏れなかった。『プレイボーイ』の発見によると、ヒースは猿たちに3ヶ月の間、5分に1回の頻度でジョイント63本分を吸わせていた。しかし、報告書には、1日に30本分のジョイントを1年間吸わせたと書いてあった。後になって分かったことは、ヒースがなぜこのような無茶な実験を行ったかというと、アシスタントに支払うべき1年分の給料を惜しんでのことだった。

　猿たちは窒息したのだ！　3分から5分の酸素の欠乏は、脳障害、つまり「脳細胞の破壊」をもたらすのである（赤十字：『人命救助と水の事故防止マニュアル』）。これだけの煙に燻された猿たちは、人間で言えば、鍵のかかったガレージで車のエンジンをかけ、5分、10分、15分と毎日放置されるに等しかったに違いない！　ヒースの実験は、実際の所、動物の窒息死や、猿の一酸化炭素中毒の実験に他ならなかった。他の事柄も含め、ヒースは完全に（故意に？　それとも無能にも？）猿が吸引した一酸化炭素については、記述を省略した。

　一酸化炭素は、脳細胞を破壊する、死をもたらすガスの一種で、それはあらゆる物質が燃焼する時に派生する。繰り返すが、ヒースの研究におけるガスの密度を考慮に入れ、それを人間に当てはめると、鍵のかかったガレージで車にエンジンをかけ、毎日、5分、10分、15分の間、放置されるのに等しいのである！

　後の研究者が同意する所によると、ヒースのマリファナ実験には価値がない。なぜなら一酸化炭素中毒や他の要素が抜け落ちており、報告書に反映されていないからである。

本研究や、ガブリエル・ナハス博士による1970年代の研究などは、人間の脳内の脂肪組織で発見されたTHC代謝産物を、生殖器や他の体内の脂肪組織や、窒息死した猿の破壊された脳細胞と結びつけて考えようとした。

　実験より17年が経った1999年でも、依然としてヒース博士やナハス博士の研究については一切の検証がなされていないのである！　しかし、これらの研究は、PDFAやDEA、市や州の麻薬取締局、政治家たちや、ほとんどの社会的検証でマリファナの危険性を科学的に実証するために引き合いに出される。これはアメリカ連邦政府によるプロパガンダと情報操作の最たるものである！　これらの実験は、アメリカ市民の税金によって賄われている。アメリカ市民には正しい情報や歴史を（同様に税金で賄われた）学校で学ぶ権利がある。

　1996年に、ガブリエル・ナハスはフランスにおいて、本書のフランス語版の翻訳者であるミシカに対して、損害賠償を求めるべく訴訟を起こした。ミシカは、ナハス博士の研究が世界的に見て、「ゴミ」同然であると喝破した。フランスの裁判所は、ナハスの証言を聴取し、そしてナハスが（アメリカの金額に換算して）数万ドルを裁判に費やした後に、彼に対して最高に侮辱的な判決を下した。裁判所は1フラン、つまりアメリカの金額に換算して約15¢（約15円）の損害賠償を認め、ナハスの裁判費用は一切返還しなかった！

THC代謝産物

騒ぎのもと：大麻草は30日間は体内に残る

　アメリカ政府は、大麻草の摂取から30日間は、「THC代謝産物」が体内の脂肪細胞に残留する事実を、ジョイント1本が危険である理由付けに利用した。これらのTHC代謝産物が、人類に長期的な悪影響を及ぼすとの非科学的な推論がなされた（例えば、「〜はそのように考えられる」や「〜を意味するかもしれない」や「恐らく〜」、「もしかすると〜」などの文言が使われた）。※

※—1986年9月にフレッド・オーサー医学博士は、「かも知れない、ひょっとしたら、もしかすると、などは科学的結論ではない」と語った。

事実：政府の専門家たちはTHC代謝産物は無害であると報告

　私たちは、過去から現在にかけて連邦政府のマリファナ研究に従事したことのある、アメリカ国内で名声を博する、3人の医師にインタヴューした。

- ⊙トーマス・アンガーリーダー医学博士（UCLA）はリチャード・ニクソン元大統領の指名により、1969年設立の「大統領の命によるマリファナ委員会」の会員となった。フォード政権、カーター政権、レーガン政権においても再指名され、現在はカ

リフォルニア州の「医療大麻プログラム」の長である。
- ドナルド・タシキン医学博士（UCLA）は、過去 29 年間、アメリカ国内はもちろん、そして世界に名を馳せるマリファナと肺機能についての先駆的研究者である。
- トッド・ミクリヤ医学博士は、1960 年代の連邦政府によるマリファナ研究の元国政担当者で、助成金の分配先を決める立場にあった。

これらの医師たちは、THC の有効性分が肝機能の第一段階や第二段階において消費されると語った。残留 THC 代謝産物は、脂肪と結合しやすく、後に体内から排出される。これは安全かつ自然な現象である。種々な食物や薬草（ハーブ）、医薬品は体内で全く同じように作用する。そのほとんどに危険性は無く、THC 代謝産物は体内に残留する、あらゆる代謝産物の中でも、著しく毒性が低い。※

※—1946 年以来、アメリカ連邦政府は、経口投与によりマウスを殺すのに必要な大麻草の服用量は、マウスに典型的な酩酊症状を抱かせるために必要な服用量の約 4 万倍だということを知っていた。（トッド・ミクリヤ医学博士『医療大麻白書』、1976 年／ロー『薬理学と実験的治療ジャーナル』、1946 年 10 月）

体内に残留する THC 代謝産物は、活性カンナビノイドが代謝された後に残留する不活性成分のことである。これらの不活性の代謝産物が、現代の軍隊や工場の職員、スポーツ選手等が、30 日以内に大麻草を喫煙したか、あるいはその周辺にいたかの理由で解雇される、尿検査で陽性反応を示す物質である。

肺にかかる負担についての研究
騒ぎのもと：タバコよりも危険である

「アメリカン・ラング・アソシエーション（アメリカ肺協会）」によると、タバコの喫煙が毎年 43 万人のアメリカ人を死に至らしめている。5000 万人のアメリカ人がタバコ喫煙者で、1 日に 3000 人のティーンエイジャーがタバコの喫煙をはじめる。バークレー大学の 1970 年代後半の発がん性タールの研究は、「マリファナには、タバコの 1.5 倍の発がん性がある」と結論づけた。

事実：がんを引き起こしたという事例はひとつもない

どんな煙にも肺を刺激する効果がある。大麻草は肺の気道に軽い刺激をもたらす。喫煙を止めると、このような症状は即座に消える。しかし、タバコの煙と違って、大麻草の煙は小気道に変化をもたらさない。小気道は、タバコの喫煙が永続的な損傷をもたらす身体の部位である。更に、タバコの喫煙者は 1 日に 20 本から 60 本のタバコを吸うが、大麻草の大量喫煙者は、1 日にジョイントを 5 本から 7 本しか吸わない。花穂の最先端の上質の大麻草が手に入れば、吸う本数はもっと減る傾向がある。

数千万人のアメリカ人が日常的に大麻草を喫煙しているが、1997 年の段階で、アメ

リカの肺の専門家の最高権威のドナルド・タシキン医学博士（UCLA）によると、大麻草の喫煙が肺がんを誘発したとの事例はただのひとつも記録されていない。同医学博士によると、大麻草を喫煙する上で想定される最も大きな健康被害は、1日に16本以上もの「極太」のジョイント（大麻草の葉や花穂等）を喫煙した場合、煙が酸素の邪魔をして、低酸素血症に陥ることである。タシキン博士曰く、タバコとは正反対に、大麻草が肺気腫を「いかなる形であれ」引き起こすことはないとのことである。

　大麻草は非常に複雑な、進化した植物である。大麻草の煙には、約400種類もの成分が含まれている。そのうち60種類の成分が、様々な治療に有効であることが知られている。大麻草は食すことも可能で、それによって喫煙に伴う不快感を回避することができる。しかし、大麻草は喫煙した場合、食した時の約4倍の薬効成分が体内に吸収される。大麻取締法に伴うブラック・マーケットでの高騰と、大麻草栽培に伴う厳しい刑罰が、一般庶民にとって、少しばかり効率が悪いものの、より健康的な経口投与を妨げている。

ラボラトリー試験は現実世界を反映していない

　数々の研究によって大麻草の発がん性物質は、水パイプやヴェポライザーで取り除けることが証明された。アメリカ政府は、この情報やこの情報の重大さを、故意に報道機関から隠蔽した。同時に政治家たちは、水パイプやヴェポライザーを「麻薬喫煙具」として禁止にした。

大麻草に関する噂の広まり方

　1976年にUCLAのタシキン医学博士は、フランスのランス市で開催された「大麻草の医学的危険性に関する会議」に伴い、ガブリエル・ナハス博士あてに報告文書を送付した。同文書は、この大麻草に関して否定的な世界会議において、もっとも扇動的に取り上げられた。後から思いついて、報告文書をランスの会議に送付したタシキンはひどく驚いた。タシキンのランス会議への報告によると、29ヶ所の肺の領域を調べ、たったひとつ、太い気管支（中枢気管支）においてのみ、マリファナはタバコより高い刺激性があった（約15倍）。しかし、この事実は取るに足らないことで、なぜならタバコはこの部位にほとんど影響しないからである。つまり、ほとんど影響しないということを15倍しても、ほぼ影響が無いということになる。いずれにしても、大麻草は肺の他の各部位に良性、もしくは中立性の作用を及ぼす（第7章参照）。
（ドナルド・タシキン医学博士、UCLAにおける研究、1963年から1983年／UCLAでの肺病に関する研究、1965年から1995年）

　1977年、連邦政府は大麻草と肺病に関する研究を再開した。タシキン博士が、大麻草が肺と人間の健康全体に治療的に作用することを発表してから2年後のことである。しかし今回は、大麻草喫煙が太い気管支（中枢気管支）に及ぼす影響のみに研究が限定

された。私たちは数十回に及び、タシキン医学博士にインタヴューした。1986年に私は、医学博士が『ニュー・イングランド地方・医療ジャーナル』のために用意していた、「同量の」大麻草がタバコと同等、あるいはそれ以上に前がん病変を引き起こすとの記事について質問した。多くの人、そしてマスコミが知らされていない事実として、あらゆる組織の異常（炎症、発疹、そして皮膚などの赤み）が前がん病変と呼ばれているということだ。タバコによって引き起こされる前がん病変とは違い、THCに関連する前がん病変には放射能が含まれていない。

　私たちは、タシキン医学博士に対して、大麻草のみの喫煙者のうち何人が肺がんになったかを尋ねた（ラスタファリアンなど）。UCLAのラボラトリーの椅子に腰掛けながら、タシキン医学博士は私を見つめ、「不思議な現象が確認されている。これまでの被験者のうち、肺がんになった人はただのひとりもいない」と語った。

「この事実は報道機関に報告されたのだろうか？」

「それは記事に書かれている」とタシキン医学博士は言い、「しかし報道機関の誰ひとりとしてこの問題に言及することはなかった。皆が最悪の結果を想定したのだろう」医学博士の私たちに対する答えは、依然として、大麻草のみの喫煙者が肺がんを引き起こしたという事例はただのひとつも報告されていないというものであった。そして20年前に多くの医師たちが発がん性を予測したように、数十万人の大麻草喫煙者のアメリカ人が、（1997年までに）肺がんを引き起こしたという事例はない。

もうひとつの事実：大麻草は肺気腫の治療に有効

　後のインタヴューにおいて、タシキン医学博士は、私（筆者）が知る事例において、マリファナが肺気腫の治療に有効であるとの情報を提供したことに対して、感謝の言葉を述べた。この情報を提供した当初、タシキン医学博士は私の主張に笑い声をあげた。彼はマリファナが肺気腫を悪化させると推定していたが、論拠を再調査するにあたり、非常に稀なケースを除いては、大麻草の喫煙が気管支を広げることによって肺気腫の治療に有効であることを突き止めた。そうやって、私が知る人々が、肺気腫の治療に大麻草を使用することが理に適っていることが実証されたのである。

　マリファナは、肺に有益性をもたらす唯一の植物ではない。サンタ草、フキタンポポ（カントウ）、ニガハッカや他の薬草も伝統的に肺を助けるために喫煙されてきた。

　タバコとそれに関連する健康被害は、「喫煙行為」に対して大いなる偏見をもたらし、大麻草がタバコよりも有害であると考える人がほとんどとなった。大麻草の研究の禁止により、健康保健衛生上の事実は、簡単には手に入らなくなった。1997年の12月、私

たちが再度タシキンに意見を聞くと彼は確信を持って、「マリファナはどのような形であれ、肺気腫を引き起こさない」と語った。更に、大麻草の喫煙に関連した肺がんは、ただの一例も報告されていない。

……そして、このような証言は同じように続く。

　私たちが検証した、ほとんどの反マリファナ文献の類は、その情報源を明らかにしていない。他の文献は、DEA（アメリカ麻薬取締局）やNIDA（薬物乱用に関する全米学会）の情報に依拠している。私たちに調査が可能だったこれらの研究は、その多くが伝聞による各種の記録や、不自然なデータの配置、そして検証や再現が不可能な実験に基づくものばかりだった。大麻草喫煙による乳房腫大、肥満、依存性などの報告は、全て未だ証拠が出ておらず、科学の世界では信頼性が低いものとみなされている。他のマリファナ報告の類、例えば、大麻草の喫煙が精子数の減少を一時的にもたらすといった事象は、一般的な統計上においては意味をなさず、しかしこれらの事象はメディアによって誇張され、報道されるのだ。他にも、カリフォルニア州サクラメント市で報告された一握りの咽喉腫瘍や、メリーランド州ボルティモア市の救急病院で報告された負傷の類は、医学的統計とは相反するもので、再現不可能な事象である。

　ヒースやナハスによる、テンプル大学やUCデイヴィス（カリフォルニア州立大学デイヴィス校）での疑似研究の結果は、学術団体による、科学的、医学的文献によって否定されている（UCデイヴィスでの研究では、マウスに合成のTHCと親戚関係にある類似物質を注射した）。このような手垢のついた研究が科学的に論じられなくなったにもかかわらず、これらは最新の研究として、DEAや製薬会社の資本による、山ほどある、大麻草の長期的な悪影響、つまりTHC代謝産物が脳や生殖機能に与える悪影響を伝える文献に反映されている。このような情報操作はアメリカ連邦政府、DEA、DAREやPDFAの報告に引き継がれているのである（1982年のアメリカ国立衛生研究所の報告、アメリカ科学アカデミーの過去の研究の検証、1980年のコスタリカ報告書）。人間の脳や知性に対して害を加えることのない大麻草は、有史以前よりほとんどの社会で労働における強壮剤として、あるいは創造性を高めるために利用されてきた。

ナハスが警察予算の増大を処方

　驚くべきことに、大麻草に腫瘍を縮小させる効果（第7章を参照）があるという有名な研究は、元々は連邦政府によって命じられた、大麻草が免疫系に及ぼす害についての研究から派生した。これは1972年にコロンビア大学の、すこぶる評判の悪かったガブリエル・ナハス博士による、『リーファー・マッドネス』（アメリカの反マリファナ・プロパガンダ映画）的研究に基づくものであった。ナハスは自身の研究により、大麻草が染色体やテストステロン（男性ホルモン）への害と無数の悪影響を身体に及ぼし、最終的には免疫を破壊すると結論づけた。ナハスは第2次世界大戦中の戦略情報局（OSS）や、その後身機関であるCIAへの関与や、連邦府での職務の遂行により、リンドン・ラルーシュやカート・ワルドハイムと協力関係にあった。1998年時点でも、ナハスはDEA（アメリカ麻薬取締局）やNIDA（麻薬乱用に関する全米学会）の御用学者であったが、ナハスによる反マリファナ研究が他の無数の実験研究などにおいて再現されることはついになかった。そして1975年に、コロンビア大学は特別記者会見にて、ナハスのマリファナ研究から正式に手を引くことを明言した！　このような古臭くて信頼できないナハスの研究は、現在でもDEAによって公布され、故意に、マリファナに関する知識を持たない保護者団体や教会、PTAなどに大麻草の邪悪性の証拠になる研究として配布され続けている。このような説を拡散※させた、ナハスによるマリファナの害にまつわる恐怖談の数々は、アメリカ人の税金で賄われている。これは、アメリカ国立衛生研究所が1976年に、ナハスによって行われた1970年代初頭の恥ずべき大麻草研究のための研究資金提供を拒否した以降も続いているのだ。

※──ナハスは、1983年の12月に同僚や同業者などから非難を受け、NIDAに資金提供を拒否された後、THC代謝産物の増幅や、ペトリ皿における染色体組織の損傷研究を含む、あらゆる実験結果、推定などを撤回した。

　しかしながら、DEAやNIDA、VISTA、「麻薬戦争」、そして作家のペギー・マン（『リーダース・ダイジェスト』の記事や、ナンシー・レーガンが序文を書いている『マリファナの危機』）は、これらの既に否定された研究内容を未だに保護者団体（「麻薬を使用しない若者を育成する家族の会」）に伝え、演説者のナハスに多額の講演料を支払い、彼が同僚や同業者からどう思われているかについては問題にしない。私たちは、これは両親や、学校の先生、立法議員や判事を脅すために利用され、科学的専門用語や非臨床的統計を駆使して、尿検査の器具を売るための策略であると信じている。これにより、麻薬治療クリニックやその職員が潤うのである。そしてこれはDEAや地方警察、司法行政、刑行政、矯正施設による利益の追求や、他の利益誘導（国庫交付金など）を目論む警察国家に利用されるのである。「麻薬戦争」は莫大なる国家予算を意味し、恥知らずな警察や、刑務所の独房の予算の拡大が続いている。アメリカには、ナハスの研究結果を基に、過去10年間で数百万のアメリカ人のマリファナによる収監を支持する、数千もの判事、立法議員、警察官、『リーダース・ダイジェスト』の読者、両親などが存在する。DEAは、ナハスによる1983年の研究成果の撤回の後も故意に、そして不正にその研究を利用し続け、無知な判事や政治家、報道機関、保護者団体などに対してナハスの受けた、公然たる非難を隠蔽し続けた。これらの人物や団体は、政府は本当のことを言っていると信じきっていた。多くのメディアや報道関係者、テレビ解説者は、1970年代のナハスによる再現不可能な実験を、真実として受け止め、この不正直な「科学者」の業績は、学校などで広がる数々の恐ろしい都市伝説を生んでいる。

　ナハスの再現不可能な実験は現在も引き継がれ、教えられ、一方で正直な大麻草研究者は医療用の大麻の研究を始めただけで、刑務所に送られかねないという現実に

直面するのである。そればかりか、ナハスの再現不可能な合成のTHCによるペトリ皿における免疫研究は、熱烈な「麻薬を使用しない若者を育成する家族の会」や「ジャスト・セイ・ノー！（麻薬にはNO!）」の類の団体によって拡大解釈され、ついには大麻草がエイズを引き起こすとの報道をもたらした……それにはなんの根拠もないが、報道機関は様々なレトリックを使い、アメリカにおける『リーファー・マッドネス』を更に悪化させたのである！ ガブリエル・ナハスは1998年、パリに居住し、大麻草に関する正確な知識を有しないヨーロッパの人々に対して、同様の古びた嘘を、真実として触れ回っている。私たちの大麻草合法化団体（HEMP）が、1993年の6月18日にナハスに世界のマスコミの前での討論会の申し入れをした所、彼は最初は快く承諾した。しかし、私たちの話が大麻草について多岐にわたる（製紙技術、繊維、燃料、医薬品、その他）ことを知ると、私たちが彼の条件を満たしていたにもかかわらず、討論会への参加を断った。

放射能で汚染されたタバコ：知られざる真実

タバコの喫煙は、エイズ、ヘロイン、クラック、コカイン、アルコール、自動車事故、火事や殺人を全部合わせた数よりも多くの人を毎年死に至らしめる。タバコの喫煙はヘロインと同じくらいの依存性があり、それを止めた時に禁断症状を伴い、喫煙習慣へと逆戻りする率は75%と高い。この確率はヘロインやコカインを止めた時と同程度である。タバコ喫煙は、アメリカ国内において、回避可能な死亡原因の1位である。タバコ喫煙者は、非喫煙者に比べて肺がんになる率が10倍もあり、心臓病を患う危険性も2倍、そして心臓病を患った際に死亡する可能性は3倍に上る。しかし、タバコは完全に合法で、アメリカ連邦政府から出る助成金が他の全ての農作物よりも高率で、タバコはアメリカ最大の殺人者である！ なんという偽善であろうか！

アメリカでは、7人にひとりがタバコの喫煙により死亡する。女性のタバコ喫煙者は、非喫煙者に比べて肺がんにかかる確率が、乳がんにかかる率よりも高く、そして避妊薬を服用するタバコ喫煙者は、心臓病を患う可能性が著しく高くなる。タバコ産業には1日700万ドルが宣伝費に投入され、タバコ会社は1日に3000人程度の新規の喫煙者を必要としている。それは、タバコを止めたり、死んでしまった人の分の損益を取り返すためである。

100年の間、ケンタッキー州の主要産業にして主要農作物（1890年まで）は、健全で、用途が多岐にわたる大麻草であった。1890年以降、大麻草は食することのできない、繊維質でない、土壌に良くないタバコ産業に取って代わられ、それには放射性物質を含む肥料が使われているのである。アメリカ連邦政府の研究によると、1日に1箱半のタバコ喫煙者は、1年間で、肺に対して300回以上のレントゲン写真を（しかも、1980年代以前の、鉛による放射線遮蔽を施さない状態で）撮ったのと同様に皮膚組織に害を及ぼす。しかし、レントゲンが放射能を瞬時に分散させるのに対し、タバコ喫煙の放射能はその半減期により、肺の中に21.5年も留まるのである。アメリカ公衆衛生局のC・エヴェレット・クープ元長官は、全米で放送されたテレビ番組内で、タバコの葉に含まれる放射能が、タバコ関連のがんを引き起こしているのではないか、と語った。大麻草のタールには放射能は存在しない。

(ジョセフ・R・ディフランザ博士、全米大気圏研究学会、全米肺協会、マサチューセッツ州立大学医学部、1964年／『リーダース・ダイジェスト』、1986年3月号／アメリカ公衆衛生局長官C・エヴェレット・クープ、1990年)

連邦政府が語りたがらない研究の数々
コプト教徒の大麻草研究（1981 年）
大麻草は人間の脳や知性に害を与えない

　大麻草は古今東西、ほとんどの社会で使用され、労働の能率を高めるためや、強壮剤、そして創造性を高めるために利用されてきた。
（ジャマイカの研究、コプト教徒の研究、コスタリカの研究、ヴェダス、ヴェラ・ルービン博士、国立人類研究学会、他）

　1981 年にさる研究が明らかにした所によると、アメリカで一番の大量大麻草喫煙者の 10 人（フロリダ在住のコプト教徒）が、10 年間に及び、1 日に 16 本の上物の「スプリフ」※を喫煙したことにより、自身の知能を向上させたと信じていることが分かった。アンガーリーダー博士とシェーファー博士（UCLA）によって実施された本研究では、被験者の 10 人と、大麻草の非喫煙者の脳を比べた際、全く違いは見られなかった……しかし、コプト教徒の主張するような、知能の向上も確認されなかった。

※―「スプリフ」1 本は、アメリカの平均的なジョイント 5 本分に相当する。

長寿の秘訣で、しわも出来にくくなる

　古今の多くの研究が指し示す所によると、その他の条件が同じ場合において、大麻草喫煙者の方が、全く使用しない人と比較して、長生きするとの統計が出ている。

―ジャマイカとコスタリカの研究―
ジャマイカの研究　1968 年から 1974 年、1975 年
大麻草喫煙者が受ける恩恵

　これまでなされた、自然な状況における、大麻草喫煙に関する最も徹底的で体系的な研究は、恐らくはヴェラ・ルービンとランブロス・コミタスによる、『ガンジャ・イン・ジャマイカ：医療人類学的な、慢性的大麻草喫煙者の研究』であろう（1975 年、ムートン＆カンパニー、ザ・ハーグ、パリス、アンカー・ブックス出版）。

　ジャマイカにおける本研究は、アメリカ国立精神衛生研究所（NIMH）の麻薬乱用研究センターの資金提供によるもので、医療人類学の分野において多岐の学問領域にわたる、マリファナとマリファナ喫煙者に関連する、最初に出版されたプロジェクトとなった。

> そして生理学上、知覚上、運動能力上、観念の形成上、抽象的な能力上、認識上、記憶上の減損は一切見られなかった。

　ジャマイカにおける研究の序文より：「非合法であるにもかかわらず、ガンジャ（大麻草）

の使用は社会に浸透しており、その持続時間は長く、使用頻度も非常に高い。大麻草は長時間に及んで喫煙され、アメリカよりも品質の高い、大量のTHCを含む品種が、なんら社会的、心理的な害毒もなしに使用されている。アメリカとジャマイカの最大の違いは、ジャマイカにおける大麻草の使用や、使用に伴う行動が、伝統的にも社会的にも容認されており、あるいは制約されていることである」

肯定的な社会的態度

本研究には、ジャマイカにおける、大麻草喫煙者の社会的な「正の強化」の概念に基づいた、喫煙者による大麻草の礼賛が記されている。大麻草は労働における一種の強壮剤として使用される。被験者は、大麻草の喫煙が脳の活性化を促すと主張し、また同時に生命力がみなぎり、楽しくなり、責任感が強まり、意識も高まるとしている。

犯罪行為に結びつかない

ヴェラ・ルービンとその同僚たちは、大麻草と犯罪に関する因果関係を発見することができなかった（大麻草の所持や栽培による逮捕以外）。また喫煙者による運動能力の低下も見られず、喫煙者と非喫煙者の間に外向性の違いも見られず、職務経歴も同等であった。ガンジャの大量喫煙が、働く意欲を失わせることもなかった。被験者に対する心理学的な評価によると、ガンジャ喫煙者の方が感情の表現が豊かで、少しばかり楽天的で、少しばかり注意散漫になった。ガンジャの喫煙による系統的な脳の破壊や、分裂症の類は確認されなかった。

生理学的な衰退をもたらさない

1972年にマリリン・ボウマンがジャマイカの大麻草大量喫煙者の心理学試験の数々を基にたどり着いた結論によると、「生理学上、知覚上、運動能力上、観念の形成上、抽象的な能力上、認識上、記憶上の減損は一切見られなかった」

被験者のジャマイカ人は、6年間から31年間にわたって大麻草を喫煙し（平均16.6年）、最初に吸った年齢は平均12歳と6ヶ月だった。1975年の調査では、大麻草喫煙者と非喫煙者の間に、血漿テストステロンや栄養学的な違いは見られなかった。そして大麻草喫煙者は知能テストで少しばかり好成績を上げたものの、これは統計学上意味をなさない。また、細胞性免疫の基本的な検査では、使用者の間に気になるような免疫低下は見られなかった。

最後に、「被験者Aにタバコと大麻草の両方を吸わせ、被験者Bにはタバコのみを吸わせてみた。それにも関わらず、被験者Aの方が被験者Bよりも気道が健康であるとの結果が出た」

「私たちは、マリファナが気道に悪影響を与えないばかりか、むしろタバコの害から保護する役割を果たすことに気付いた。どちらにしても、更なる研究のみが、この事実を明るみにすることであろう」

踏み石論（ゲートウエイ理論）の嘘

いわゆる踏み石論、ゲートウエイ理論は否定された。「労働者階級のジャマイカ人によるハード・ドラッグの使用は、ルービンの研究においては見られなかった。被験者のただひとりとして、覚せい剤、幻覚剤、バルビツール、他の麻薬や睡眠薬に手を出した者はいなかった」

1800年代のアメリカでは、大麻草はあらゆる依存症を克服するために使用された。オピオイド（阿片系）、抱水クラロール（睡眠薬）やアルコール依存症は、強力な大麻草の抽出液で見事に治った。患者によっては、12回以下の大麻草抽出液の投与により、回復した。[★1] 同様に、大麻草喫煙が現代のアルコール依存症の治療に有効であることが発見された。[★2]

コスタリカの研究（1980年）

ジャマイカでの研究の成果は、もうひとつのカリブ海における研究によって裏づけられた——1980年のコスタリカでの大麻草研究である——「慢性的大麻草使用者の研究」と呼ばれた本研究は、ウイリアム・カーターの編纂によるもので、「人類的課題の研究学会」のために遂行された（ISHI、3401サイエンス・センター、フィラデルフィア市）。

またもや研究者たちは、コスタリカの大麻草大量喫煙者になんらかの弊害を確認することができなかった。近隣の、大麻草文化のない島々で見られたような、アルコールに伴う諸社会問題は、コスタリカでは発見されなかった。本研究は、社会的に容認されたガンジャ（大麻草）は、それが入手可能であれば、アルコール（ラム酒）の使用を軽減し、アルコールの代替品となることを明確にした。

アムステルダム・モデル

大麻草／ハシシ（大麻樹脂）喫煙者を訴追せず、大麻草に関する寛容政策を取っているオランダ（現地でコーヒーショップと呼ばれる、カフェやバーで入手可能）では、ハード・ドラッグ使用者が社会復帰を目指す一方で、ティーンエイジャーによる大麻草喫煙率の大いなる低下が見られ[★3]、ヘロイン中毒者においては33％の減少が見られた。大麻草の公共の販売網と、ハード・ドラッグの売人の接点を分断する戦略は、見事に成功したのである（1989年8月、『ロサンゼルス・タイムス』）。1998年の時点では、オランダ政府はアメリカ政府やDEAからの圧力に屈せず、大麻草を再び刑罰化することを拒否し続けている。

●―脚注：
★1―J・B・マティソン医学博士「鎮痛剤や催眠薬としてのカンナビス・インディカ」、1891年11月／セント・ルイス医療及び外科ジャーナル、VOL.LVI、NO.5、265頁から271頁、トッド・ミクリヤ医学博士の『医療大麻白書』に転載。
★2―トッド・ミクリヤ医学博士「大麻草代替療法：アルコール依存症における大麻草の補助的な治療効果について」、1970年4月／『メディカル・タイムス』、VOL.98、NO.5、『医療大麻白書』に転載。
★3―『オレゴニアン』「意識の集合体とオランダの寛容政策」、1989年

大麻取締法支持者の更なる詭弁の数々

『サイエンティフィック・アメリカン』は、1990年に次の通り報告した。「麻薬使用には莫大な費用がかかることを証明したい、その種の実験の支持者による、警告的な統計によると……その種の実験が常に正確に現実の状況を反映しているとは言えない。事実、一部のデータは麻薬使用が実に取るに足らないもので、時に有益な効能をもたらすことを示唆している」（『サイエンティフィック・アメリカン』、1990年3月号、18頁）

文中、ジョージ・H・W・ブッシュ元大統領が1989年に利用した統計が一例としてあげられている。「麻薬を使用するアメリカ人就労者がビジネスに与える損害は、年間600億ドルから1000億ドルに上り、それは生産性の低下や、長期欠勤、麻薬使用に関連する事故、医療保険の支払い、そして窃盗によるものである」。しかし、1989年のNIDA（麻薬乱用に関する全米学会）の発表によると、これらの主張は全て、1982年に3700世帯が対象にされた、たったひとつの調査に基づいているとのことである。

三角座研究学会（RTI）の調査によると、大麻草喫煙経験者が（少なくとも）ひとりいる世帯は、大麻草喫煙経験者のいない、それ以外では似たような家族構成の世帯と比べて、平均収入が28％少ないとの結論を導きだした。三角座研究学会の研究者は、平均収入の差が、「大麻草の喫煙による損失」の結果であると結論づけた。同研究学会は外挿法（統計学）を駆使して、「麻薬蔓延社会」における犯罪や健康被害、事故が招く支出は、年間470億ドルに上ると見積もった。ホワイトハウスはインフレや人口の増加を統計に盛り込むことによって、統計を「調整」し、ブッシュの声明の根拠を示した。

ところが、三角座研究学会の世論調査には、現在の麻薬使用に関する質問条項が盛り込まれていた。この質問への回答によると、コカイン中毒者やヘロイン中毒者を含む、非合法麻薬使用者のいる家庭と、そうでない家庭には、収入の違いが見られなかった。従って、これらの統計が「証明」する所によると、現在のハード・ドラッグ使用でさえ、「収入の低下」には繋がらず、それとは対照的に、過去におけるたった1回のマリファナ喫煙が「収入の低下」をもたらすことも、もちろんなかった。

汚職の履歴：カールトン・ターナー

著者がこれまでに探求した、公共の信用や基金を不正に使用したもっとも酷い例は、次に紹介する、無知で、故意にアメリカ人を見殺しにする、官僚と政治家たちの結びつきである。

麻薬詐欺師の所業

アメリカ連邦政府の政策では、ニクソン政権やフォード政権、そしてカールトン・ターナー※（レーガン政権下のアメリカの麻薬取締りの最高責任者。1981年から1986年）の指揮によって連邦医療大麻プログラムが実施され、連邦政府が各州の医療大麻プログラムの大麻草を支給する際、大麻草の葉のみが含まれたマリファナが提供された。それは大麻草の花穂（バッヅ）を吸った時の効力の3分の1にも満たない代物で、「生薬」として喫煙される大麻草に含まれる広範囲なTHCやCBNなどの薬効成分も含まれていなかった。

※―ホワイトハウス特別顧問の地位（つまり麻薬取締りの最高責任者ポスト）を得る前、カールトン・ターナーはミシシッピー州立大学での地位を利用して、1971年から1980年の間、連邦政府による大麻草の医療目的栽培の最高責任者であった。ミシシッピー州立大学マリファナ研究プログラムは、州の認可により運営され、「生原料」としてTHCの構成要素を発見し、分離し、合成の有益な医薬品として製薬会社の利権の可能性を追求するために実施された。

例えば、緑内障患者に大麻草の葉の喫煙がもたらす眼圧の解消は、その効能時間も短く、花穂（バッヅ）の喫煙と比較して、患者に不満足な結果をもたらす。また、葉の喫煙は、人によっては頭痛をもたらす。連邦政府は1986年までは大麻草の葉の部分しか使用しなかった。ターナーは、製薬会社へのインタヴューにおいて、花穂の方が効能があるものの、アメリカ人には葉の使用しか許されないだろうと語った。1999年でさえ、アメリカ連邦政府により特別に許可された7人の合法的な大麻草使用者は、葉と枝と花穂が混ぜられ、共に粉砕され、紙に巻かれたものを喫煙している。花穂のみの方が化学療法や緑内障などに効果があり、枝の喫煙が木材の喫煙と同等に危険であるにもかかわらず、そのような大麻草が病人に処方されたのである。

ターナーは1986年に、天然の大麻草が医薬品として処方されることは「絶対」にないだろうと語った。そして1998年4月でもそれは変わっていない。1996年11月に住民投票で医療大麻新法案が成立したカリフォルニア州を除いて！（訳注：2014年現在ではアメリカの23州とワシントンD.C.特別区で医療大麻が認められており、2州で嗜好大麻が合法化されている）

医薬品にならない理由

⊙大麻草の花穂は、タバコの自動巻き機で巻きにくい（しかし2500万人のアメリカ人

は花穂を見事に手で巻く）。
- 市民が大麻草の「生原料」から、直接有益な物質を摂取する場合、それに対して特許の申請方法がなく、製薬会社の企業利益を生まない。従って、ターナーのプログラムは彼の資金提供者……ミシシッピー州立大学が立法上の恩恵や、資金提供を受けられそうになかった。

（エド・ローゼンタールの『ハイ・タイムズ』インタヴュー。ディーン・ラティマー、その他、NORML）

大麻草の花穂の方が、葉に比べて、化学療法や緑内障などに遥かに薬効があるにもかかわらず、ターナーは花穂の配給を拒否した。そして連邦政府の供給による大麻草の葉には、化学療法患者にマンチーズ現象（食欲増進）をもたらすほどの効果がなかった。そして葉と花穂を比較する研究は未だ許可されていなかった。しかし私たちは、がんに伴う食欲不振を解消するために、大麻草の花穂の喫煙を密かに勧める医師を知っている（NORML）。

大麻草喫煙者に毒を盛る

1983年の8月と9月に、ターナーは全国ネットのテレビ番組に出演して、ジョージア州やケンタッキー州やテネシー州で、DEAによる、飛行機での大麻草畑へのパラコート（除草剤）の散布を正当化する発言をした。ターナーは、パラコート入りの大麻草を吸って少年少女が死亡すれば、いい見せしめになると語った。ターナーは公の場で、大麻草喫煙が同性愛、免疫不全、そして当然のこととしてエイズの原因であるとの自説を展開して、辞任に追い込まれた。

大麻草の治療への可能性を追究する研究はもっとも制限され、妨害され続けている研究のひとつだが、大麻草に対する否定的な研究は国家により奨励されている。これらは裏目に出たり、結論が出なかったりすることも多いので、このような研究も非常に稀である。ターナーは『ローマ帝国の興亡』から台詞を引用し、ジャズやロック歌手が「彼の愛する」アメリカをこの幻覚性の麻薬、つまりマリファナで堕落させていると語った。彼は大麻草を撲滅する意欲に燃えていた。

ブッシュの逆襲

1981年に、ロナルド・レーガン元大統領は、当時副大統領であったジョージ・H・W・ブッシュの推薦により、カールトン・ターナーをホワイトハウスの麻薬最高顧問に任命した。1981年から1986年に開催された、製薬会社とそのロビイスト組織である、全米化学製品製造業の大会において、ターナーは、大麻草に含有される400種類の化合物の研究を禁じることを約束した。ブッシュは引き続きこの意向を尊重し、個人や公共の大麻草に関する肯定的な研究へのNIDA（麻薬乱用に関する全米学会）やNIH（アメリカ国立衛生研究所）による助成金を打ち切った。そしてアメリカ食品医薬品局の認可のもと、大麻草に関する否定的な研究ばかりが行われた。1998年7月の時点では、クリントン政権も同様の政策を取っている。

第15章　ゆがめられた事実

まやかしの除草剤キット

　メキシコで大麻草へのパラコート散布事件があった1978年、カールトン・ターナーが未だ一介の市民としてミシシッピー州のマリファナ農園に勤務していた頃、ターナーは『ハイ・タイムス』に対して、パラコートの検査キットの宣伝をするよう持ちかけた。『ハイ・タイムス』はパラコート検査キットの性能が非常に悪いため、一切の宣伝を拒否していた。ターナーはこの事実を知らなかった。当時の『ハイ・タイムス』の共同編集者であったディーン・ラティマーは、1ヶ月に及び、ターナーによる検査キットの販売がいかに儲かる商売であるかの言質を取った。『ハイ・タイムス』はサンプルを見せるよう、ターナーに要請した。1984年の記事の文中において、ラティマーは、ターナーが持ち込んだパラコート検査キットが「ルーブ・ゴールドバーグ的」（訳注：大仕掛けの機械を揶揄した漫画家）なまやかしで、「この時代、多くの会社が『ハイ・タイムス』に対して、このようないんちき商品の広告宣伝を申し入れてきた」と書き記した。ターナーは、『ハイ・タイムス』が彼の商品を調査するほどの倫理観を持ち合わせていないと高を括った。ターナーは『ハイ・タイムス』が広告宣伝費に飛びつき、自分を裕福にするであろうと勝手に決めてかかった。

　いんちきパラコート検査キットを購入したことによって、少年少女が死亡したり、あるいはにせものの検査キットをつかまされて損をした人のことは、ターナーの知ったことではなかった。このような郵便詐欺（訳注：連邦法で禁止されている、郵便を使って第三者を騙す犯罪行為）まがいの計画を断念した後、ターナーは1981年に、ブッシュやナンシー・レーガンの後援もあって、レーガン元大統領の麻薬取締りの最高責任者になった。

アルコールとの比較

　世の中には、本当に恐ろしい薬物依存が多数存在する。そのうちでも最悪なのがアルコールで、それは愛好者の多さもさることながら、極端な量を摂取した場合、反社会的な行為に結びつく。アルコールの過剰摂取は、ティーンエイジャーの死亡者数の筆頭である。

　毎年8000人のアメリカのティーンエイジャーが飲酒運転によって死亡し、毎年4万人が飲酒運転事故によって障害を抱えている。（MADD：飲酒運転に反対する母親の会、SADD：飲酒運転に反対する学生の会、NIDA、その他）

　アメリカ連邦政府や警察による統計は、不思議な数値を反映している。

　毎年、アルコールによる死亡者数は10万人を超え、延べ1万年に及ぶ喫煙習慣にもかかわらず、大麻草による死亡者はただのひとりもいない。殺人事件の40%から50%や高速道路での死因は、アルコールに起因するものである。また、『シカゴ・トリビューン』や『ロサンゼルス・タイムス』は、高速道路での死亡事故は、その90%がアルコールを原因としていると推測した。同じく、69%から80%の小児レイプ事件や近親相姦事件にも関与していると思われる。妻へのドメスティック・ヴァイオレンスも、過半数を超える60%から80%がアルコールを原因としている。ヘロインは、35%の住居侵入窃盗、強盗、武装強盗、銀行強盗、自動車の窃盗などに関与していると見られている。アメリカ司法省のFBIの犯罪学統計によると、2005年にはマリファナの単純所持罪で786,545人のアメリカ人が検挙された（1992年度の40万人から上昇した）。

故意による人命の軽視

　ターナーは、数百人の少年少女が、連邦政府が故意に散布したパラコート除草剤で死亡しても一向に構わないと発言した。そして1985年の4月25日、ジョージア州アトランタ市で開催されたPRIDE会議には、16ヶ国から世界の首脳夫人（イメルダ・マルコスも含む）が集まり、そこでターナーは、麻薬密売人に死刑を科すよう申し入れた。結局の所、ターナーはレーガンやブッシュや製薬会社に雇われた男で、自身の立場と目標が、ヘロインやPCPやコカインと敵対するものではなく、マリファナやジャズ、そしてロック・ミュージックの撲滅に向けられていることを自覚していた。

　カールトン・ターナーは、1986年の10月27日の『ニューズウィーク』の補足記事にて激しく非難され、辞任に追い込まれた。この辞任劇は、ターナーが『ワシントン・ポスト』や他の媒体でも嘲笑された、マリファナ喫煙が同性愛をもたらし、免疫の不全を引き起こし、従ってエイズをも引き起こすという主張によるものであった。

　ターナーは1986年の12月16日に辞任した。本来なら新聞一面の大見出しを飾るほどのニュースが、その週にスキャンダルが白熱した、イラン・コントラ事件の影に隠れてしまった。

尿検査会社

　辞任の後、ターナーはロバート・デュポンと、元NIDA（麻薬乱用に関する全米学会）のピーター・ベンシンガーと組んで、尿検査の市場の独占を目論んだ。彼等は250もの大企業の相談役として契約を結び、麻薬使用に関する指導、早期発見、そして尿検査のプログラムを手がけた。ターナーの辞任直後、ナンシー・レーガンは（国家への忠誠心を見せるべく）、尿検査を実施する企業のみが連邦政府と取引きできるようにする旨、助言した。

　G・ゴードン・リリー（訳注：ニクソン政権時のウォーターゲート事件の首謀者のひとり）が事件発覚以降、ハイテク企業の警備の影に隠れているのと同様に、カールトン・ターナーは、急成長産業の新鋭の企業家として裕福になった。急成長産業の企業とは、尿検査会社のことである。このようなビジネスは基本的な人権であるプライバシー権の侵害であり、自己を有罪に至らしめる証言はしなくともよいという権利（アメリカ憲法第5修正案）の侵害でもある。不当な捜査や押収を禁止する条例や、推定無罪（有罪宣告を受けるまでは無罪）の原則にも違反している。このような恥辱への服従は、身体の機能のうち、もっともプライベートな部分を監視され、尿検査が、個人が企業で働き、生計を立てるための手段と化す。ターナーの金儲けのための道具は、アメリカ人の基本的人権であるプライバシー権と、人間としての尊厳に関わる大問題となる。

Illustration: Marga Kasper / Leslie Cabarga

第16章

大麻草の未来

　結論から言うと、政府によるマリファナ弾圧は、見え透いた嘘で塗り固められている。本章では、政府が市民に知られたくない研究に焦点をあてる。そして大麻取締法に関する、具体的で実現可能な代替案について考えてみよう。

　その前に、ちょっとおとぎ話を……。

裸の王様の話
（ハンス・クリスチャン・アンデルセンのおとぎ話より）

　昔々、非常にうぬぼれが強く、非道な王様がいた。王様は最も優れた繊維でできた、華麗な装束のために、市民に重税を課した。

　ある日、二人の詐欺師が、遠くからきた仕立て屋のふりをして、王様に謁見する人々の中に潜り込んだ。二人の詐欺師は、彼等が発明した、金でできた、高級な繊維を売り込んだ。詐欺師たち曰く、最高の、純粋で賢明な者にしか、この繊維は見ることができない。興奮した王様が、見本を見せてくれるように頼むと、男たちは空の糸巻きを提示した。「どうです？　素晴らしいでしょう？」と彼等は王様に言った。王様は自分自身が愚鈍で阿呆と見られたくないがために、見えもしない糸巻きを絶賛した。

　そこで、王様は大臣たちを招集し、試験をするために意見を聞いた。この繊維の優位性が説明された後、これが世界一美しく、最高品質の繊維であることに全員が合意した。

　王様は、仕立て屋（詐欺師）たちにこの繊維で織物を作ることを命じ、財務大臣に多額の金で支払いをさせた。毎日毎日、詐欺師たちは働くふりをして、目に見えない織物を切ったり縫ったりした。王様や大臣たちは彼等の仕事ぶりに感嘆した……そして彼等の莫大な活動資金には金を惜しまなかった。

　ついにその日がやってきた。市民たちは、自分たちの血税で賄われた、王様の噂の新しい装束を見るために広場に集合した。

　素裸のまま大股で堂々と歩く王様に市民は驚愕したものの、誰も何も言わなかった。そして、市民は奇跡的な新生地を礼賛し、大歓声をあげた。市民は「こんなに美しい生

地は初めて見ました！」「素晴らしい！」「私も同じ生地が欲しい！」などと口走った。市民たちは告発を免れるために、そして愚鈍で阿呆であると思われないために喝采した。

　王様は高慢な態度で市民の前で広場を闊歩したが、王様には密かな懸念があった……。それは、もし自分も身に纏った装束が見えないという事実が明るみになれば、王位を剥奪されかねないということであった。

　群衆の前を通過した王様に対し、父親に肩車されたある少年が「王様は裸です！」と叫んだ。

　「純真無垢な声を聞きなさい！」と父親は言った。そして市民たちは少年の言葉を互いに耳打ちした。少年の言葉は、瞬く間に市民の間に広がった。

　その時、市民は、王様やその大臣たちが詐欺師の所業にしてやられたことに気が付いた。王様が市民の血税を全部、このような滑稽な衣服に注ぎ込んだことを知った。王様は、市民の嘲笑と不平の声を漏らすのを聞いた。王様は市民たちが正しいことを知りながらも、自分が過ちを犯したことを認めて、恥をかくことを避けるため、尊大な姿勢を崩さなかった。王様は精一杯の力を振り絞って胸をはり、見張り番たちを見下ろし、ようやくひとりの見張り番と目を合わせた。

　きょろきょろあたりを見回したその見張り番は、虚栄心の強い王様の機嫌を損ねたら、刑務所送りか斬首刑に処されるだろうと思い、王様の目を避け、下を向いた。次に、もうひとりの見張り番も、他の見張り番が下をうつむき笑うことを止めたので、顔を下に傾けた。そのうちに、全ての見張り番や大臣、そしてこの特別な、目に見えない金の長い生地を後方で支えるふりをしていた子どもたちも、一様に地面を凝視した。

　王様を笑い者にしていた、大臣や見張り番たちが下を向くと、恐怖におののいた市民たちもそれに倣うかのように、笑うことを止め、頭を下げた。

　「王様は裸です！」と叫んだ少年も、父親を含む周りの大人たちが恐れおののき、威圧されたことに気付き、恐怖により、頭を垂れた！

　そして王様は、再び市民の間を行進し、次の通り、威厳に満ちた声をあげた。「これが世界でもっとも優れた装束であることを否定できる者がいるだろうか？」

おとぎ話の教訓

　私たちは、王様（アメリカ連邦政府）による、事実のごまかしや巧みな世論操作を即

座に白日のもとに晒すことができない。王様のお目付役（FBI、CIA や DEA など）は強大な権力を手中にしている。王様はあらゆる権力を駆使して、恥ずべき行為の数々を隠蔽しようとし、他の国家（国連の資金源となり、世界の反麻薬キャンペーンの実施に加担している）によるアメリカへの忠誠心を、贈収賄や政治的な威嚇によって購入している（これは対外援助や、他国への武器や兵器の販売によるものである）。

このような圧政に対して声を上げるアメリカ市民は、「薬物中毒」などと誹謗中傷され、仕事や収入、家族や財産を失う脅威に晒される。私たちが勝利するためには、アメリカ連邦政府や DEA（アメリカ麻薬取締局）の嘘に正義の鉄槌をくだし、揺るぎない事実でもってこの邪悪なる王様（不当なる大麻取締法）の圧政を切り崩し、圧政に加担する官僚の収監をも辞さない覚悟で、市民を自由にすることが必要である！

論理的な類推

私たちは、王様の装束が、アメリカの大麻取締法の暗喩であると強く主張する！　過去の暴君や様々な禁止法支持者と同様に、王様は力ずくで市民を威嚇し、警察国家としての恐怖を煽り、自身の権威と、横暴な統治の影で連邦財源を無駄遣いし、市民の権利章典を解体することに意義を見いだし、無実な市民を刑務所送りにしているのである。

アメリカは「生存権、自由権、幸福追求権」を国民から決して奪うことのできない権利であるとし、これらの権利を維持するために、選挙権や被選挙権の行使を国民の義務であるとしている。アメリカの政府高官や官僚たちが故意に情報操作を画策し、事実を隠蔽し、国民に嘘をつくのは犯罪行為である。大麻草に関しては、ロナルド・レーガン、ジョージ・ブッシュ、そしてビル・クリントンなどは『裸の王様』の役柄を演じた。更に、ナンシー・レーガンはルイス・キャロルの『不思議の国のアリス』の悪役であるハートの女王の役柄を演じ、「刑は確定！　判決はあとで！」との姿勢を崩さなかった。

過去や現在の麻薬取締りの最高責任者、カールトン・ターナー、ウイリアム・ベネット、ビル・マルチネス、リー・ブラウン、そしてバリー・マカフリー将軍に至る権力者たちは、「王様」の助言者として、詐欺師の所業である目に見えない繊維を褒め称えた。この繊維は元々アンスリンガー、デュポン社、ハーストと悪意に満ちた役人たちによって織られた。現在では、エネルギー産業、製薬会社、酒造会社、麻薬治療専門家、尿検査会社、警察、刑務官と刑務所関連業界などの利権と既得権によって支えられている。これでは、まるで警察国家である。

バリー・マカフリー将軍、そしてジョン・ウォルターズは、王様の顧問として、「純粋で賢明な者にしか見えない繊維」に関して、アンスリンガーやデュポン社、ハーストや悪意のある官僚を巻き込んで、誤信に基づいたキャンペーンを実施した。現在では、

これらの反マリファナ・キャンペーンは、エネルギー産業、製薬会社、酒造会社、麻薬治療関係者、麻薬試験官（尿検査担当者）、警察、刑務官や刑務所関連業界に維持されている……これには莫大な資本と、警察国家を設立する動機が隠されている。

　アメリカ連邦政府の官僚が故意にこのような陰謀に加担した時……たとえそれが大統領であろうと、副大統領であろうと、麻薬取締りの最高責任者であろうと、DEAやFBIやCIAの長官であろうと……彼等は刑務所に送られるべきである。そして誠意あるアメリカ社会では、彼等は累計1600万年の刑期を既に務めた、大麻草「事犯」者への責任を問われることであろう。アメリカ連邦政府の官僚たちや連邦最高裁判所は、アメリカの権利章典（大麻草由来の紙に書かれている）にて保障されている諸権利の剥奪を目論んでいる。大麻草は、憲法で保障された個人の権利を奪うための口実に使われている……マリファナで収監された人数は、過去200年に及ぶすべての犯罪や、政治活動、暴動、ストライキ、謀反や戦争に駆り出された人数に匹敵するのだ！　そしてアメリカ政府からのしつこい要請により、中央アメリカや南アメリカの周辺国の市民は更に酷い人権侵害を被っている。

結論： 大麻草弾圧の真実と結果

　デュポン社は「化学を通してより良い生活作り」を奨励する一方で、それが100年しか持続せず、自社利益追求のために、後に地球に破滅をもたらすという事実については一切言及していない。イギリスやオランダは、ついに麻薬使用者を人間扱いすることを学んだ……麻薬使用者が、他の人間の生活や活動に迷惑をかけないように、安価な医薬品を提供することによってである。この種の政策は、麻薬使用者が生産的で普通の日常を送るためには欠かせないものである。これらの国々の政策は、強固に確立され、効果的で、国民の人気も高い。1990年代の半ばには、スイスも麻薬使用に関する寛容政策を実験的に施行した。

　スイス政府が1997年に大麻草の再刑罰化法案を提案した際、それは79％の投票により、否決された！

　平和的な大麻草栽培者や使用者が、一生犯罪者の烙印を押され、迫害される一方で、35％の強盗や住居侵入窃盗がヘロイン中毒者やアルコール中毒者によって引き起こされ、

殺人の40%から55%、強姦や、高速道路での事故死がアルコールに起因する。※ そしてヘロインは婆婆よりも獄中で手に入りやすい。しかしながら、大麻草喫煙者が犯罪や暴力に及ぶ確率は、大麻草の非喫煙者と同等か、それ以下だとの統計もある。

※―2005年のFBIの統計より

　大麻草の喫煙はさておき、マフィアや売人を、ヘロインや他の麻薬の売買から撤退させることができるならば、アルコールと無関係な犯罪を80%も削減することができる。直接証拠として、大恐慌時代で禁酒法の制定された1920年代には、殺人事件が後を絶たず、禁酒法が撤廃された1933年以降の10年間は、殺人が毎年著しく減少した。※

※―FBIの統計

　今こそ、麻薬使用に関する新しい対処法を確立すべき時で、さもなくば、あらゆる自由や権利を侵害される覚悟をしよう……これには本や歌を含む、表現の自由、公共での弁論、報道の自由などが含まれる。麻薬使用に伴うほとんどの犯罪は、麻薬使用者たちを社会から排除するのではなく、麻薬使用者を治療することによって回避できる。社会は麻薬使用者を援助し、財政的な生産性を高めるために教育すべきである。

　2006年時点では、アメリカ連邦政府やDEA、そして共和党の多くの党員の最優先課題は、市民の権利を100%侵害する新法の整備にあり、令状のない不当捜査により市民のプライバシーや自由を奪うものである――まるで「麻薬戦争」（ドラッグ・ウオー）が国家にとって緊急事態であるかのように――そしてアメリカはファシスト的、警察国家的、刑務所国家的政策を取り続けている。

ハイテクな抑圧

　アメリカを真にマリファナのない国にしようとすれば、大麻草の喫煙者も非喫煙者も、アメリカの権利章典を諦める必要がある……それも永遠にである！　私たちは、リンドン・ラルーシュやジェリー・ファルウエル、ナンシー・レーガン、エドウイン・ミース、ウイリアム・ベネット、バリー・マカフリー将軍、ジョン・ウォルターズのような抑圧的な思想を持つ、ふざけた同族たちに迎合しなければならない。彼らはそれぞれが独善的な無知により、毒物を垂れ流すことで地球を破滅に追いやることに加担し、同時に地球を救い得る唯一の植物の撲滅を企んでいる。つまり、大麻草のことである！

　人類に恩恵をもたらすはずのコンピュータの登場は、ローマ・カトリック教会の行った異端者裁判が、確実に近代の警察に引き継がれるであろうことを約束する（第10章参照）。ローマ・カトリック教会は、「庶民」に嘲笑されるのを極端に嫌がり、その結果、

衛生学や天文学、そして大麻草に関する知識を秘密にした。コンピュータを使って大麻草を取り締まる警察官は、個人の家族構成や領収書、所得税額その他を探ることができる。それによってアメリカ市民を脅迫し、あるいは収賄し、アメリカ市民が支持する政治家や判事、他の要人を、プライベートな性生活や麻薬使用の咎で貶めることが可能となったのである。

例えば、クリントン政権時のアメリカ公衆衛生総局の長官、ジョセリン・エルダースの息子は、友人（過去に検挙され、DEAの密告者になった）による6ヶ月に及ぶ組織的で果てしない無心から、少量のコカインを購入した。エルダースの息子は、決して麻薬の売人ではなかったものの、長い間断り続けた挙げ句に、ついに友人からの重圧に耐えられず、その友人にコカインを売ってしまった。

連邦政府はこの事実を6ヶ月もひた隠しにし、医療大麻に対する擁護的な姿勢を翻させるためにエルダースを脅迫する材料とした。その代わりに、黙殺されるのを避けるべく、エルダースは辞任した。このようなあからさまな戦略により、DEAはジョージ・オーウェルの『1984年』の悪夢世界（全体主義的世界）に限りなく近づくのである。

税金の無駄遣い

過去70年間のアメリカで、麻薬の取締りに使われた予算（州や連邦府も含めて）の50％は、マリファナに対するものだった！

70％から80％の州立刑務所や連邦刑務所に収監されている囚人は、これが60年前や70年前のアメリカであれば、刑務所に入ることはなかった。換言すれば、アメリカ人がアンスリンガーやハーストの無知と偏見による政策に加担しなければ、約120万人から180万人のアメリカの刑務所の囚人（2005年）は、最悪の場合でも、ささいな悪癖を持っている者として扱われるだけだった。全ては1914年に制定されたハリソン麻薬規制法が諸悪の根源で、アメリカ連邦最高裁判所は1924年に、麻薬中毒者が病人ではなく、堕落した犯罪者であるとの判断を示した。このような連邦政府の「麻薬戦争」の被害者たちの80％は、売人ではなかった。単純所持罪で投獄されたのである。これは全米の各郡拘置所に収監されている、25万人を除外した数字である。「麻薬戦争」の29年前の1978年には、全ての罪状を合わせても、アメリカの刑務所には30万人しかいなかった。

ラジオやテレビの伝道師は、このような異常興奮に便乗し、ロック音楽を「サタニック（悪魔的）でブードゥー的」だと非難し、アメリカの麻薬文化の一端だと主張した。伝道師たちはロック音楽を非合法化し、アルバムや本は焼却処分にし、彼等と意見が異なる者は投獄すべきであるとも主張した。カールトン・ターナーもこのような意見を持っ

ていた。リンドン・ラルーシュも同様である。ウイリアム・ベネットもこの例に漏れなかった。バリー・マカフリーも同じような考えを持っていた。そしてジョン・ウォルターズも……。

過去3世代にわたり、ハーストやアンスリンガーによるプロパガンダや嘘の数々は、アメリカ人の頭に繰り返し、非の打ち所がない真実として刷り込まれた……その結果、それは、アメリカ人の税金による、反麻薬キャンペーンに利用されてきた。

アメリカの刑務所業界はアメリカ史、そして世界史上最大の隆盛を極め、同業界を支える政治的なハゲワシどもは、業界の発展と雇用保障のみを考え、「法と秩序」の名のもとに課税枠を拡大し、もっと多くの刑務所を建設し、軽犯罪や罪とも言えない類の「犯罪」を訴追するに至った。

二重標準

1980年代に、アメリカ連邦最高裁判所判事のウイリアム・レーンクイストは裁判中、「居眠り」をしていた――そして多数の「麻薬中毒者」を刑務所に送り込んだ――同氏は1日に8粒のプラシデイル（訳注：鎮静と催眠効果のある薬）を服用していた。こ

国立スミソニアン博物館による大麻草の抑圧

国立スミソニアン博物館の「アメリカでの生活：1780年代から1800年代」展や、「アメリカの海洋史：1492年から1850年代」展に展示されてある、50％から80％の繊維や紙や布の類は、大麻草から作られている。それにも関わらず、スミソニアン学術協会は、大麻草から作られたこれらの繊維や織物を「その他の繊維」とし、綿、羊毛、亜麻、サイザル麻、ジュート（黄麻）、マニラ麻、その他の名を列挙している。1800年以前の昔は、綿は全繊維の1％にも満たないものだった。大麻草が全ての繊維の80％を占めていた。

博物館学芸員のアルカデロに、この事実について質問をぶつけた所、「子どもたちはもう大麻草について学ぶ必要はない。それは子どもたちを混乱させるだけだ」と語った。スミソニアンの館長は、大麻草が当時の主要繊維だということを認めたものの、「うちは繊維博物館ではない」と言い放った。

館長は、当時僅かしか使用されなかった繊維が、なぜアメリカ史の中で子どもたちに教えられるべきであるかという根拠を示すことができなかった。子どもたちの、大麻草／マリファナに関する素朴な質問に、スミソニアンの観光ガイドが当惑したのであろうか？ そして1989年6月20日付の手紙にスミソニアン学術協会秘書のロバート・マコーミック・アダムスは、「私たちは、初期のアメリカ史における繊維の展示が、私たちの使命だとは思っていない」と書いた。「学芸員の仕事は歴史に注目することであり、その結果、繊維や生地を展示することもある。それは主にリネンや羊毛などのことである」

アダムスは本書と、アメリカ農務省制作の大麻草奨励プロパガンダ映画、『勝利のための大麻草』を全く検証せずに、私たちに送り返してきた。

れを当時の金銭や、麻薬中毒者の「酩酊」に換算すると、一般的なヘロイン中毒者の1日における、70ドル（約7000円）から125ドル（約12,500円）分の麻薬に相当する精神作用があった。プラシデイルはクエイルード（訳注：強烈な催眠薬）と親戚関係にあり、平静な感覚をもたらす麻薬の「ヘビー・ダウン」という名で知られていた。これらの合法ドラッグ（プラシデイル、ジラウジッド、クエイルードなど）がもたらす肉体的依存性や精神作用は、社会的に嫌悪されているバルビツールや阿片、モルヒネやヘロインと同じものである。簡単に言えば、これらの薬は、体内のエンドルフィン（脳内麻薬）、つまり痛覚器などの均衡を崩すものである。プラシデイルを普通の人よりも大量に服用していたとされるレーンクイストは、酒屋に押し入ることもなく、他の市民を傷つけることもなく、いわゆる「ジャンキー」が引き起こすとされる反社会的な行為には及ばなかった。

レーンクイストの麻薬常用癖は維持が簡単であった。なぜなら、プラシデイルは合法的に入手が可能で、同判事の通常の収入で、十分にその習癖を賄えるからであった。プラシデイルは服用頻度も純度も高かった。しかし、非合法麻薬を使用する人が「ダイム・オブ・タール」（10ドル分のヘロイン）を買った際には、その純度が5%なのか95%なのかを知る術がなく、麻薬の過剰摂取による死亡事故（オーバードース）のほとんどが、この未知の、規制されていない、ラベルの貼っていない、純度の差によるものである。

政府が認める所によると、90%の非合法麻薬によるオーバードースは、正確なラベルや、妥当な警告によって防止できるとのことである。

無知による政策

過去33年間にわたり、本書を執筆するための調査を行った際、私たちは上院議員、立法議員、裁判官、警察官、検察官、科学者、歴史家、ノーベル賞受賞者、歯科医や医学博士に話を聞いた。これらの全ての人物が大麻草の歴史や使用方法について一部の知識を有していたものの、長年大麻草の研究に携わってきた、アンガーリーダーやミクリヤ医学博士、文筆業者のエド・ロゼンタール、ディーン・ラティマーやマイケル・アルドリッチ医師を除いて、マリファナに関する博識を披露した者は皆無であった。例えば、1983年2月、カリフォルニア州NORML（大麻草合法化市民団体）の資金調達大会で、私たちは、上院多数党院内幹事のトム・ラザフォード上院議員（ニュー・メキシコ州選出）と非公式に話をした。ラザフォードは10年に及び、マリファナ擁護派の政治家の先駆者的存在として知られ、当時としてはアメリカで随一の、マリファナ問題に通じている議員であった。私たちはラザフォードに、アメリカ政府が、大麻草の医薬的、産業的、そして歴史的な特性を知りながら、なぜ合法化しないのかと尋ねた。

私たちは、ラザフォードの答えに驚愕した。彼は、マリファナの合法化を肯定する論

拠をひとつたりとも知らず、唯一、微罪を重罪化するという狂気の沙汰を終息させるべきだ、と語るに止まった。

そこで、私たちは積極的にラザフォードに、大麻草の真実や歴史的事実の要点について述べた。私たちは、ラザフォードがこれらの事実の一部を過去に見聞きしたことがあるものだと思っていた。ところが、ラザフォードは初めて聞く大麻草話に畏敬の念を抱いた。私たちが大麻草に関する概略を述べた後、ラザフォードは、「もし私があなた方の大麻草に関する知識を有し、そのあらましを書類にまとめることができれば、警察や司法省は大麻草の弾圧を即刻中止することになるであろう」と語った。

「でも、これはすべて本当のことなのだろうか？」と彼は付け加えた。

これは1983年の2月の出来事で、当時はアメリカの大麻草擁護派の政治家の先駆者でさえ、本の1ページを執筆するほどの大麻草の知識を持ち合わせておらず、またこのような政治家の一部は大麻草に関する正しい知識を身につける前に、レーガン元大統領の「ジャスト・セイ・ノー！」時代に公職を離れた。しかしながら、現在においては、大麻草が地球上で一番有益な農作物で、政府の大麻草に関する立場が間違っており、真実に照らし合わせても、現行法が不当であることを熟知している者が増えている。

法律とはなにか？

「他人を傷つけないで違反できる法律は、実に馬鹿馬鹿しいものである」

——スピノザ（1660年頃）

マリファナを規制するということは、自由を放棄するのと一緒で、それは私たちばかりでなく、末代までの自由権を永久に奪うものである。

そして、これこそがファシズムである。単純に言えば、大麻取締法が撤廃されず、地球を破滅に導く行為（露天採鉱、石油掘削、森林の皆伐、水域汚染、殺虫剤や除草剤などの散布）が禁止されなければ、私たちの住む惑星は無知（かつ邪悪）な政治家たちの手によって死に至り、更に過酷な法律の制定は、刑務所の増設を意味し、品行方正な市民を収監することになる。このような政治家は、必ずと言っていいほど、その動機を子

Cartoon © 1998 John Jonik ・Please distribute freely; commercial reproduction prohibited.

どもたちの未来を救うためだと主張する。一方で、これらの政治家は、環境破壊を推進し、毎日子どもたちの命を奪っているのだ！ 70年に及ぶ情報操作は現在も続き、数千万人のアメリカ人が大麻草に恐れおののく状況は、元ロサンゼルス市警の長（1978年から1992年）であったダリル・ゲイツの言動に如実に現れている。ゲイツが認める所によると、彼は大麻草に関する正しい知識を黙殺するために、カリフォルニア州のマリファナ新法案を推進する職員を不当に逮捕し、アメリカ合衆国の憲法上の権利である、署名運動の活動を邪魔した。

　1983年の9月、ゲイツはテレビ番組と警察のスポークスマンを通じて、大麻合法化活動家のことを、「善意はあるものの、マリファナに関して大変にナイーブな人たちで、大麻草についてよく知らない人たちだ」と非難した。1984年の1月、ゲイツはカリフォルニア州サン・ファーナンド・ヴァリー市の公立の学校で、「もし私の子どもがマリファ

ナを喫煙したら、どうしたらいいだろうか？」との質問に対し、「それはもう手遅れだ。一度マリファナ煙草を吸ったら、人生はおしまいだ！」※と答えた。

※―ロサンゼルス郡の検察官のアイラ・ライナーは、1990年度のカリフォルニア州法務長官の座を狙い、全く同じ言葉を発した。ライナーは落選した。

　数ヶ月後、当時のカリフォルニア州の法務長官のジョン・ヴァン・デ・キャンプは、1990年8月17日の自身の大麻草諮問委員会による、大麻草再合法化法案を伏せた。1990年9月5日、ゲイツは上院司法委員会で次の通り証言した。「軽度の麻薬使用者でも、即座に射殺されるべきである」

　ゲイツは、上院司法委員会の椅子に一週間ほどしがみついたものの、市民の弾劾を受け※、上記証言を撤回し、麻薬犯罪者には更に厳しい刑罰を科す必要性があることを訴えた。元麻薬取締りの最高責任者であったウイリアム・ベネットは、「私は道徳上、マリファナ使用者を斬首刑に処したり、手や足を切ったりすることに賛成である」（彼は本気だった！）と語った。

　1991年の3月3日、ゲイツ率いる警察官の残忍性と暴虐さが露呈された。ロサンゼルス市の複数の警察官が、無防備なロドニー・キング（スピード違反と逃走容疑）に暴力を振るっている姿がビデオテープに記録され、世界は驚愕した。後のキングの尿検査でTHC（大麻草の酩酊成分）の痕跡が確認された。ゲイツはこの事件を発端に暴動が発生したにもかかわらず、キングへの暴力行為に加わった警官を擁護した。

※―ライナーはゲイツの数少ない支持者のひとりだった。

　1998年の7月、麻薬取締りの最高責任者のバリー・マカフリーは、ヨーロッパでの実地調査を兼ねた任務において、ストックホルムの聴衆を侮辱し、無知をさらけ出した。「（ソフト・ドラッグが合法化されている）オランダの殺人事件発生率はアメリカの倍である……それが麻薬というものである」。実際には、オランダの殺人事件発生率は10万人につき1.7件で、アメリカの4分の1以下である。これはマカフリーによる、一連のふざけた情報操作の最新の例に過ぎない。例えば、1996年の12月には、マカフリーはメディアに対し、「マリファナに有益な薬効があるとの証拠は一切ない」と語った。

結論

　本書にて提示された情報に基づき、私たちは大麻取締法の全面撤廃を求める。大麻草の栽培を禁止する法律は全て無効化し、アンスリンガーがアメリカを代表した、1961年の国連の採択による麻薬単一条約についても廃止を求める。ケネディ元大統領の逆鱗に触れて、引退を余儀なくされたアンスリンガーの麻薬単一条約での言動や、嘘と策略の数々は、2007年時点でも連綿と引き継がれている。

アメリカ政府は大麻草により、裁判所、留置所、拘置所、刑務所で時間を過ごした人々（通算1600万年）に陳謝し、家族や学籍、職や健康を奪われた人々に謝るべきである。

私たちは、正直でありながらも、無知な、学校の先生や警察官、裁判官を正しく教育してこなかったことについても反省すべきである。しかし、利潤のみを追求する企業や、非合法にも大麻草に関する確たる真実を隠蔽してきた政府高官などには謝る余地はない。

正義が求めるもの

正義が求めるものは——喫煙目的、産業目的を問わず——地球上で最も優れた特性を持つ、大麻草の栽培や使用に関する罰則や規制（民事、刑事を問わず）を破棄することである。

全ての平和的で、非暴力的な、大麻草の所持、密売、栽培や運搬容疑によって収監された囚人は、直ちに解放されてしかるべきである。押収された金銭や財産も返還されなければならない。国家は大麻草の囚人の犯罪歴を抹消し、特赦を施し、彼らが被った損失への賠償金も支払うべきである。これらの大麻草の囚人たちは、醜怪かつ人非人的な「麻薬戦争」、つまり人道に対する罪の真の被害者である。最終的には、大麻草に関する中途半端な政策は容認できない。

当面は、大麻草関連の法律の執行を一時停止することが私たちの目標である。そして私たちはアメリカ国立公文書記録管理局の大麻草に関する書類や映像、歴史的な記録を掘り起こし、更新し、大麻草の多岐にわたる用途を復活させるべきである。

あなたに出来ること

これまで、私たちの大麻草に関する肯定的な立場と、政府側（マスコミ報道も含めて）の否定的な見解を述べてきたが、あなたもこの問題について、国家の立法府や、各州における住民投票により訴え、アメリカ合衆国憲法や州憲法で保障された、全ての国民が選挙登録し、率直に意志表示するという権利を行使しよう。皆に大麻草について教授しよう。いつも大麻草について語ろう。積極的に大麻草製品を探し、大麻草製品を求めよう……そして大麻草製品を買おう。大麻草を擁護しよう。

繰り返しを恐れずに、もう一度だけはっきり言おう。大麻草は「マリファナ」という俗語の台頭によって軽視されてきたが……未来の世代には、過去数千年間もその存在を知られてきた大麻草が、地球上における、再生可能な一年草で、環境に悪影響を与えない持続可能な資源で、殺虫剤を必要とせず、紙／繊維／食物／医薬品として利用されることになるであろう。他のいかなる植物よりも、大麻草の用途は多岐にわたる。

換言すれば、大麻草は地球上でもっとも素晴らしい植物である！

　国民によって選出された政治家や、ニュース・メディアに手紙を書き、もっと大麻草に関する肯定的なニュースや意識を広げていこう。政治家による投票や、ニュース報道が大麻草に肯定的であれば、称賛しよう。それが大麻草に否定的であれば、文句を言おう。選挙登録し、被選挙権も行使しよう。そして必ず投票しよう。アメリカ国家に対して、良心的な囚人たちを釈放し、報償金を支払い、敬意を表することを求めよう。囚人たちを、英雄として家庭に戻し、「麻薬戦争」の捕虜として退役軍人と同等に扱い、そのような権利と手当を受け取れるようにしよう……DEAや警察にはこのような措置は必要ではない。

考えてみよう……

　これらの「悪党」である市民たちが政府に反抗し、大麻草の種の保存をしなければ、アメリカ政府や大麻草の禁止政策は既に地球上からこの植物を撲滅していたことであろう。「麻薬戦争」の真の英雄たちは、ウイリアム・ベネットでもなく、ナンシー・レーガンでもなく、ビル・クリントンでもなく、ジョージ・ブッシュやジョージ・ブッシュJrでもなく、またDEAやDAREでもなく、これらの人物や法律に反抗した者たちである。このような真の英雄たちには、国家が日常生活や財産を返還すべきである。英雄たちの、専制君主的な法律違反を敢えて行った功績は計り知れず、これらの英雄たちの存在が忘れ去られてはいけない。英雄たちは、地球を救い得る、唯一の植物種を保存したのである！

勝利のための大麻草！

　市民を自由にしよう。市民に大麻草の栽培をさせよう。そして二度と、自然界における自然な物質が、狂信的な政治家によって禁止されないようにしよう。

民主主義は——それが正直でない場合においては——絶対に機能しない。

　そしてもし、大麻草への抑圧が、アメリカの警察／官僚による「仮想の上司」——つまり国民に選ばれた政治家や主権者への脅迫の結果の一例に過ぎないとしたら——私たちは大変な問題に直面していることになる！　私たちは大麻草に対する「麻薬戦争」を徹底的に検証したが、その結果明るみになった事実は、私たちをうんざりさせるようなものであった。そして大麻草の知識を持つ者や、『知覚の扉』（訳注：オルダス・ハクスレーの著作）が清められた者は、汚らわしい（本当の犯罪者である）政治家をその座から引きずり下ろし、自由と地球環境を取り返す役目を担うことであろう。従って、私たちが同意する所によると、ハンス・クリスチャン・アンデルセンの童話に出てくる、王様の行進に対して叫び声を上げた少年は、純真無垢で勇気ある行動に出たことになる。

「王様は裸です！」

あなたの目にはどう見える？
あなたはこれからどうする？

Reprinted courtesy of JohnTrever / Albuquerque Journal

エピローグ

2007年、まだ終わりではない

　本書の第11版の第16刷の加筆や修正を行っている、2007年の7月現在、私は本書の初版が出版された1985年よりあとに訪れた変革の数々を振り返ってみた。

　大麻草に関する啓蒙活動は激変した……現在の大麻草に関する意識は、1985年当時を簡単に1万倍はしのぐ。1985年にはキャプテン・エドや私の経営する店を除き、大麻草由来の製品は西洋世界にはほとんど見られず、地球の東側でさえ、本当に少ない数の大麻草製品しか売られていなかった。2007年7月の今日においては、多数の大麻草製品が数千に及ぶ全米の店で売られており、世界的にも更に数千の業者が毎日大麻草の人気に拍車をかけている。これらの店で売られている大麻草関連商品の多様性は、多岐にわたる大麻草の用途と同様に、無限の可能性を秘めている。つまり紙、衣服、繊維、生地、石けん、化粧品、ボディー・オイル、機械類の潤滑油、プラスチック、そして広範囲な、栄養価の高い、食物のことである。

(*Jack's final Statement, 2007)

Photograph by Dan Skye for High Times

　私は、近い将来に大麻草由来の医薬品が、連邦法で合法化されることに楽観的だ。なぜならアメリカの10州で住民投票により医療大麻法案が可決され、2州（ハワイ州とニューメキシコ州）が州の立法議会で医療大麻法案を通過させたからだ。ニューメキシコ州の医療大麻法案は、2007年の7月に施行された（訳注：2014年現在ではアメリカの23州とワシントンD.C.特別区で医療大麻が認められ、2州で嗜好大麻が合法化されている）。

　1600の店舗を持つ、世界的企業である「ボディー・ショップ社」は、大麻草製品の販売に重点を置き、そして大麻草製品の製造業者である「ハンフ・ハウス社」や「ツー・

スター・ドッグ社」、「ヘンプステッド社」や「ヘンピーズ社」その他は、先駆的な企業として世界に名を馳せている。

『ハイ・タイムス』（アメリカ）や『カンナビス・カルチャー』（カナダ）、『ハンフ』（ドイツ）、『トリーティング・ユアセルフ』（カナダ）などの雑誌は、斬新な視点でもって大麻草の有効利用や合法化を主張している。

しかし、今日の大麻草に関する肯定的な変革にもかかわらず、天気予報士やボブ・ディランの詩の一節を借用するまでもなく、「風の吹きよう」は明らかである。

私は北カリフォルニアで、過去10年に及ぶ最悪の記録的な酷暑に耐えている……そして15年連続の猛暑が世界的規模で記録を更新している。私は合法的な医療大麻のジョイントを片手に持っている。地球温暖化や温室効果は、横柄で無関心な政府の科学者の怠慢によって、毎日、毎月、毎年進行しているのだ。

南極の氷帽（訳注：氷河のこと）は、世界の氷の90％にあたり、現在それは25年前に推測された10倍の速度で溶けているとされている。この現象が現状のまま進むと、30年で海が1フィートから3フィート（約0.3メートルから0.9メートル）上昇すると言われていたが、実際は20フィートから40フィート（6メートルから12メートル）上昇するのだ！　これでは、1995年のケヴィン・コスナー主演の映画『ウォーターワールド』そのままである！

私はこのような無意味な、急激な環境破壊に対して悲しみに暮れ、激怒した。これはアメリカ連邦政府が簡単に回避もしくは阻止できたはずの悲劇である。もし政府が1916年の農務省告示404号や1938年2月号の『ポピュラー・メカニックス』、そして1942年のアメリカ農務省の映画『勝利のための大麻草』を参考にし、大麻草の栽培をプラスチック製品や繊維、燃料源として奨励したなら、このような事態には陥らなかった。1970年代には、主要メディアは大麻草に関して寛容的であった。若者文化は発展途上にあり、屈従的な者は大軍需産業から地球を受け継ぐ準備が整った。1983年までには、強欲で非良心的な「ミー・ジェネレーション（自己中心世代）」的資本主義が人道主義に取って代わった。2007年の現在、インターネットの登場により、再び希望の光が見えてきた！

1978年、アメリカ国家建設から202年が経った頃、約30万人のアメリカ人が州立刑務所や連邦刑務所に収監され、郡拘置所には15万人が収監されていた（それも全ての罪状を合わせて）！　刑務官は全米で4万5000人しかいなかった。刑務官ひとりあたり10人の囚人を監視していた。当時、学校や大学機関の建設が急成長産業であった。学

校の建設には、少なく見積もって、刑務所建設の5倍の資本が投入された。

突然に、そして驚異的なことに、1978年には刑務官の業界紙が刑務官組合や刑務官協会その他の新リーダーシップを確立し、これまで冷や飯を食わされていた刑務官がアメリカ全土や各州で最大規模のロビイスト集団として機能するようになった。リーダー的地位にいた刑務官たちが1978年に求めたのは、軽犯罪者の定期刑の長期化と、模範囚の勾留日数を削減しないことで、これにより、刑務官たちは収容人員の増大を確保しようとした。レーガン政権時代にこの望みは叶えられた。過去29年間で、このような刑務官組合は各州の立法議会への最大の資金提供者となった……資金提供先は、そのほとんどが共和党だった。2007年現在、200万人近くが刑務所に収監され、80万人が拘置所や留置場に勾留され、矯正施設は30万人の刑務官を雇用している。囚人8人につき、ひとりの刑務官が担当する！

過去20年間で、刑務所の建設や刑務官の雇用事業はアメリカで最も急成長を遂げている分野で、連邦や州立の学校の建設費用はその僅か5分の1である。アメリカ合衆国（自由の国？）の人口は世界の人口の5％にあたる。しかし、世界中で勾留されている人の25％はアメリカで勾留されているのだ。この割合は不自然である。

> 一体どのような社会が、学校よりも刑務所の建設に力を入れたがるのであろうか？

2007年、アメリカの裁判所は刑務所の房を一杯にするための努力を惜しんでいない——まさに刑務所をぎゅうぎゅう詰めにしている——それも、空きができるのを待たずにである。平均すると、非暴力事犯の囚人は、州の法律で違いはあるものの、1978年の2倍〜4倍の刑期を務めており、各州内における、暴力事犯の受刑者の2倍、3倍、もしくは4倍の刑期となっているのである。

1996年の11月、カリフォルニア州は、医療大麻法案（住民発議案215号）を56％の過半数で通過させた。本法案は各主要メディア（ラジオ、テレビ、新聞や雑誌）でフォード元大統領、カーター元大統領、ブッシュ元大統領、クリントン元大統領やナンシー・レーガン元大統領夫人、麻薬取締りの最高責任者のバリー・マカフリーの猛反対にあい、彼らはカリフォルニア州の至る所で、本法案を否決させるための努力をした。その努力も空しく、医療大麻法案は可決され、大麻草栽培者クラブ（訳注：医療大麻薬局、ディスペンサリーやコープのこと）がカリフォルニア州のあちこちで林立した。今日では、大麻草栽培者クラブは、カリフォルニア州民の過半数の支持にもかかわらず、連邦政府による州法の公然たる無視により、その多くが再三閉鎖を迫られた！　これらのクラブのほとんどが、莫大な訴訟費用を使い、店舗の運営を再開した。2007年のカリフォルニア州には600以上もの合法の医療大麻クラブが存在し、毎日のように新しいクラブが開店している。

1998年、11月

　アラスカ州民、ワシントン州民、オレゴン州民とアリゾナ州民（2度目）が1996年のカリフォルニア州の医療大麻法案と同種の法案を、大多数の賛成票により可決した。ネヴァダ州も1998年にひとつ目の医療大麻法案を可決した（ネヴァダ州の法律では、このような法案は2回可決されなければならない）。同法案は2000年に再び可決され、2001年に法律として施行された。

　医療大麻法案はコロラド州でも勝利したものの、本法案を成立させるための署名活動の方法に問題があったとして、コロラド州の州務長官が請願書の認証を拒否した。1999年の6月、アメリカ連邦最高裁判所は、これらの署名が有効であるとの判断を示した。コロラド州の医療大麻法案は2000年の11月に州議会を通過した（訳注：2014年現在、コロラド州とワシントン州では医療大麻だけでなく、嗜好大麻も合法である）。

　ワシントンD.C.特別区（アメリカ合衆国首都）の市民は包括的な医療大麻法案に投票した。ところが、1998年の10月に、元アメリカ下院議員のボブ・バー（ジョージア州選出の共和党員）は、2000億ドルの多目的予算案に修正を加え、これらの資本がワシントンD.C.の医療大麻法案の投票数を数えるために使用されることを拒否した。ボブ・バーや他の共和党員は、アメリカの立法府である下院議会と上院議会において、故意に、自覚的に、アメリカ史上で初めて、国内の投票数を計算しないことを命じた……。

正に、驚くべき、信じられない、暴挙だった！

　最終的には、連邦判事が1998年の11月にワシントンD.C.の医療大麻法案の投票者を数えることを命じ、1年後に69%の過半数にて同法案が可決された。1999年の10月に下院議員のバーは、共和党の立法議員に対し、同法案に反対票を投じさせ、法律の整備の妨害をしようと画策した。2007年時点では、バーは医療大麻政策に対する自身の立場を100%改め、現在ではマリファナ・ポリシー・プロジェクト（MPP。アメリカの大麻合法化団体）のロビイストとなっている！ コックス・ニュースが2007年の3月30日に報道した所によると、ボブ・バー（リバタリアン党によって最悪の麻薬取締り推進論者として知られた）は、共和党から離脱し、リバタリアン党やマリファナ・ポリシー・プロジェクトと協力関係を結んだ。バーの仕事のひとつは、自身が1999年に、ワシントンD.C.における医療大麻法案を拒否するために制定した「バーによる修正案」を撤回すべく、ロビー活動を行うことだった。バーはマリファナ・ポリシー・プロジェクトへの参加にはノー・コメントを貫き、一方で共和党を離れた理由として、「共和党が大きな政府を目指し、プライバシー権や市民的自由を疎んじるからである」と語った。

　1997年の6月30日には、オレゴン州の立法議会は大麻草の24年に及ぶ非犯罪化を撤回し、大麻草の種子の規制をも盛り込んだ再犯罪化法案について投票した。再犯罪化

法案は、1997年の7月3日に「自由で民主的」なキッツヘイバー州知事によってしぶしぶ署名された。署名後、キッツヘイバー知事は「本法案の趣旨は、大麻草使用に関するものではなく、むしろ捜索と押収に主眼が置かれているようである」とコメントした。

1997年の7月4日、東オレゴンでのレインボー・ギャザリング（全米規模のヒッピー集会）のキャンプ・ファイヤーで、私（ジャック・ヘラー）を含む大麻草の合法化を目指す活動家たちは、大麻草の再犯罪化に反対する請願のための署名活動を展開する人員を雇うべく資金を提供した。『ポートランド・オレゴニアン』（オレゴン最大の新聞社）は、世論調査の結果をふまえて、2対1でこの請願が失敗に終わると予測した。立法議会による投票と知事による署名を無効化して、大麻草の再犯罪化を阻止するには、10万人分の署名を87日以内に集めることが必要で、これに成功すれば、1998年の11月の選挙まで大麻草の再犯罪化を引き延ばすことが可能となる。そしてオレゴン州最大の『ポートランド・オレゴニアン』の当初の予測に反し、2対1でこの請願が通過し、大麻草を再犯罪化するという計画は、失敗に終わった！

1999年の11月2日、メイン州の有権者は、州内の医師による推薦のもとに実施される医療大麻法案を、61％の圧倒的多数で可決した。医療大麻は西海岸の全ての州で合法化され、東海岸もその後に続いている。

2000年の4月25日、ハワイ州上院議会は、医師による指導のもと、医療大麻を使用する難病患者は、州レベルにおける罰則や訴追を免除されるという法案を通過させた。本法案は住民発議の投票による医療大麻法案の整備ではなく、州の立法府による医療大麻法整備の初のケースであった。ハワイ州の知事、ベンジャミン・J・カイェタノは2000年の6月16日に医療大麻法案に署名した。

世界的な規模の妥当な判断

2000年の6月6日、ポルトガルの国会は、大麻草やヘロインを含む、あらゆる非合法ドラッグの使用を非犯罪化し、麻薬中毒患者を、治療を必要としている病人として扱うことを決定した。それまでは、麻薬中毒者や、麻薬の個人的使用目的の少量の所持により有罪判決を受けた者は、1年までの実刑に処されていた。スペインやイタリアも、少量の麻薬使用や所持を非犯罪化した。

医療大麻を巡る法案は、各州の各郡によりその施行や法解釈がまちまちである。各郡は、それぞれ独自の寛容性や、訴追の方針を貫いている。例えば、カリフォルニア州では、オークランド市は患者ひとりあたり144株までの大麻草の栽培を認めている。

ハンボルト郡アルケイタ市は44株、テヒーマ郡は18株、メンドシノ郡は25株、そしてレイク郡では6株（医師による特別な書面による許可が無い限り）までの栽培が認

められている。そしてこのリストは延々と続く。

　カリフォルニア州の住民発議案（提案215号）の通過以来、医療大麻患者でない者による大麻草の所持や、栽培による逮捕者数（既に最高記録を更新していた）は、12％増加した。アメリカの難病患者は、未だに好みの医薬品（大麻草）の選択により、起訴されている。次に紹介する一例は、私の友人の場合である。貴方も同類の話を見聞きしたことであろう。潔白な人物への迫害はまだまだ続く。だからこそ、私たちは、法律を変えることによって、自身の権利のために戦うことが必要なのである。

いかなる人も「生活の質」は保障されてしかるべきである！

　36歳のトッド・マコーミックは、2歳から15歳までがんに苛まれ、その結果5つの上部脊椎骨が癒合してしまった。1978年、トッド少年が9歳の頃、母親のアン・マコーミックは『グッド・ハウスキーピング・マガジン』の家庭医のコラムで、マリファナが緑内障や、抗がん剤（化学療法）を使用するがん患者に有効であるとの記事を読んだ。記事は、大麻草が、吐き気や食欲増進に効能があると述べていた。これが正にトッド少年の症状だったのである！　彼は食欲不全に陥り、少しの食物で吐き気を催し、そして食物の欠乏が少年を衰弱させた。

　数ヶ月が過ぎ、トッド少年の腫瘍は肥大し、化学療法が再開された。化学療法による抗がん治療の後、母親は、疲労が極限に達していたトッド少年に、車の座席の下でジョイント（マリファナ煙草）を一服するように言った。これはなんと、トッド少年が9歳の頃の出来事である。家に着いたトッド少年は初めて、自力で車から降り、松葉杖で玄関まで歩いた。そしてそれから、彼は椅子に座り、晩ご飯を食べたのである！　彼には食欲が戻っていた。実に長いこと食欲がなかったにもかかわらず……。

　次の日、2回目の化学治療の後、トッド少年の母親は、再び座席の下で少年にジョイントを吸わせた。トッド少年は前回と同じような良好な結果を見せた。これも、マリファナのおかげである！　有頂天になったトッド少年の母親は、医師を訪ね、大麻草治療の経過報告をした。医師たちは黙殺を決め込み、大麻草の合法的な入手には、時間がかかりすぎると助言した。現実的には、医師たちは、医療大麻を推薦することによる連邦法の処罰を恐れ、医師免許を剥奪される恐怖におののき、生計を立てることができなくなることを懸念していた。トッド少年が大麻草によって救われるのを知りながらも……トッド少年の母親が立ち去ろうとしたその時、彼女は医師に呼び止められ、「まだ大麻草は入手可能だろうか？」と聞かれた。母親は医師が大麻草を欲しがっているのではないかと困惑したものの、「はい」と答えた。医師は、彼女に大麻草の処方を、少年に対して続けるように助言し、そのことについては口外しないように提案した！　そして母親はその通りにした。トッド少年はその日以来、マリファナを苦痛や症状の緩和に

利用した。1997年に、カリフォルニア州のベル・エア市で、トッド・マコーミックは大麻草の各品種があらゆる成長段階（成長期、開花期以前、開花期以降、種子等々）において、どんな痛みや疾病の症状に効くかを確認するための実験に参加した。そして大麻草に含まれる薬効成分（カンナビノイド）のうち、どれがどのように効果的であるか、綿密な研究を本にまとめたものの、1997年の7月29日にDEAによって、連邦共謀罪と麻薬製造（栽培）の罪の問われた。

　1999年の11月3日、トッド・マコーミックは「医療的必然性」を裁判で争うことを却下され、1999年の11月19日に司法取引に応じ、2000年の3月27日に連邦刑務所で5年の実刑に処された。

　マコーミックの出版人であるピーター・マクウィリアムス（35の著作を持ち、そのうち5つが『ニューヨーク・タイムス』のベストセラー）は、1996年からエイズとがんに苦しみ、1998年の7月にはDEAに逮捕された。逮捕容疑は、マコーミックのマリファナ事業に資金提供を行って陰謀に加担し、医療大麻薬局へ大麻草の販売を目論んだ咎であった――これらが事実であるかは関係がなかった――なぜなら、これらの行為がカリフォルニア州法では合法だったからである。マクウィリアムスは被疑事実をきっぱりと否定し、また、彼の提携者、更に彼の敵対者までもが、同氏が大麻草の栽培に関わったことはなく、ジョイント1本の販売さえしたことがないと強調した。

　ピーター・マクウィリアムスは司法取引を無理強いされ、2000年の7月に判決を受ける予定であった。彼は司法取引に応じたため、上訴する権利を奪われ、5年の懲役刑が確定していた。2000年の6月14日にピーター・マクウィリアムスは死亡した。

　マクウィリアムスの保釈（母親の50年来の住居が担保）の条件として、彼にはマリファナの使用が禁止された。マリファナはマクウィリアムスのエイズやがんに伴う吐き気を緩和する唯一の医薬品であった。マリファナの喫煙を禁止されたマクウィリアムスは、数十万人の同様の病気を持つ人々と同じく、毎日服用させられていた化学療法の「カクテル（数種の混合薬）」を体内に止めることができなかった。医療大麻を禁止されたマクウィリアムスは、病気が悪化し、嘔吐物を喉に詰まらせ、窒息死した。

　ある意味、マクウィリアムスは保釈条件により、政府に殺されたようなものである。病人や、死を目前に控えている人から、「生活の質」を奪う権利は誰にもない！
　1999年の8月9日、DEAはアメリカの税関に対し、カナダとの国境から入って来る大麻草の種子や種子由来の製品について、THCや、THCの痕跡成分が含有されていないか、検査するように申し入れた。これは大麻草の種子を扱う企業から不当に資金源を奪うもので、一部の企業は資金繰りの悪化により、倒産した。

当時、すべての大麻草由来の製品はアメリカ税関により押収された。1999年の12月、アメリカの政治家たちはDEAによる申し入れを却下し、税関はTHCの微量元素が含まれる製品を押収することを止めた。これには、シャンプー、石けん、鳥類の餌、大麻草由来の食物その他が含まれていた。これらの商品は理論的には放免されたものの、アメリカ税関の保管所に放置され続けたままであった。2000年の1月12日には、ホワイトハウスの麻薬取締りの最高責任者であるバリー・マカフリーが、DEAによるカナダからの出荷品の押収を止めるという決定を覆した。それからマカフリーは、アメリカの税関に対して、それがどんなに微量であっても、THCを含有する商品を全て押収するように命じた。バリー・マカフリーは、非寛容政策（ゼロ・トランス）は依然として非寛容政策のままであると説明したが、ジョイント1本分に相当するTHCは、大麻草種子の約17,690キロ分にあたる（訳注：つまり大麻草の種子にはごく微量のTHCしか含まれておらず、ジョイントにして吸うには無理がある）。

大麻草由来シャンプー使用者のための尿検査

マカフリーによると、新入社員、仮釈放や保護観察中の受刑者や囚人などの尿検査や毛髪検査を実施することにより、これらの人々が大麻草の種子や、大麻草の種子を含む菓子、大麻草由来のシャンプーを使用したか否かを確認できる。マカフリーが大麻草由来製品を禁止した背景には、これらの商品が現在のTHC検査で間違った陽性反応を示すことによって、THC検査自体が無効化されるという懸念があったからである。企業が数百万ドルを麻薬検査につぎ込む一方で、麻薬検査自体の信頼性が著しく損なわれた。その結果、アメリカ人は地球でもっとも栄養価の高い食物を食べることを禁止された。そればかりか、他国がその恩恵を享受する一方で、アメリカ人には天与の大麻草の紙や燃料、繊維としての特性を有効利用できなくなった。アメリカの鳥類や淡水魚も大麻草の種子を食べることができない。

イギリスの取り組み

マリファナに関する前向きな研究は、1976年の12月から、アメリカ連邦政府により意図的に禁止されている。一方、他国では、マリファナの医薬品としての可能性に着目し、更なる研究の必要性が認められている。1998年の11月11日、イギリス貴族院の科学とテクノロジー委員会、大麻草委員会、科学と医学立証委員会（1997年から1998年の第9報告書、イギリス貴族院白書151号）は、「多発性硬化症や慢性の痛みに関する医療大麻の臨床試験が急務である」と訴えた。更に、イギリス貴族院は、医師が適切な服用量を処方できるよう、大麻草や大麻樹脂がカテゴリー1からカテゴリー2（訳注：イギリスの麻薬類の分類法）に引き下げられるべきであり、認可されていない医薬品ではあるものの、医師や薬剤師が大麻草を提供できるようにすべきであると主張した。アメリカの政策と慣行に従い、イギリス政府はイギリス貴族院の報告を退けた。ところが、イギリス政府による当初の反対にもかかわらず、2000年の4月には、同政府は慢

性的な痛みに関する臨床試験を実施した。

　2000年の3月にはイギリス貴族院による提唱は、イスラエルの製薬会社、ファーモス社によって確定された。同社の発表によると、マリファナの構成要素であるデキサナビノールは有毒成分の神経伝達物質であるグルタミン酸の生産を阻止することによって、脳卒中後の健康な脳細胞を保護する役目を果たす。

　イギリス出身の生物学者、アイダン・ハンプソン率いるメリーランド州のアメリカ国立精神衛生研究所のチームは、大麻草に含まれる化合物のうちの、THCとカンナビジオール（CBD）が、研究所のペトリ皿において、脳組織を保護する働きをすることを発見した。（A・J・ハンプソンその他による研究『カンナビジオールとテトラヒドロカナビノールの神経保護抗酸化剤としての効能』、1998年／1995年7月7日の全米科学アカデミーの会議録）

　以来、カンナビジオールは神経障害の一種である、パーキンソン病やアルツハイマー病の治療にもっとも効果的であることが証明された。

　アメリカ国立精神衛生研究所の報告によると、マリファナの煙は、現在地球上で知られている、脳卒中後の脳障害を克服する唯一の医薬品である。（1）大麻草は動脈を拡大させることにより、脳内の血栓症を防ぐ。（2）大麻草は血栓発生後に脳細胞を破壊する、グルタミン酸の発生を阻止する。

　毎年、60万人のアメリカ人が脳卒中を起こし、世界では500万人以上の人が脳卒中や頭部外傷、神経細胞の死に伴う疾患を抱えている。500万人のうち、血液の凝固や、麻酔による新陳代謝の低下などにより、約35万人が手術中や手術後にこの種の症状を訴える。しかし、脳卒中の直後にマリファナ煙草を一服するだけで、このような健康被害を回避することが可能である。アイオワ州の道端に生えている大麻草でさえ、脳卒中に伴う後遺症の95％を治癒し、麻痺や言語障害、昏睡状態を回避するのである。脳卒中はアメリカで死亡原因の第3位となっている。

　多くの人は、脳障害から派生する混乱により、脳卒中に気付かない。
　毎年、約15万人がアメリカで脳卒中や脳卒中に伴う諸症状により死亡する！　医療大麻の使用により、この数を7500人に引き下げることが可能である。更に15万人が全身や部分的な麻痺に苦しみ、杖や歩行器の世話になる。それもこれも、脳卒中の直後に大麻草を喫煙する機会がなかったからである。大麻草は、その場で、1秒以内に、脳卒中から身を守る、地球で唯一の医薬品である！　現在幅広く使われている医薬品は、効能が現れるまでに6時間以上かかる。それでは既に遅いのである。1999年3月のアメリ

カ医学研究所（IOM）の報告書によると、「痛みやエイズに伴う悪液質のような慢性的な疾病を抱える人には、マリファナ喫煙の代用品となり得るものはない！」

　医療大麻に反対の立場を取る人々は、大麻草が医療に向かないのは、それに「習慣性」があるからだと主張している。この反対論は見当違いも甚だしく、なぜなら、現代の様々な医療分野では強い習慣性と依存性を伴う医薬品が使われているからである。IOM報告にも、マリファナには大した習慣性がないことが示されている。同報告書は、「マリファナ使用者が依存性を示すことは滅多になく」、また禁断症状があるとすれば、「それは穏やかで短期的である」との見解を示した。

踏み石論（ゲートウエイ理論）は社会的な理論

　IOMは、踏み石論にも言及し、「ゲートウエイ理論は社会的な理論である。社会的な理論として、大麻草の薬理学的特性は、更なる麻薬使用への移行と結びつかない。代わりに、大麻草は、それが非合法であるが故にゲートウエイ・ドラッグとなる場合がある」と指摘した。換言すれば、ハード・ドラッグへの「移行」は、大麻取締法がもたらす現象であり、マリファナがもたらすものではない！

　また、IOM報告によると、少なからぬ研究により、大麻草が人間に免疫学的な障害をもたらすことはない。タバコ喫煙の弊害に対する強迫観念にもとらわれることなく、IOMは、マリファナが肺がんや他の悪性腫瘍を引き起こす根拠はないことを認めた。

　トロント大学の研究者、アリソン・スマイリーは、マリファナ喫煙が交通事故に結びつかないとの研究結果を発表した。これは、1999年2月にフロリダ州で開催された、アメリカ法科学会のシンポジウムでも提示された。彼女の論文は、1999年3月の『大麻草の健康への影響』という出版物にも掲載された。同出版物はトロントの麻薬中毒と精神衛生センターの主催によるものである。

　近年の諸外国による、大麻草による運転能力の低下と、交通事故との関連性の研究によると、被験者が大麻草のみをほどほどに喫煙した場合、交通事故の危険性を増大させることはなく、「アルコールとは違うのである」とトロント大学の機械産業エンジニアリング学科のスマイリー助教授は語った。マリファナの喫煙が運転能力の低下をもたらす一方で、大麻草がアルコールのように判断力に悪影響を及ぼすことはない。マリファナ喫煙者は、自身の運転能力の低下を認識し、ゆっくりと気を付けて運転することを心がけるからである、とスマイリーは説明した。

「マリファナ喫煙による安全上の問題は、過大に評価されている」
――アリソン・スマイリー、トロント大学助教授

「マリファナもアルコールも運転能力の低下を促す」とスマイリー助教授は語った。「しかし、マリファナを吸った被験者は、運転に慎重になり、マリファナ喫煙が運転能力に及ぼす作用を緩和する。マリファナ喫煙者の行動は、運転能力の低下に見合うもので、それに比べてアルコール摂取者は危険を顧みない運転をする」

スマイリーは、研究の成果が、トラックや列車の運転手の強制的な尿検査や、大麻草の非犯罪化や医療目的使用の議論に一石を投じることになればいいと語った。「マリファナはそれが非合法であるが故に、運転事故の危険性を増すとの偏見がある。私たちは事実に基づいて、この問題を追求すべきだと考えている」

カリフォルニア州立大学サンディエゴ校（UCSD）の科学者チームは、網膜にカンナビノイド受容体の存在を確認し、カンナビノイドが人間にとって重要な役割を担うことを検証した。カンナビノイドはマリファナやハシシ（大麻樹脂）に含まれる化合物の総称で、カンナビノイドには酩酊作用のある化合物が含まれるものの、網膜機能や視覚そのものにも作用すると言われている。

1999年12月7日のアメリカ科学アカデミー紀要（PNAS）において、カリフォルニア州立大学サンディエゴ校の研究者は、世界で初めて、カンナビノイドに活性化された細胞の受容体タンパク質の、網膜における配置や影響を解き明かした。これらの新発見は、網膜が光を脳内の情報に変換する、複雑で魅惑的な機能の解明に役立つ。

夜明け前

2000年の3月号の『ネイチャー・メディスン』に発表された、スペインはマドリードのコンプルテンセ大学やアウトノマ大学での研究によると、ラットやマウスを使った実験では、マリファナの有効成分であるTHCが、進行したグリオーマ（死亡率100％）と呼ばれる悪性の腫瘍（がん）を死滅させると述べた。

研究者はカンナビノイドと呼ばれる活性化合物を、脳腫瘍に直接注入した。主任研究者のマニュエル・グズマンは、「私たちは顕著な（悪性腫瘍の）発育阻止を確認した」と語った。THCは初めて、3分の1のラットの脳腫瘍を全滅させ、そしてTHCを注入された約3分の1のラットが、THCを注入されていないラットよりも「著しく」長生きした。THCを注入されたラットの一部は、THCを注入されていないラットの3倍も長生きした。研究室の実験では、THCがグリオーマ細胞を殺す一方で、健康な脳細胞は破壊しなかった。THCはセラミドと呼ばれる脂質の増進を促し、がん細胞を縮小させた。

グズマンはがんの進行したラットに、非常に低濃度のTHCを投与した。もはやTHCが注入されていないラットは死にかけていた。グズマンは、THCは早期に投与された方が効能が高いと推測した。

　どうやら、マリファナの医療的可能性が研究されればされるほど、その効能が明らかになるようである。大麻草は、アルツハイマー病、脳卒中、がん、緑内障、多発性硬化症、痛みの緩和、吐き気などに有効で、また、食欲増進剤や筋弛緩剤としても有益である。他の医学的用途は計り知れない。また、私たちは大麻草の医学的研究の許可を政府に要求しなければならない。マリファナが命を救えるなら、そして人間の「生活の質」を向上させることができるなら、さらに研究されなければならない。私たちはこれまでの情報操作や隠蔽を忘れ去り、真実を追究しなければならない。

　私は、大麻草を喫煙するまでは、エイズやがんで死にかけていると感じていた人々と話をする機会に恵まれた。それらの人々が口を揃えて言うには、マリファナを医薬品として喫煙する現在では、エイズやがんと共に生きる意欲が湧いてきたとのことである。

　2007年、大麻草の未来は明るいものとして約束されているように見えるものの、政府やDEAによるアンスリンガーの馬鹿げた抑圧的な1937年の法律と政策が、未だに多くのアメリカ人を苦しめ、傷つけている。一方で、最近のCNNの世論調査によると、95%のアメリカ人が医療大麻を支持しているそうである！　少し前の世論調査では、40%のカリフォルニア州民が、21歳以上の大人による、産業、医療、栄養と個人使用目的での大麻草の合法化を支持している（訳注：2014年現在の世論調査では、更に多くの人が大麻草の全面合法化に賛成している）。

　私の希望は、現在の大麻草を覆う闇が、誰にも止められない、夜明け前の闇であるということに尽きる。

ジャック・ヘラー
2007年7月、北カリフォルニアにて

訳者あとがき

　日本人と大麻草のつながりは深い。その証拠に、約1万年前の縄文時代の土器から大麻草の種子が発見されている。「縄文」という言葉も、麻縄で土器に文様を施した所からきている。大麻草、マリファナ、ガンジャ、カンナビス、ヘンプ、リーファーとまったく同じものである麻も、神道の儀式（天皇は麻の服がないと即位できない）や政（まつりごと）などには欠かせない。そして歴史的にも麻は五穀の一つに数えられていた。日本はマリファナと稲の国なのである。かの正岡子規も大麻草に関する俳句をいくつも詠んだ。大麻草は日本人にとって非常に身近な植物だったのである。

　日本にも敗戦直後までは医療大麻があった。「インド大麻草チンキ」などといった商品名で、公然とマリファナが薬局で売られていた。これは当時の薬局方にも記されている。このような文化が衰退した背景には、戦後のGHQの方針による所が大きい。1948（昭和23）年に、進駐軍の意向で、大麻取締法が制定された。大麻草が重要な資源であった頃の日本の政治家たちは大いに戸惑ったという。つまり日本には元々大麻草を取締まるという習慣も発想もなかったのである。むしろ、それまで日本人は織物、衣服や食料品（麻の実）、医薬品（漢方薬や民間療法を含む）として大麻草と親和してきた。どんな荒地でもすくすくと成長する大麻草は、稲の豊作の象徴でもあった。昔は日本のいたる所で、大麻草が栽培されていた。現在では、この人類にとって有益で重要な資源を自生大麻撲滅という大義のもと、自衛隊やボランティアが焼き払ったり駆除したりする。

　日本の大麻取締法は、戦後ダグラス・マッカーサー率いるGHQ、つまりアメリカの政策によって、化学繊維業界やエネルギー産業を守るために制定された。アメリカで大麻草が禁止されるに至った経緯は本書に詳しい。人種差別と各種の偏見、そして様々な既得権にしがみついた人々が大麻草を大々的に抑圧した。

　2014年現在、世界の大麻草を巡る状況は大きく変わりつつある。2013年、大麻取締法を日本に押し付けたアメリカでさえ、2州で嗜好大麻が合法化された。医療大麻に至っては、1996年以降、23州とワシントンD.C.特別区で法令が制定され、様々な疾患の治療法として認められている。ウルグアイのムヒカ大統領は大麻草を国家的に合法化し、ノーベル平和賞の候補となった。欧州諸国やイスラエル、チェコ、ルーマニアなどにも医療大麻はある。ロシア、スペイン、オランダ、そしてポルトガルでも大麻草は非犯罪化されている。厳しい政策を取っているアジア諸国でも大麻草の入手は比較的容易で、密輸等の重罪に及ばない限り、警察もそれほど積極的に大麻事犯を検挙しない。日本もせめて大麻草の所持や栽培に関する非犯罪化を視野に入れても良かろう。日本の免許制の産業大麻も少しずつ規制緩和の方向に向かいつつあるようだが、麻紙や麻布、着物、神事に使う諸々の品々（しめ縄など）を細々と作っている一反二反程度の麻農家が多いようである。アメリカにすらない産業大麻免許制度は積極的に有効活用すべきで、産業大麻の可能性は本書にて述べられている通りである。

　医療大麻は多発性硬化症、（エイズやがんに伴う）悪液質、緑内障、抗がん剤の副作用、クローン病、アルツハイマー病、ALS、パーキンソン病、食欲不振などに絶大なる威力を発揮する。未だに医療大麻が日本で制度化されていないのは、ひとえに厚生労働省の怠慢である。厚生労働省は医療大麻に関する海外文献すら精査することなく、日本人の生存権や幸福追求権をないがしろにしているのだ。「リスボン宣言」で有名な世界医師会（WMA）

の日本支部である日本医師会（JMA）も、覚せい剤と大麻草を同列に論じ、世界にその無知と恥を晒している。そろそろ日本も薬物政策全体を見直すべきではないか。非暴力麻薬事犯（日本ではとりわけ再犯率の高い覚せい剤所持など）は刑務所に入れるより、治療して社会復帰させることを優先すべきではなかろうか。

　医療大麻制度が日本に導入できないのは、大麻草の医療目的使用と臨床試験を禁ずる大麻取締法第4条1項の2号と3号が存在するからである。しかし、日本の大麻取締法は大麻草の葉と花穂（花冠）の取締りに主眼がおかれている。従って、大麻草の茎や種子由来の成分は大麻取締法に抵触しない。最近では大麻草の茎や種子由来のCBD（大麻草の薬効成分の一つ）が、合法なCBDチンキやCBDオイルとして注目を浴びている。

　日本では毎年3000人前後が大麻取締法の被害者となる。大麻草の所持や栽培で警察や厚生労働省の麻薬取締官（日本全国に200人ほどいる）に逮捕され、新聞やテレビに名を晒され、学籍や職をも奪われ、家族にまで迷惑が及び、ついには留置場、拘置所や刑務所に収監されてしまうのである。一体何のために？　立法目的も記されていない、使用罪も存在しない、矛盾に満ちた大麻取締法のためである。人間に幸福をもたらす植物を取締まる法律によってである。他人の自由を侵害しない限り、人間の自由は最大限に尊重されてしかるべきであり、大麻草を喫煙する自由も例外ではない。大麻草を喫煙するか否かは当人が決めればいいだけのことだ。大麻を吸った人が暴力に及んだりするという思い込みは政府と一体化したメディアが捏造したデマゴーグに過ぎない。また、日本のようにトンマな大麻草の取締りを行っている国では、遥かに悪質な「危険ドラッグ」のたぐいが蔓延する。

　日本には住民発議の投票により、法律を制定するという政治的プロセスがない。従って、大麻取締法の法改正は厚生労働省の管轄となる。「ダメ。絶対」の標語で知られている麻薬覚せい剤乱用防止センターは厚生労働省の天下り法人で、大麻草の撲滅についても精力的に活動している。しかし、厚生労働省も裁判所も大麻草の有害性の根拠を示した試しがない。デタラメな判例の一つとして、「大麻草は国民の生活に定着していないから懲役刑で禁止して構わない」というのがある。ということは、少数派であるから大麻愛好家は懲役刑にすべきである、と言っているのと同義である。そしてドメスティック・バイオレンスや他の暴力行為を含む二次的犯罪の温床ともなりうるアルコールは国民の生活に定着しているから懲役刑に値せず、許容されているのだ。いずれにしても、アルコールも大麻草も大人の嗜みであり、選択肢である。むろん、てんかんなどを患う子供たちにも医療大麻は必要だ。

　大麻草に有害性はない。むしろ予防医学的にも、代替療法としても優れており、人間の健康に良いものだ。食欲を増進し、音楽をことのほか美しく聴こえさせ、コミュニケーション能力も高まる。大麻草は多幸感をもたらし、他人に害を及ぼさない。逮捕により、家族などに迷惑がかかる以外は……。

　本書の読者が、アメリカや世界の大麻取締法が制定された経緯と、この法律がいかに矛盾に満ちているかを知り、嗜好品としても医薬品としても産業品として優れているこの植物に興味を持ってくれればいい。そして、どこかで大麻草に出会い、その素晴らしさを満喫できれば尚いい。本書を一読すれば、大麻取締法がその制定の経緯からして無効であることがよく分かる。

2014年7月
J・エリック・イングリング

【著者紹介】

ジャック・ヘラー（Jack Herer）

1939年、アメリカ合衆国生まれ、2010年没。「ヘンペラー」（大麻草の皇帝）の異名で知られ、アメリカや世界の大麻合法化運動のカリスマ的先駆者であった。本書『THE EMPEROR WEARS NO CLOTHES』にて環境学的見地や医学的な視点から大麻の歴史を紐解き、アメリカ政府や多国籍企業による陰謀の数々を暴露した。「ジャック・ヘラー」という名の大麻草の品種も存在するくらい、マリファナの権威として世界的に有名な存在であった。

【訳者紹介】

J・エリック・イングリング（J. Eric Yingling）

1971年、アメリカ合衆国生まれ。父はアメリカ人、母は日本人。幼少期をサンフランシスコで過ごし、日本で育つ。初めて大麻草と出会ったのは、高校生の頃、神戸の学生寮でのことだった。それ以来、大麻草に尋常ならざる興味を抱き、現在は北カリフォルニアで医療大麻ライセンスを取得し、大麻草の栽培と喫煙に勤しんでいる。趣味は魚釣り。

大麻草と文明

2014年10月15日　初版発行

著者――――――――ジャック・ヘラー
訳者――――――――J・エリック・イングリング
発行者―――――――土井二郎
発行所―――――――築地書館株式会社
　　　　　　　〒104-0045 東京都中央区築地7-4-4-201
　　　　　　　電話 03-3542-3731　FAX 03-3541-5799
　　　　　　　ホームページ　http://www.tsukiji-shokan.co.jp/
　　　　　　　振替　00110-5-19057
組版・装丁――――新西聰明
印刷・製本――――シナノ印刷株式会社

© 2014 Printed in Japan.　ISBN 978-4-8067-1484-2　C0020

・本書の複写にかかる複製、上映、譲渡、公衆送信（送信可能化を含む）の各権利は築地書館株式会社が管理の委託を受けています。
・JCOPY 〈（社）出版者著作権管理機構 委託出版物〉
本書の無断複写は著作権法上での例外を除き禁じられています。複写される場合は、そのつど事前に、（社）出版者著作権管理機構
（電話 03-3513-6969、FAX 03-3513-6979、e-mail : info@jcopy.or.jp）の許諾を得てください。